表2　SI での電磁気関係の単位

記号	単位	物理量（本書での記号）	SI 基本単位での表現
A	アンペア	電流（I）	(A)
C	クーロン	電荷（q）	s・A
V	ボルト	電位（$\mathcal{V}$），電位差（V），起電力（$\mathcal{E}$）	$m^2 \cdot kg \cdot s^{-3} \cdot A^{-1}$
T	テスラ	磁束密度（B）	$kg \cdot s^{-2} \cdot A^{-1}$
Wb	ウェーバ	磁束（Φ），磁荷（q_m）	$m^2 \cdot kg \cdot s^{-2} \cdot A^{-1}$
Ω	オーム	電気抵抗（R），インピーダンス（Z）	$m^2 \cdot kg \cdot s^{-3} \cdot A^{-2}$
S	ジーメンス	コンダクタンス（G）	$m^{-2} \cdot kg^{-1} \cdot s^3 \cdot A^2$
F	ファラド	電気容量（C）	$m^{-2} \cdot kg^{-1} \cdot s^4 \cdot A^2$
H	ヘンリー	インダクタンス（L）	$m^2 \cdot kg \cdot s^{-2} \cdot A^{-2}$
N	ニュートン	力（F）	$m \cdot kg \cdot s^{-2}$
J	ジュール	エネルギー（U, W），仕事（W），熱量	$m^2 \cdot kg \cdot s^{-2}$
W	ワット	仕事率（P），電力（P）	$m^2 \cdot kg \cdot s^{-3}$
Hz	ヘルツ	振動数（f, ν），周波数（f）	s^{-1}

表3　SI 接頭語

接頭語	記号	倍数	接頭語	記号	倍数
キロ	k	10^3	ミリ	m	10^{-3}
メガ	M	10^6	マイクロ	μ	10^{-6}
ギガ	G	10^9	ナノ	n	10^{-9}
テラ	T	10^{12}	ピコ	p	10^{-12}
ペタ	P	10^{15}	フェムト	f	10^{-15}
エクサ	E	10^{18}	アト	a	10^{-18}
ゼタ	Z	10^{21}	ゼプト	z	10^{-21}
ヨタ	Y	10^{24}	ヨクト	y	10^{-24}
デカ	da	10^1	デシ	d	10^{-1}
ヘクト	h	10^2	センチ	c	10^{-2}

工学系の基礎物理学シリーズ

渡邊 靖志　三沢 和彦　監修

電磁気学

加藤 潔　著

裳 華 房

INTRODUCTION TO ELECTROMAGNETISM FOR YOUNG ENGINEERS

by

KIYOSHI KATO, Dr. Sc.

SHOKABO
TOKYO

刊　行　趣　旨

現代社会を支えている科学技術は，機械・電気電子・情報通信・土木・建築・物質科学などといったさまざまな工学の知識から成り立っています．これらのお陰で，わたしたちは便利で快適な生活を享受できているといってもいいでしょう．

つまり，これらの科学技術はそれぞれの工学専門分野が基礎となっていますが，成り立ちの観点からさらに遡ってみると，物理学がその根底に流れているのがわかります．今一度物理学というものを俯瞰してみることは，将来，工学の分野に携わる読者のみなさんにとって，きっと将来の飛躍への芽を培うことになるでしょう．

多くの場合，大学初年度のカリキュラムには基礎物理学の科目が設定されています．ただ，昨今の工学系の物理教育の現状を鑑みると，従来の物理系教科書では学生のニーズに合わなくなってきているのではないか，と考えています．

これまでの教科書は，物理学科で教鞭をとられている先生方が，物理学科での教育経験を生かして執筆されたものが多いように思われます．このような方針で刊行されたものは，物理学を専攻する学生にとっては，非常に意義深いものとなるでしょうが，一転，工学系の学生にとっては話題の進め方が抽象的であったり，数式の展開に拘泥し過ぎたりと，取っ付きにくい傾向にあるのも事実です．

一方で，ただ公式を覚えてそれに数値を代入し答えを求める，といった形式のテキストでは，本質を理解しその面白さ・深遠さを味わうこと，そして将来の応用への基礎力を身につけることは難しいのではないかと考えています．

そこでわたしたちは，本シリーズの著者として，長年にわたって工学系の物理教育に携わってきた先生方にご執筆をお願いすることにしました．物理学の面白さをできるかぎり述べつつ，かといって抽象的にもなりすぎずといったバランスをとることで，工学系における物理学の教育課程に対して，最適な教科書を目指すことにしました．

さらに，本シリーズの特徴として，工学部においては物理学が苦手な学生も増えつつあることを踏まえて，初学者に対する導入のスロープにも細心の注意を払っています．すなわち，各巻の著者は，工学教育での長年の経験を生かして，初学者がつまずきがちな箇所をわかりやすく説明するように努めています．例えば「力学」であれば，物体にはどのような力がはたらいているのか，といった基本的な題材から扱っており，それらを，多くの図を用いることで理解できるように力を入れています．

また本シリーズでは，物理学の概念を学ぶと同時に，物理学における数学力も身につけることができ，また，その基礎的概念を習得できるように工夫しています．例えば，式展開ばかりを追うのではなく，それらの数式の本質を豊富な図や解説によって，数学が苦手な学生にも理解できるようにしました．さらに，工学的に重要と思われる題材や，意外なところで物理学とつながる身近な事柄を例題や演習問題などに多く取り入れて，読者の皆さんが興味をもてるような構成にしました．

多くの教科書が世に出ている中で，「物理学は難しい．何を言っているのかわからない」といった方々でも理解することができ，興味をもって学べるよう，上に述べたような工夫を凝らしました．本シリーズが，将来エンジニアを目指す学生の皆さんにとって，頼もしいパートナーとなることを願ってやみません．

渡邊靖志
三沢和彦
（株）裳華房

はじめに

本書では，電気・磁気の世界の姿と考え方を皆さんにやさしく解説します．今，電気・磁気と書きましたが，本書の書名は『電磁気学』となっています．本書でも，最初のうちは電気現象と磁気現象をそれぞれ別々に扱っていきます．しかし，そのうち，皆さんは両者がよく似ていることに気づいていくでしょう．そして最後の章までたどり着くと，両者が1つの顔の左右の容貌になっていることがわかります．そのような電気と磁気を統合したものという意味で，「電磁気」という言葉が使われています．

電気・磁気は直接見たり触れたりすることができないので，難しいと感じられがちです．しかし，それを学ばずに各種の技術や機器の仕組みをきちんと理解することはできません．どうしてでしょうか．私たちの世界に存在しているものは，原子とよばれる微細な粒が集まってできています．それらが互いに結合し，各種の色や形などの性質をもっているのは，粒の間に電磁気的な力がはたらいているからなのです．空想的な表現をしますが，もし，電磁気的な力をON/OFFにするスイッチがどこかにあり，誰かがそれをOFFにすれば，その瞬間，すべての物体はこなごなの塵と化してしまうでしょう．このように，私たちの世界を司る根本的な役割を果たしているのが電磁気なのです．だから，電磁気があらゆる工学技術の断面で顔を出してくるのは当然のことなのです．本書を読むために，あなたは光を使っていますが，光も実は電気と磁気の波 — 電磁波 — なのです．

詳しい解説は本文に出てきますが，少しだけ事前に説明しておきたいポイントがいくつかあります．物質はその基本的な属性として，質量と同じように電荷という属性をもちます．この電荷同士の間に電気的な力がはたらきます．電荷の流れを電流とよびます．この電流同士の間に磁気的な力がはたらきます．このとき不思議なのは，電荷や電流の間が離れていても，力がはたらくということです．この力は何もない真空中でも伝わっていきます．この事実を理解するために，目には見えませんが，力を媒介するものとしてfieldという考え方が導入されました．日本語で電磁気学を学ぶ読者にとっては少し困るのですが，このfieldという語に対する訳が「場」と「界」の2種類あります．電気的な力を媒介するelectric fieldは電場あるいは電界，磁気的な力を媒介するmagnetic fieldは磁場あるいは磁界とよばれます．本書では「電場，磁場」という言葉を使いますが，他の書物や授業で「電界，磁界」という言葉が出てきても同じ意味であると了解して下さい．

上に書いたように，電場，磁場は目に見えず抽象的な感じがしますが，電磁気現象の根幹であり，しっかりした理解をもってください．全部で4種類の場が出てきます．具体的な意味は本文を読んでもらえればわかりますが，相互の関係の概要を以下に示します．本書での主役は，左上から右下に向かう矢印のラインの電場 $\boldsymbol{E}$ と磁束密度 $\boldsymbol{B}$ となります．

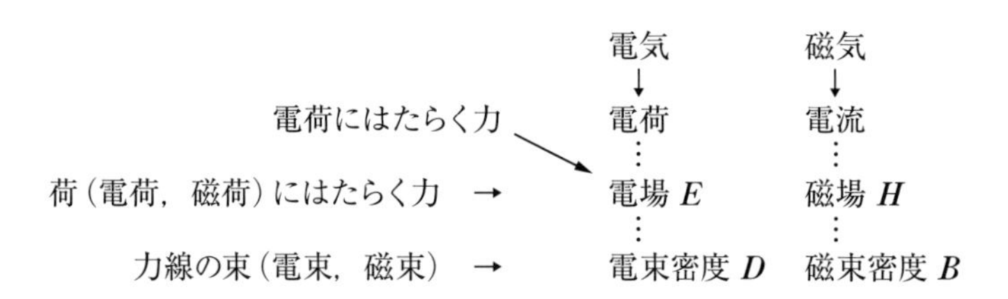

ベクトルは $\vec{E}, \vec{B}$ という表記も使われますが，本書では $\boldsymbol{E}, \boldsymbol{B}$ といったように，ボールド体（太字）で表記します．

工学では，物質のさまざまな性質や挙動を理解することが重要になります．しかしながら，その厳密な扱いは容易ではありません．物質を構成する原子は，正の電荷をもつ原子核と負の電荷をもつ電子からできています．物質の内部では，それらが作る電場が複雑な構造をもっています．また，電子が運動しているとそれは電流と見なされるので，磁気的な構造が生じます．電子や原子核はスピンという属性をもち，それもまた磁気的なはたらきをもちます．このミクロの構造を平均したものとして，私たちは物質の電気的・磁気的性質を考えます．物質の電磁気的な性質の理解には本来は高度な理論と分析が必要なのですが，本書ではあまり厳密性にはこだわらずにこれらを紹介していきますので，その旨あらかじめお断りしておきます．同じく，電磁気に関係する物質の熱現象や光などとの関わりについても平易に紹介します．

電磁気学の直接的な応用の１つとして電気回路があります．コンピュータの中枢素子も，基本的には超複雑な電気回路です．電気回路については，それを主題とした教科書で学ぶのが筋かと思われますが，本書でも，電磁気の基本的な原理が電気回路にどのように適用されるかという観点から一連の説明を行っています．そして，線形素子で構成される回路に関しては，ほぼ十分な理解が得られるように記述したつもりです．章の構成を見てもらうとわかりますが，第１章，第３章，第５章が電磁気学の主な流れで，その間の第２章と第４章で電気回路を扱っています．この意味で，第２章と第４章は基本的な箇所に軽く目を通すだけにとどめ，第１章，第３章，第５章を中心に読み進んでも大丈夫なように記述されています．

本書の読者としては，高校レベルのベクトルと微積分の学習経験がある方を想定しています．ただ，電磁気学を理解していくには，もう少しだけ数学的な技術が必要となります．このため，数箇所，若干小さめの文字で数学的な解説が出てきます．既にご存知の内容であれば読み飛ばしてよいですが，もし，初めて見る数学の場合は，そちらを読んだ上で前後の内容に取り組んで下さい．

本書では式や図を「(○.○)」「図○.○」という形で引用していますが，その式や図が開いているページにない場合もあります．そのとき，前に出てきたその式や図を覚えていない場合は，必ずその箇所まで戻って式や図を確認した上で読み進めてください．紙の本ですから，Web ページと違ってクリックするだけで移動することはできませんが，億劫がらずに確認をお願いします．

問題は，文中に現れる例題や類題と，章末問題があります．例題や類題は大部分が数値での計算を行う問題となっています．これらは，その直前に説明された法則や考え方の確認問題が中心です．章末問題には解析的な扱いの問題も多く含まれており，少し難しい問題もあります．問題は読むだけではなく，実際に鉛筆を持って紙の上で計算してみることが大事です．特に，例題や類題は読み飛ばさずに取り組んで下さい．

見出しに*のついた項目は，発展的なトピックスを扱っていますので省略しても構いませんが，興味をもって読んでもらいたいと思います．関心をもつ項目があったら，自分で調べてみましょう．

本書では単位系として SI を使います．そして，独立した式の場合，左辺の量の単位を式の右側につける表記としています．例えば，

$$a = bc \quad [\mathrm{X}]$$

とあった場合，X が a の単位を表します．右辺の量も bc 全体では同じ単位となります．

ただし，左辺が単一の量でない場合，計算の途中の式の場合は単位をつけていません．また，両辺が無次元量の場合は何もつきませんし，式が煩雑な場合，あるいは複数の式が 1 つの行の中にある場合には単位を省略したときもあります．

さて，これから本論が始まります．あわてずに，しっかりと考えながら学習してください．鉛筆や電卓，ノートなどを準備し，計算などもしながら読むことをお勧めします．皆さんの学習が実りの多いものとなることを信じています．

本書を上梓するにあたり，監修者の渡邊靖志先生，三沢和彦先生には草稿を見ていただき，多数の貴重なご意見をいただきました．また，裳華房の石黒浩之氏には出版のあらゆる段階でご助力をいただきました．深く感謝の意を申し上げます．

2016 年 10 月

著　者

目　　次

第1章　電荷と静電場

第2章　定常な電流

第3章　電流と静磁場

第4章　時間変化する電流

第5章　時間変化する場

コ　ラ　ム

第1章 電荷と静電場

学習目標

- 電荷にはたらく力から出発して，電気現象の基本量である電荷と電場について学ぶ.
- 基本量である電荷と電場の間の関係を与えるガウスの法則を学び，単純な事例により，その活用法を理解する.
- 電位の考え方を学び，電位と電場との間の関係，電場中で電荷を動かすときの仕事を理解する.
- 物質を電気的な面から，導体と誘電体に分け，その諸性質を学ぶ.
- コンデンサーとその電気容量について学び，さらに，電場のエネルギーという概念を理解する.

キーワード

電荷（q [C]），電荷密度（ρ [C/m^3]），電荷面密度（σ [C/m^2]），電荷線密度（λ [C/m]），電気素量（e [C]），電場（$\boldsymbol{E}$ [V/m]）[†1]，電束密度（$\boldsymbol{D}$ [C/m^2]），分極（$\boldsymbol{P}$ [C/m^2]），電位（$\mathcal{V}$ [V]），電位差（V [V]），起電力（$\mathcal{E}$ [V]），クーロン力の定数（k [N・m^2/C^2]），電気定数（ε_0 [F/m]），誘電率（ε [F/m]），比誘電率（ε_r，無次元量），電気感受率（χ，無次元量），電気容量（C [F]），静電エネルギー（U [J]），仕事，エネルギー（W [J]），電場のエネルギー密度（[J/m^3]），ベクトル $\boldsymbol{A}$ の接線成分（A_t），ベクトル $\boldsymbol{A}$ の法線成分（A_n）

1.1 電荷の間にはたらく力

1.1.1 電　荷

電気的な力の源になる量を電荷とよぶ．物体は質量などの属性をもつが，それと同じように電荷という属性をもつ．このように，物体が電荷をある量もっているとき，電荷をもつ物体（帯電した物体）とよぶのが正確であるが，以下では，単純にその物体自体を「電荷」とよぶ場合が多い．電荷を担っている物体が微小で大きさは無視できる場合には，**点電荷**とよぶ．図1.1あるいはそれ以降の図にある丸で表した電荷は，小さな粒を考え，その粒がある量の電荷をもっているというイメージで見てもらいたい．電荷の運動に着目する場合は，**荷電粒子**という語を使うこともある．

電荷は質量と同じように，その量をはかることができる．質量であれば記号 m を使い，その値は 1 kg, 2 kg のように表す．同じように，電荷に対しては本書では q という記号を使い，その単位は C と書いてクーロンと読む．つまり，電荷の値は 1 C, 2 C のように表す[†2]．

†1　本書ではベクトル量はボールド体（太目の文字）で表す．$\boldsymbol{E}, \boldsymbol{D}$ などはベクトルである．

†2　もちろん，SI 接頭語をつけて，1 mC（$=10^{-3}$ C），1 μC（$=10^{-6}$ C）などとも表記する．実際問題として，1 C の電荷に直接触るのは危険である．

電荷を表す記号としては Q を使う場合もあるし，電荷が複数あるときには，1番の電荷，2番の電荷，…という意味で，$q_1, q_2, \cdots$ と添え字をつけて表すこともある．

物体の色や匂いと異なり，電荷はそれを直接見たりすることはできない．物体の質量は，その物体を手に取ってみれば，その重さとして感じることができる．同じように，電荷はその間に力がはたらくことによって，その存在を感じることができる．正確にいえば，電荷をもつ物体同士の間に力がはたらくのだが，通常は電荷と電荷の間に力がはたらくと表現する．日常生活では，プラスチックの板をこすると紙片や髪の毛がくっついたり，冬場など衣服がまとわりついたりする経験があると思うが，これらは電荷同士にはたらく力によって起きている現象である．

電荷とその力の性質を簡単にまとめてみよう．

（1） 電荷は保存する，つまり，電荷の量の合計は常に一定に保たれる．電荷 q_{a} をもつ物体Aと電荷 q_{b} をもつ物体Bとを一緒にすると，全体の電荷は $q_{\mathrm{a}} + q_{\mathrm{b}}$ となる．

（2） 電荷には2種類ある．異なる種類の電荷を混合すると中和し合うので，この2種類に正電荷，負電荷と名前をつける．正の電荷 q をもつ物体Aと負の電荷 $-q$ をもつ物体Bを一緒にすると，電荷をもたない（電荷がゼロの）ものとなる．

（3） 同符号の電荷（正と正，負と負）の間には反発力が，異符号の電荷（正と負）の間には引力がはたらく（図1.1）．

（4） 力の大きさは，相互の距離に関係し，近いと強く，遠いと弱い．この距離依存性を実験により調べると，力の大きさは電荷の間の距離の2乗に逆比例することがわかった．

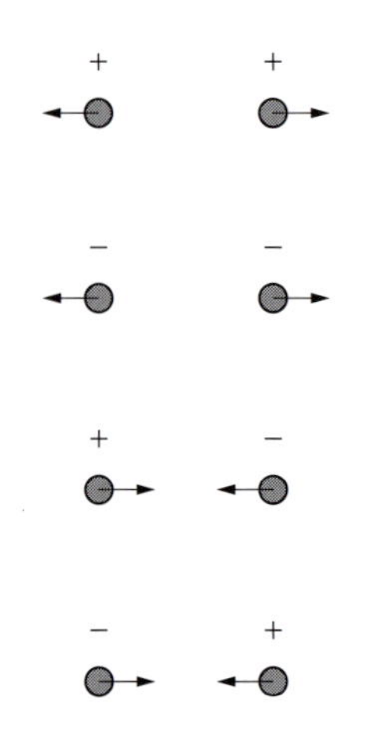

図1.1　電荷の符号と力の向き．図の矢印ははたらく力を表す．

1.1.2 クーロンの法則

クーロン（C. A. Coulomb）は，電荷と電荷の間にはたらくこのような力の性質を実験により調べた．彼は電荷の大きさや距離を変化させて，そのときにはたらく力を測定した[†3]．その結果から，この力を表す式を1785年に決定した．これが，(1.1) で示す**クーロンの法則**である．

†3　クーロンはねじればかりとよばれる 10^{-8} N 程度までの微弱な力をはかることのできる測定器具を開発し，それを使用して電気力を調べた．

大きさ q_1 と q_2 の電荷が距離 r だけ離れているとき，両者の間にはたらく電気力は次の式で表される（図1.2）．

$$\boldsymbol{F} = \begin{cases} \text{大きさ} \quad k\dfrac{q_1 q_2}{r^2}\ [\mathrm{N}] \\ \text{向き} \quad \text{電荷と電荷を結ぶ方向（図1.2参照）} \end{cases} \tag{1.1}$$

k は**クーロン力の比例定数**で，値は真空中で $k = 9.0 \times 10^9\ \mathrm{N \cdot m^2/C^2}$ である．この値は空気中でもほとんど同じ値である．電気的な力の向きは，電荷同士の相対的な位置関係で決まるので，いろいろな方向を向

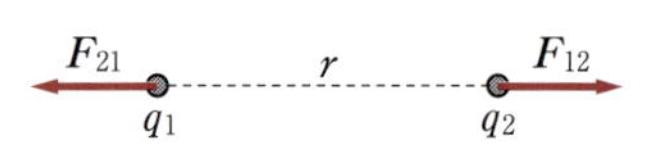

図1.2　クーロンの法則

く．その向きは，互いに引き合うか反発する向きである．図では平面的に表示する場合が多いが，実際には，3次元空間内で力の向きをイメージできなくてはいけない．

複数の電荷がある場合に意味を明確にするため，本節では，力学のときと同じように力の記号を整理しておくので，添え字の意味をきちんと理解してもらいたい．以下で，添え字 a, b は電荷の番号 1, 2, 3, … を表す．

$$\text{電荷 } q_a \text{ にはたらく力} \quad \boldsymbol{F}_a \text{ [N]} \tag{1.2}$$

$$\text{電荷 } q_a \text{ が電荷 } q_b \text{ に及ぼす力} \quad \boldsymbol{F}_{ab} \text{ [N]} \tag{1.3}$$

電荷が2つだけの図1.2では $\boldsymbol{F}_1 = \boldsymbol{F}_{21}, \boldsymbol{F}_2 = \boldsymbol{F}_{12}$ であり，それを表しているのが（1.1）である．力学で学んだ，ニュートン力学の第3法則である作用反作用の法則はこの場合でも成り立つ．図1.2の $\boldsymbol{F}_{21}$ と $\boldsymbol{F}_{12}$ は，互いに作用と反作用の関係にある．

例えば，電荷が q_1, q_2, q_2 と3つある場合ならば，

$$\boldsymbol{F}_1 = \boldsymbol{F}_{21} + \boldsymbol{F}_{31}, \qquad \boldsymbol{F}_2 = \boldsymbol{F}_{12} + \boldsymbol{F}_{32}, \qquad \boldsymbol{F}_3 = \boldsymbol{F}_{13} + \boldsymbol{F}_{23} \tag{1.4}$$

となる．この場合の一例を図1.3に示す．

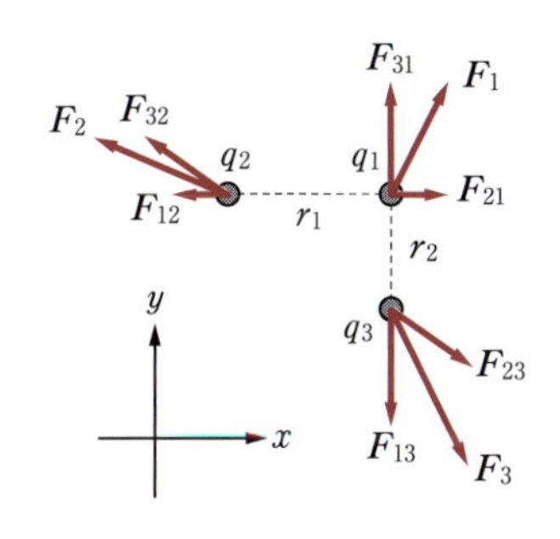

図1.3　3つの電荷の間にはたらく電気力ベクトル

図1.3に示すように，力はベクトルとして合成される．ある電荷にはたらく力は，他の2つの電荷からの力のベクトル和となる．また，ベクトルは図1.3のように矢印として扱うこともできるし，ベクトルの成分を用いて表現することもできる．成分での表現のほうが計算に便利な場合もある．図1.3で，図中に示したように x, y 軸をとり，z 軸を紙面に垂直にとると，

$$\boldsymbol{F}_{21} = \left(\frac{kq_1q_2}{r_1^2}, 0, 0\right), \qquad \boldsymbol{F}_{31} = \left(0, \frac{kq_1q_3}{r_2^2}, 0\right) \tag{1.5}$$

となる[†4]．だから，電荷 q_1 にはたらく力は，成分で表すと

$$\boldsymbol{F}_1 = \boldsymbol{F}_{21} + \boldsymbol{F}_{31} = \left(\frac{kq_1q_2}{r_1^2}, \frac{kq_1q_3}{r_2^2}, 0\right) \tag{1.6}$$

となる．

†4　本書では，このように，ベクトルの成分を表すときは，デカルト座標の x, y, z 成分を並べてコンマで区切り括弧でくくって表現する方式をとる．

例題 1.1　図1.4にあるように，3.0 μC の電荷 A と 4.0 μC の電荷 B が 2.0 cm 離れている．電荷 A にはたらく力は何 N で，その向きはどちらか．

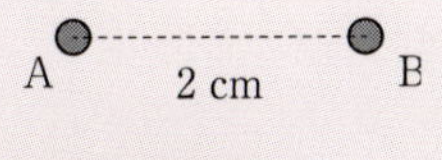

3.0 μC　　4.0 μC
A ●------● B
　　2 cm

図1.4　例題1.1

解法のポイント　数値で計算するときには，単位をそろえる必要がある．長さは m で測ったときに，力の単位が N（ニュートン）となる．同じ符号の電荷なので力は反発する向きである．なお，結果の数値からわかるように，μC（マイクロクーロン）の大きさの電荷といっても，結構な強さの力となることに留意してもらいたい．

解　力の大きさは

$$F = k\frac{q_1q_2}{r^2} = 9.0 \times 10^9 \times \frac{(3.0 \times 10^{-6}) \times (4.0 \times 10^{-6})}{(2.0 \times 10^{-2})^2} = 2.7 \times 10^2 \text{ N}$$

である．電荷 A にはたらく力は，図の左向きである．◆

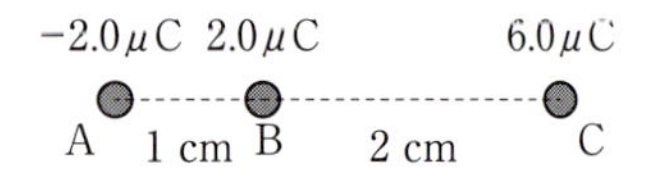

図 1.5　類題 1.1, 1.2

類題 1.1　図 1.5 にあるように，$-2.0\,\mu$C の電荷 A，$2.0\,\mu$C の電荷 B と $6.0\,\mu$C の電荷 C が直線上に並び，それぞれ 1.0 cm および 2.0 cm 離れている．電荷 B にはたらく力は何 N でその向きはどちらか．

類題 1.2　図 1.5 で，電荷 C の値を別の値に変えたところ，電荷 B にはたらく力が 0 となった．このときの電荷 C の値はいくらか．

1.1.3　電荷密度

点状の独立した粒子のようなイメージで電荷を説明してきたが，電荷が空間に分布している場合もある．そのようなときの数学的な扱い方を説明する．

物質の「密度」という概念はお馴染みであろう．密度は物質の質量（重さ）を比べるときの指標である．鉄の重さといっても，釘から東京タワーまでさまざまな大きさの鉄があるので，物質の性質を考えるときには，決まった体積で比較しようと考える，それが密度である．

$$\text{密度} = \frac{\text{質量}}{\text{体積}} \quad [\mathrm{kg/m^3}] \tag{1.7}$$

これにならって，**電荷密度**という量を導入する．記号は ρ で単位は $\mathrm{C/m^3}$ である．電荷が点ではなく，空間に広がって分布しているとする．分布が一様であれば，その空間の体積を V とすると

$$\rho = \frac{q}{V} \quad \Rightarrow \quad q = \rho V \tag{1.8}$$

となる．ここで，q はその空間に存在する電荷の量の総和である．

電荷が面状に広がって分布している場合や，電荷が線状に広がって分布している場合もある．このようなときにも，**電荷の面密度**，あるいは，**電荷の線密度**を定義する．記号は ρ と区別するため，それぞれ σ, λ を使う．

電荷がある面の上に一様に分布していて，その面に存在する電荷の総量が q であり，その面の面積を S とすると，

$$\text{電荷の面密度} \quad \sigma = \frac{q}{S} \quad \Rightarrow \quad q = \sigma S \tag{1.9}$$

である．この面密度 σ の単位は $\mathrm{C/m^2}$ である．また，電荷がある線の上に一様に分布していて，その線に存在する電荷の総量が q であり，その線の長さを L とすると

$$\text{電荷の線密度} \quad \lambda = \frac{q}{L} \quad \Rightarrow \quad q = \lambda L \tag{1.10}$$

である．この線密度 λ の単位は C/m である．

次に，電荷分布が一様でない一般の場合を考えよう．つまり，空間に電荷が分布しているが，その中には電荷の量の多いところや少ないとこ

ろがあるという状況である．空間内の位置は，その位置ベクトル $\boldsymbol{r}$ で指定される．電荷密度が一様でないということは，空間内の位置によって電荷の量が変わるので，電荷密度が $\boldsymbol{r}$ の関数であるということになる．

$$\rho = \rho(\boldsymbol{r}) \quad [\mathrm{C/m^3}] \tag{1.11}$$

$\rho(\boldsymbol{r})$ は次のようにして定義する．図 1.6 のように，位置 $\boldsymbol{r}$ の周囲に微小な体積 ΔV を考える．体積が微小であれば，その中では密度は一定と見なすことができるので一様な場合と同じ式を使うことができる．だから，ΔV の中にある電荷の量を Δq とすると（体積が微小なのだから Δq も微小な電荷の量），

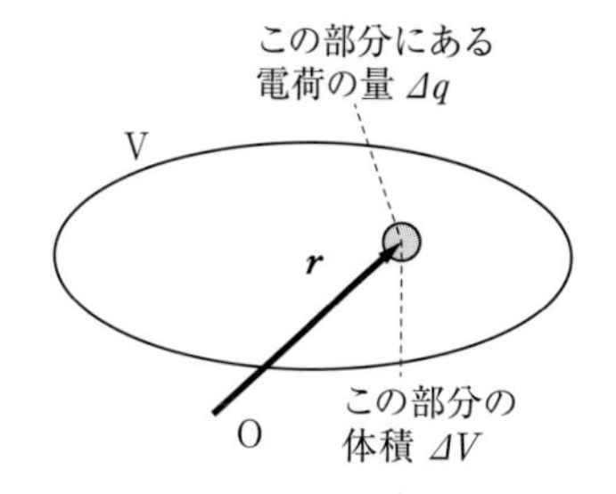

図 1.6 位置に依存する電荷密度の定義

$$\rho(\boldsymbol{r}) = \frac{\Delta q}{\Delta V} \quad \Rightarrow \quad \Delta q = \rho(\boldsymbol{r})\Delta V \tag{1.12}$$

となる．

それでは，このような場合に空間にある全部の電荷の量をどう表現すればよいのだろうか．一様であれば $q = \rho V$ でよかったのであるが，今は一般の場合を考えている．このようなときは，図 1.7 に示すように，仮想的にその空間を多数の微小な体積に分割して考える．分割数を N とし，k 番目の部分の座標を $\boldsymbol{r}_k$，体積を ΔV_k とすれば，(1.12) から，微小な空間内の電荷の（微小な）量が計算でき，それを全部合計すれば全部の電荷の量となる．

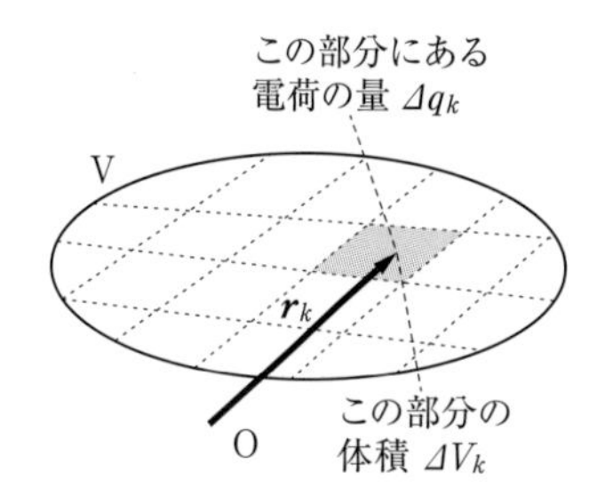

図 1.7 一様でない電荷分布のときに電荷を求める．

$$q = \rho V \quad \Rightarrow \quad 一般化 \quad \Rightarrow \quad q = \sum_{k=1}^{N} \rho(\boldsymbol{r}_k)\Delta V_k \quad [\mathrm{C}] \tag{1.13}$$

これが，電荷分布があるときに全部の電荷を表す式となる．この右辺で，分布を無限に細かく分割した場合（$N \to \infty, \Delta V_k \to 0$）は体積積分とよばれ，次のように表現する．

$$q = \int_{\mathrm{V}} \rho(\boldsymbol{r})\, dV \quad [\mathrm{C}] \tag{1.14}$$

電荷の面状の分布，線状の分布の場合にも同じような数式での表現をする．そのとき σ, λ は，面の上の座標や線に沿った座標の関数となる．

このような数学的な表現の具体的計算手法は，大学初年次の読者ではまだ理解できない部分もあると思われる．大事なのは，数式ではなく，数式が表している意味を把握することである．そのため，繰り返しになるが再度式を書いておくので，これをよく飲み込んでもらいたい．

$$ある空間内にある電荷の総量 = \sum \rho(\boldsymbol{r})\Delta V = \int_{\mathrm{V}} \rho(\boldsymbol{r})\, dV \tag{1.15}$$

ここで，式の中辺にあるように，(1.13) とは違って添え字を書かずに用いる場合もある．具体的に k で和をとったりしない場合は，煩雑になるからである．細かく分けてから全部を加えるという点が理解できれ

ばよい．

記号 Δ と微小量，積分

数式の中で文字 Δ が出てくることがある．この文字は $\Delta x, \Delta V, \Delta q$ などのような形で現れる．その意味は

$$\Delta\bigcirc = \text{微小な}\bigcirc$$

である．

例えば，座標 x_1, x_2 の 2 つの点があり，この 2 点が極めて接近しているとする．このときは，$\Delta x = x_2 - x_1$ という形で記号 Δ を使う．

あるいは，ジャガイモが 1 個あり，その体積が V であったとする．このジャガイモを包丁で細かく切り刻んだとする．その 1 片のジャガイモの体積は ΔV である，とよぶことがある．

2 点はいくらでも近づけることができるし，ジャガイモはいくらでも細かくできるので，この Δ のついた量は，ゼロに近づける極限を考えることが多い．

以上からわかるように，$\Delta x, \Delta V, \Delta q$ などはそれ自身が 1 つの文字記号である[†5]．読み方は，「デルタエックス」などと読む．

†5　Δx は Δ 掛ける x ではない．

それではどうして，このような微小量を考えるのであろうか．次の積分を考えよう．

$$S = \int_{x_1}^{x_2} f(x)\,dx \tag{1.16}$$

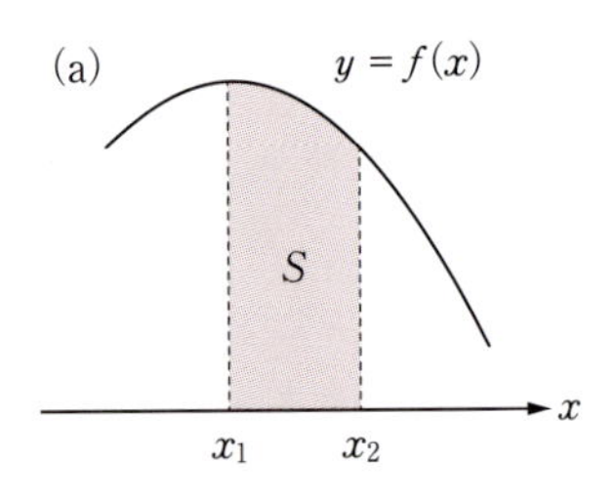

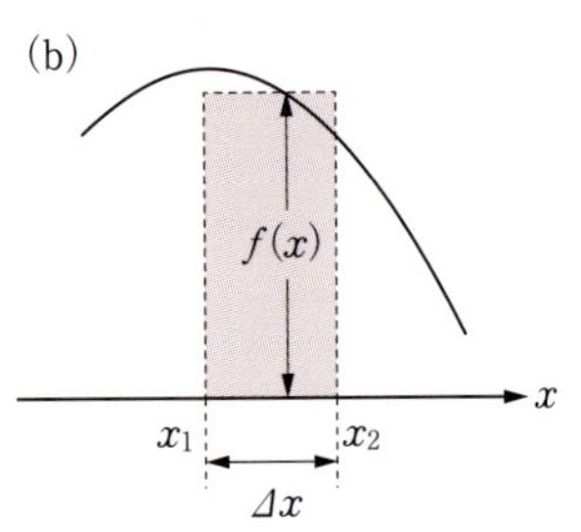

図 1.8　(a) x_1 から x_2 までの定積分を表す面積 S，(b) S の近似値となる長方形．

この積分の値は，関数の値が正であるとすると図 1.8(a) に示される面積 S を表す．関数 $f(x)$ は x と共に変化するものであるから，一般には一定ではない．しかし，もし，x_1, x_2 が非常に接近しているとしよう．すると，近似的に $f(x)$ を一定と見なすことができる．$x_1 < x < x_2$ なる任意の x で，図 1.8(b) のように

$$S = \int_{x_1}^{x_2} f(x)\,dx \simeq f(x)(x_2 - x_1) = f(x)\Delta x \tag{1.17}$$

とすることができる[†6]．もし，Δx を無限にゼロに近づければ，関数 $f(x)$ が普通に変化する場合は，上の式は近似式ではなく限りなく正しい式に近づく．このように「一定と見なす」ために，微小な区間，微小な体積あるいは微小な時間などを考えるのである．

†6　$\simeq$ は，近似的に等しいという意味の記号である．

微小な区間ではなく，有限の区間の積分

$$S = \int_a^b f(x)\,dx \tag{1.18}$$

であっても，図 1.9 のように区間 $[a, b]$ を多数の微小な区間に分ければ，個々の区間には上と同じ議論が適用できる．だから，

$$S = \int_a^b f(x)\,dx = \sum f(x)\Delta x \tag{1.19}$$

と考えることができる．右辺の和は，多数の微小な区間に分割したものを合計するという意味である．「細かく分けてから全部を加える」のが積分の基本

的な意味である．物理的に考えるときには，右辺の細かく分けるやり方で状況を把握し，計算する段階で積分に直して，数学の公式（積分の計算）を使うと結果が得られる．

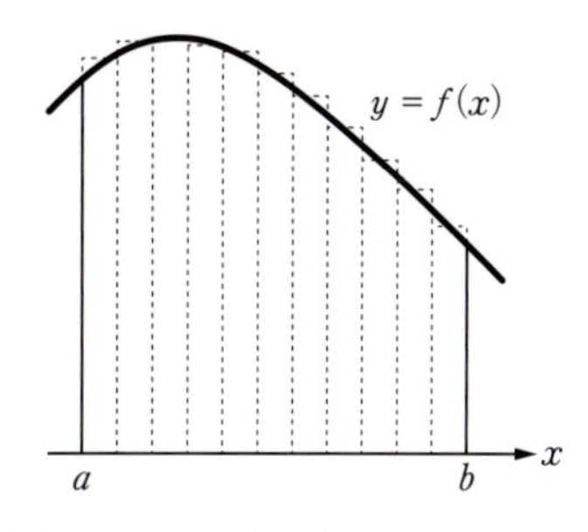

図 1.9　定積分を表す面積を多数の区間に分割し，それぞれを長方形で近似．

1.2 電　場

1.2.1 電場の考え方

電場の考え方を説明しよう[†7]．出発点はクーロンの法則である．電荷と電荷の間に力がはたらくことは明らかな実験事実なので，これをどう解釈するかである．

†7 「はじめに」で述べたように，電場を電界とよぶこともあり，どちらの語を使ってもよい．

1つの立場は，それをそのまま理解することである．2つの電荷が離れて存在しているとき，相互にその存在が「認識」され，それらの間に力がはたらくと考える．この立場を「遠隔作用論」とよぶ．

一方，空間的に離れている電荷の間に力がはたらくのは不自然だとする立場もある．この立場では，図 1.10 のように，目には見えないが電荷から生み出された電場が空間に広がっていき，その電場から他方の電荷が力を受けると考える．もちろん，2つの電荷は対等だから図 1.10 の q_1 と q_2 の役割は逆にしてもよい．双方が電場を作り，双方の電荷が力を受ける．この立場を「近接作用論」とよび，それが「場」の考え方である．これを図式的に説明すると以下となる．

電荷と電荷の間に力がはたらく

⇓

(1) 電荷は電場から力を受ける　＋　(2) 電荷は空間に電場を作る

最初，この場の考え方は単に面倒なだけのように思える．実際，クーロン力を考えているだけでは，上の2つの考え方からは同じ結果しか出てこない．しかし，電磁気現象全体を考えるときには，この場という考え方のほうが正しいことがわかってきた．例えば電荷が振動運動をしている場合を考えてみよう．場の考え方では，電荷の振動によって，空間

(a)

(b)

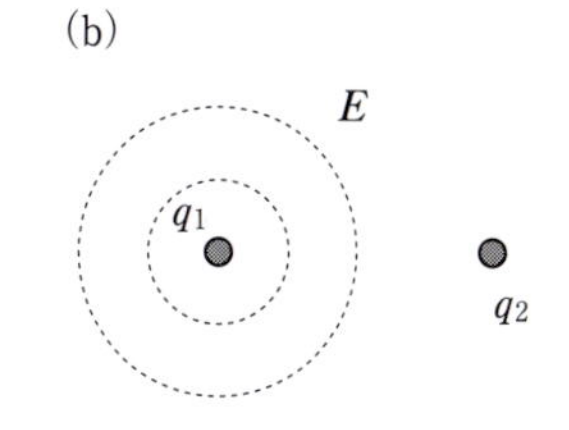

(c)

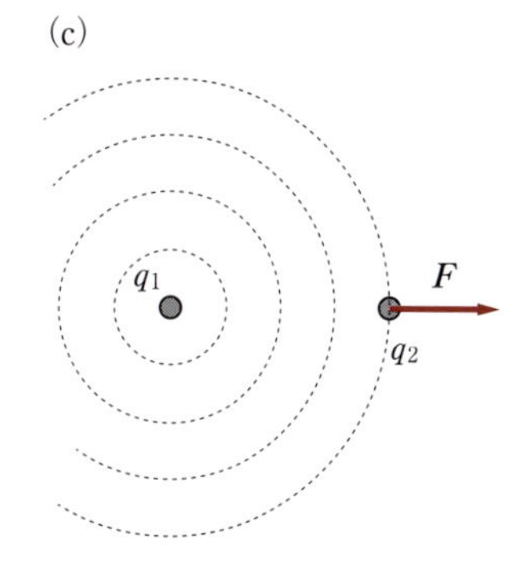

図 1.10　電場のイメージ．(a) 2つの電荷がある．(b) 電荷 q_1 が空間に電場 $\boldsymbol{E}$ を作る．(c) 電荷 q_2 は自分の位置の電場から力 $\boldsymbol{F}$ を受ける．

にできた電場もまるで波のように振動することが想像される．詳しくは，5.6節で電磁波の議論をするところで説明するが，まさにそのように空間を有限の速度で場の波が伝わる．これは一例だが，広範な電磁気現象を統一的に理解するためには，実在物としての場の考え方が不可欠となる．

この場の考え方に具体性を与えるためには，上に示した（1），（2）の内容を具体的に示さなくてはいけない．次にそれを示そう．

（1）　電荷は，自分の存在する場所にある電場から力を受ける．

【注】　自分が存在する場所の電場から力を受ける．その電場を作ったのが誰か（別の1つの電荷なのか，それともいくつかの電荷の影響の合成なのか）ということは，全く意に介さない．ただし，自分の作った場から自分自身が影響を受けることは考えない．

電荷 q が存在する位置における電場を $\boldsymbol{E}$ とすると，

$$\text{電荷}\ q\ \text{にはたらく力} = \boldsymbol{F} = q\boldsymbol{E}\quad [\mathrm{N}] \tag{1.20}$$

となる．電場は向きをもつ（正確にいえばベクトル場である）ので，ベクトルで表している．文字がボールド体でないときは，電場の強さ（ベクトルの絶対値）$E = |\boldsymbol{E}|$ を表すことが多い．

電場の単位は上の（1.20）から見ると N/C でよいように見えるが，後で（1.5節）出てくる V（ボルト）という単位を用いて V/m で表す．

（1.20）は電場の定義と考えてもよい．空間のある点における電場の値を知りたければ，そこに大きさのわかっている電荷 q を置き，それにはたらく力 $\boldsymbol{F}$ を測定すると，$\boldsymbol{E} = \boldsymbol{F}/q$ により電場の向きと強さがわかる．

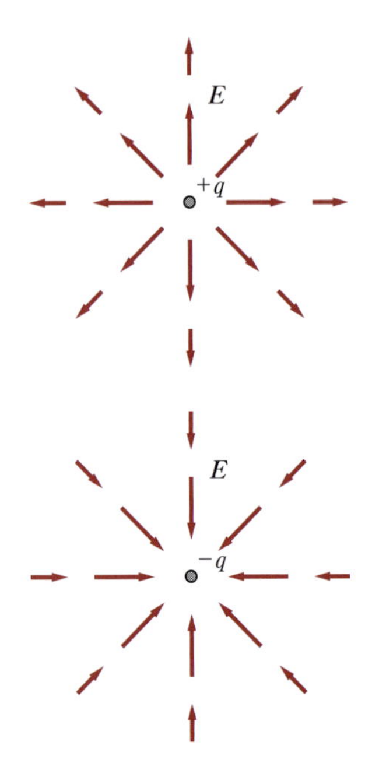

図1.11　点電荷の周りの電場．（上）正電荷，（下）負電荷．

（2）　電荷があると，それは自分の周辺の空間に電場を作る．

【注】　1つの電荷があると，それは自分の周辺に自分のもつ電気的能力，つまり電荷の大きさに応じて自分の電気的勢力圏＝電場，を作る．このとき重要なのは，他の電荷が存在しようがしまいが，それと無関係に自分の主張として電場を作るということである．

点電荷 q が作る電場は次の式で与えられる．その様子は図1.11に示されている．

$$\text{点電荷}\ q\ \text{が作る電場} = \boldsymbol{E} = \begin{cases} \text{大きさ} \quad k\dfrac{q}{r^2}\ [\mathrm{V/m}] \\ \text{向き} \quad \text{電荷から放射状} \end{cases} \tag{1.21}$$

この式は勝手に決めたのではなく，以下で示すようにクーロンの法則と整合性をもつように定めた．

1.2.2 クーロンの法則の導出

(1.20) と (1.21) を2つの電荷 q_1, q_2 が距離 r だけ離れてある場合に適用すると，以下のように (1.1) のクーロンの法則が導かれる．

$$\left.\begin{aligned} q_1\text{が作る電場} &= E = k\frac{q_1}{r^2} \\ q_2\text{が受ける力} &= F = q_2E \end{aligned}\right\} \rightarrow \quad F = k\frac{q_1q_2}{r^2} \tag{1.22}$$

上の式で，q_1 と q_2 の立場を逆にしても同じ結論となる．

1.2.3 電場の重ね合わせ

電場はベクトルであるので，その加算はベクトルの加算法則に従う．複数の電荷があるとき，ある点の電場はそれぞれの電荷の作る電場のベクトル和で求められる．

$$\boldsymbol{E} = \boldsymbol{E}_1 + \boldsymbol{E}_2 + \boldsymbol{E}_3 + \cdots \quad [\mathrm{V/m}] \tag{1.23}$$

このことを，電場には**重ね合わせの原理**が成り立つと表現する．ただし，前に説明したように，個々の電荷は自分自身が作りだす電場からは影響を受けないので，ある電荷にはたらく電場は，それ以外の電荷が作り出す電場のベクトル和である．

1.2.4 点電荷のイメージ

(1.21) で表される点電荷の電場の様子を図1.11に示した．正の電荷と負の電荷では，電場ベクトルの向きは逆になる．図は平面的に描いてあるが，電場の向きは中心にある源の電荷から空間のあらゆる方向に出ている．その様子は，栗のイガかウニの刺で連想できる．電磁気現象は基本的に3次元空間の中で考えることになるが，説明用の図は2次元的（平面的）なので，頭の中でイメージを3次元的にふくらませることが必要である．

1.2.5 点電荷の電場を表す式

点電荷の作る電場は (1.21) で与えられるが，向きも含めた数学的な表式を説明する．

まず，原点 O(0, 0, 0) に点電荷 q があるとする．ある点 P(x, y, z) における電場ベクトルの方向は放射状なのだから，$\boldsymbol{r} = \overrightarrow{\mathrm{OP}}$ の方向を向いていることになる（図1.12の(a)）．単位ベクトル $\boldsymbol{n}$ を次の式で定義する．

$$\boldsymbol{n} = \frac{\boldsymbol{r}}{r}, \qquad r = |\boldsymbol{r}| = \sqrt{x^2 + y^2 + z^2} \tag{1.24}$$

このベクトルは次の性質をもつ．

(a)

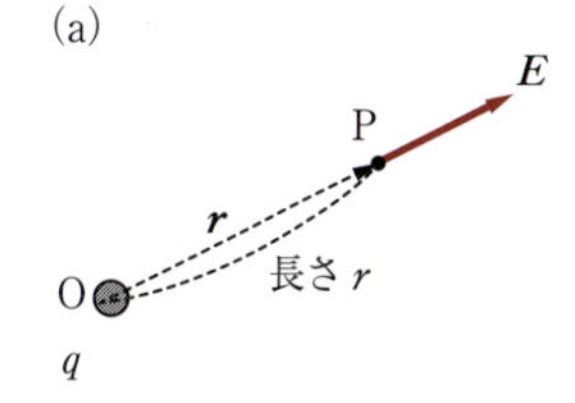

(b)

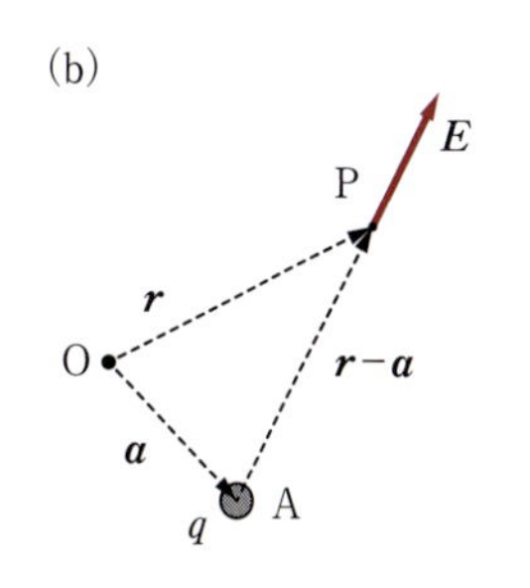

図1.12　単位ベクトル

- $\boldsymbol{n}$ はベクトル $\boldsymbol{r}$ の方向を向く．
- $\boldsymbol{n}$ の長さは1であり，無次元量である．

すると，電場の強さ kq/r^2 に $\boldsymbol{n}$ を乗じたベクトルは（1.21）と同じものとなることがわかる．よって（1.21）は，

$$\text{原点 O にある点電荷 } q \text{ が点 P に作る電場} = \boldsymbol{E} = k\frac{q}{r^2}\boldsymbol{n} = \frac{kq\boldsymbol{r}}{r^3} \tag{1.25}$$

と表現することもできる．ベクトルの成分で表現すると $r = \sqrt{x^2 + y^2 + z^2}$ として，

$$\boldsymbol{E} = \left(\frac{kqx}{r^3}, \frac{kqy}{r^3}, \frac{kqz}{r^3}\right) \quad [\mathrm{V/m}] \tag{1.26}$$

となる．

点電荷の位置が原点 O ではなく点 A である場合は，上の考え方を利用して次のように表現できる（図 1.12 の (b)）．点 A の位置ベクトルを $\boldsymbol{a} = \overrightarrow{\mathrm{OA}}$ とすると，

$$\text{点 A にある点電荷 } q \text{ が点 P に作る電場} = \boldsymbol{E} = \frac{kq(\boldsymbol{r} - \boldsymbol{a})}{|\boldsymbol{r} - \boldsymbol{a}|^3} \tag{1.27}$$

となる．ベクトルの成分で表現すると，点 A の座標を (a, b, c)，$r = \sqrt{(x-a)^2 + (y-b)^2 + (z-c)^2}$ として，

$$\boldsymbol{E} = \left(\frac{kq(x-a)}{r^3}, \frac{kq(y-b)}{r^3}, \frac{kq(z-c)}{r^3}\right) \quad [\mathrm{V/m}] \tag{1.28}$$

となる．

例題 1.2　質量 $m = 0.5\,\mathrm{g}$，電荷 $q = 7.0\,\mu\mathrm{C}$ の粒子がある．この粒子に鉛直上向きの電場をかけたところ，空中に静止した．重力加速度の大きさを $g = 9.8\,\mathrm{m/s^2}$ として，空間にある電場の強さを答えよ．

解法のポイント　図 1.13 に示すように，重力 mg と電気力 qE がつり合うと考えればよい．前にも注意したが，単位には気をつけること．

解

$$mg = qE \quad \rightarrow$$

$$E = \frac{mg}{q} = \frac{(0.5 \times 10^{-3}) \times 9.8}{7.0 \times 10^{-6}} = 7.0 \times 10^2\ \mathrm{V/m}$$

◆

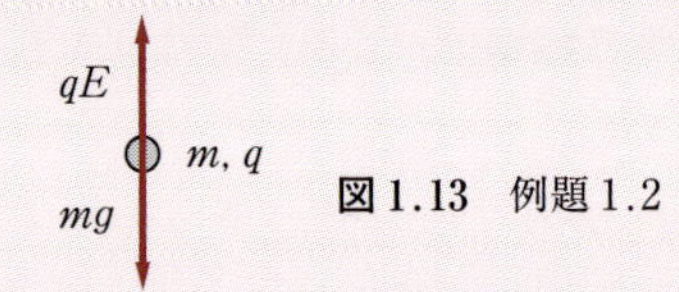

図 1.13　例題 1.2

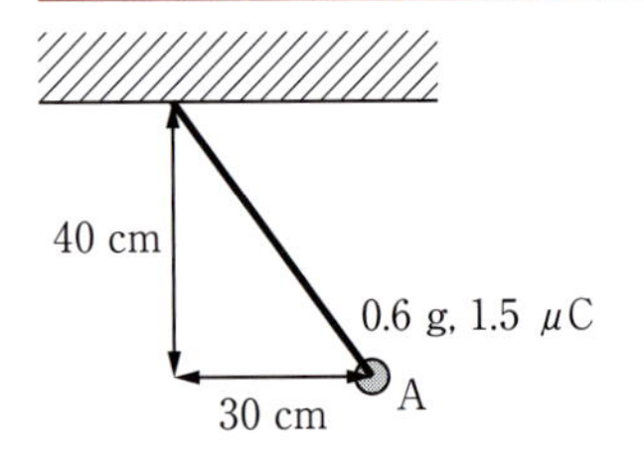

図 1.14　類題 1.3

類題 1.3　水平方向の一様な電場が空間にある．図 1.14 に示すように，質量 0.6 g，電荷 1.5 μC の電荷 A には軽いひもがとりつけられおり，ひもの他端を天井に固定したところ，図の位置で力がつり合って静止した．重力加速度の大きさを $g = 9.8\,\mathrm{m/s^2}$ として，電場の強さを答えよ．

例題 1.3　xy 平面での電場ベクトルを考える．図 1.15 に示すように，点 $(a, 0)$ に電荷 q，点 $(-a, 0)$ に電荷 q がある $(q, a > 0)$．点 $O(0, 0)$，点 $A(0, a)$ での電場の強さと向きを求めよ．

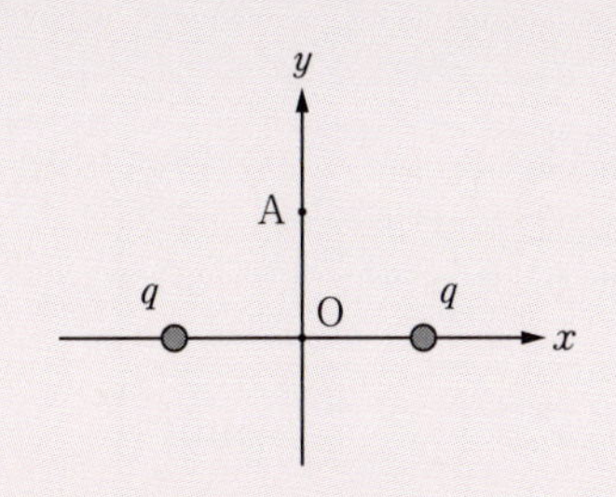

図 1.15　例題 1.3

解法のポイント　電場はベクトルとして合成されることを使う．

解　図 1.16 のようになる．右の電荷が作る電場は $\boldsymbol{E}_1$，左の電荷が作る電場は $\boldsymbol{E}_2$ である．

点 O では両者が相殺するので電場は 0 である．

点 A では合成すると向きは y 軸方向で大きさは

$$\frac{kq}{(\sqrt{2}a)^2} \times \sqrt{2} = \frac{kq}{\sqrt{2}a^2}$$

となる．

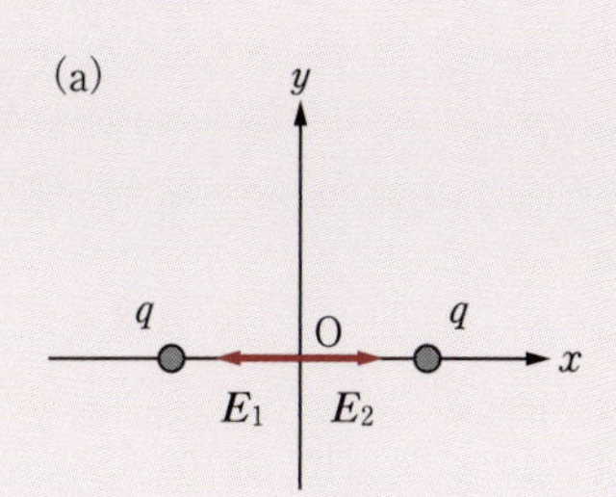

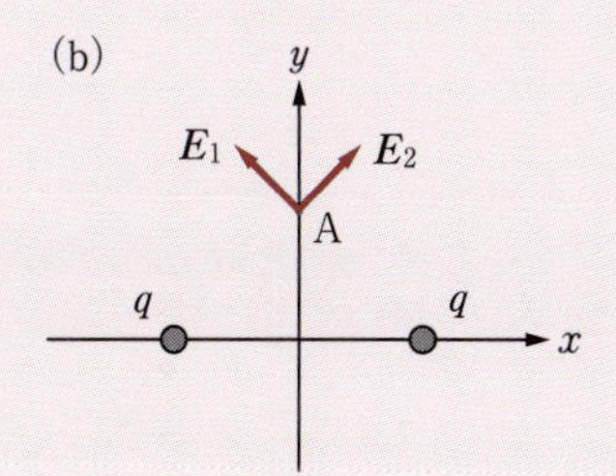

図 1.16　例題 1.3 の解

◆

類題 1.4　例題 1.3 で，点 $(-a, 0)$ にある電荷が $-q$ であった場合に，図 1.16(a) の点 O，図 1.16(b) の点 A での電場の強さと向きを求めよ．

類題 1.5　xy 平面での電場ベクトルを考える．図 1.17 に示すように，点 $(2a, 0)$ に電荷 q，点 $(0, a)$ に電荷 q がある $(q, a > 0)$．点 $P(2a, a)$ での電場ベクトルの x 成分，y 成分，電場の強さを求めよ．

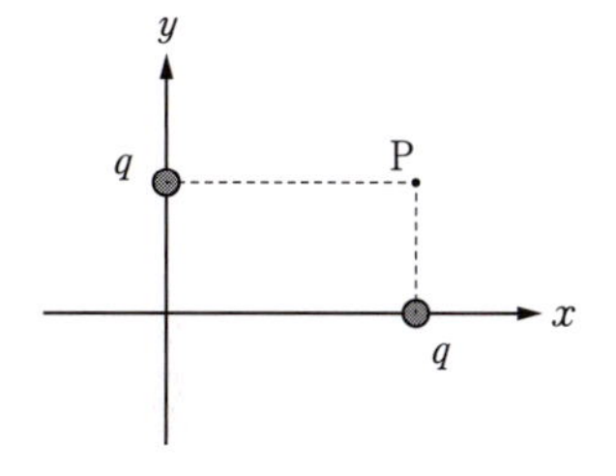

図 1.17　類題 1.5

1.2.6　電気双極子

等量の正負の電荷が対となって存在している状態を，**電気双極子**とよぶ．図 1.18 では，q と $-q$ が距離 d だけ離れて点 A と点 B に置かれている．

ある物体があり，その全体の電荷はゼロで中性であっても，内部には正負の電荷が分布し電気的な構造をもっている場合がある．それは，分子あるいは原子であったり，あるいは，より大きな物体であったりする．そのとき，物体における電荷の分布の様子を与える指標の 1 つが，次の電気双極子モーメントである．

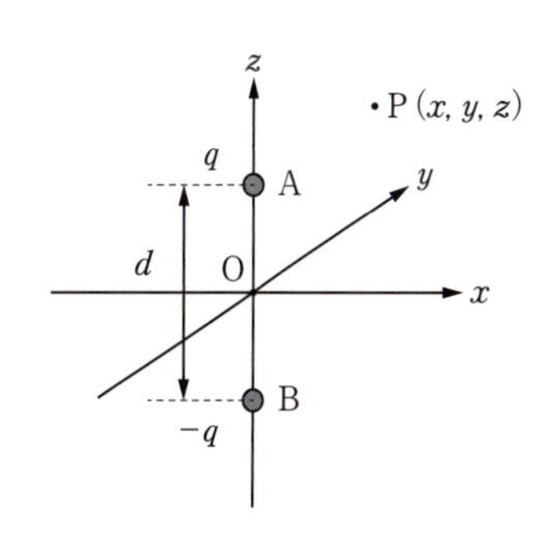

図 1.18　電気双極子

電気双極子の周りの電場の様子を以下で考察する．**電気双極子モーメント**とは，

$$\boldsymbol{s} = q\overrightarrow{\mathrm{BA}} \quad [\mathrm{C \cdot m}] \tag{1.29}$$

と定義され，その大きさが $s = qd$ である．

図 1.18 での点 A，点 B の座標は，$(0, 0, d/2)$, $(0, 0, -d/2)$ である．点 $\mathrm{P}(x, y, z)$ での電場 $\boldsymbol{E}$ を計算しよう．まず，

$$\boldsymbol{r}_{\mathrm{A}} = \overrightarrow{\mathrm{AP}} = \left(x, y, z - \frac{d}{2}\right) \ [\mathrm{m}], \qquad \boldsymbol{r}_{\mathrm{B}} = \overrightarrow{\mathrm{BP}} = \left(x, y, z + \frac{d}{2}\right) \ [\mathrm{m}] \tag{1.30}$$

とする．これらのベクトルの長さは

$$\left.\begin{aligned} r_{\mathrm{A}} &= |\boldsymbol{r}_{\mathrm{A}}| = \sqrt{x^2 + y^2 + \left(z - \frac{d}{2}\right)^2} \ [\mathrm{m}] \\ r_{\mathrm{B}} &= |\boldsymbol{r}_{\mathrm{B}}| = \sqrt{x^2 + y^2 + \left(z + \frac{d}{2}\right)^2} \ [\mathrm{m}] \end{aligned}\right\} \tag{1.31}$$

である．すると，点 P での電場は（1.23）と（1.27）を用いて

$$\boldsymbol{E} = \frac{kq\boldsymbol{r}_{\mathrm{A}}}{{r_{\mathrm{A}}}^3} + \frac{k(-q)\boldsymbol{r}_{\mathrm{B}}}{{r_{\mathrm{B}}}^3} \quad [\mathrm{V/m}] \tag{1.32}$$

となる．これに (1.30) のベクトルを代入して成分を用いて表現すれば，

$$\boldsymbol{E} = kq\left(\frac{1}{{r_{\mathrm{A}}}^3} - \frac{1}{{r_{\mathrm{B}}}^3}\right)(x, y, z) - \frac{kqd}{2}\left(\frac{1}{{r_{\mathrm{A}}}^3} + \frac{1}{{r_{\mathrm{B}}}^3}\right)(0, 0, 1) \quad [\mathrm{V/m}] \tag{1.33}$$

となる．(1.33) の第 1 項に現れる量は

$$\begin{aligned} \frac{1}{{r_{\mathrm{A}}}^3} - \frac{1}{{r_{\mathrm{B}}}^3} &= \frac{{r_{\mathrm{B}}}^3 - {r_{\mathrm{A}}}^3}{{r_{\mathrm{A}}}^3{r_{\mathrm{B}}}^3} = \frac{(r_{\mathrm{B}} - r_{\mathrm{A}})({r_{\mathrm{B}}}^2 + r_{\mathrm{B}}r_{\mathrm{A}} + {r_{\mathrm{A}}}^2)}{{r_{\mathrm{A}}}^3{r_{\mathrm{B}}}^3} \\ &= \frac{{r_{\mathrm{B}}}^2 - {r_{\mathrm{A}}}^2}{r_{\mathrm{B}} + r_{\mathrm{A}}}\,\frac{{r_{\mathrm{B}}}^2 + r_{\mathrm{B}}r_{\mathrm{A}} + {r_{\mathrm{A}}}^2}{{r_{\mathrm{A}}}^3{r_{\mathrm{B}}}^3} = \frac{2dz({r_{\mathrm{B}}}^2 + r_{\mathrm{B}}r_{\mathrm{A}} + {r_{\mathrm{A}}}^2)}{(r_{\mathrm{B}} + r_{\mathrm{A}})\,{r_{\mathrm{A}}}^3{r_{\mathrm{B}}}^3} \end{aligned} \tag{1.34}$$

と変形できることに注意してもらいたい．

さて，ここで，点 P が十分遠くにあるとしよう．つまり，$r = \mathrm{OP} = \sqrt{x^2 + y^2 + z^2}$ が d よりもずっと大きいと仮定する．そのときの電場を調べよう．この条件では

$$r_{\mathrm{A}} \simeq r \ [\mathrm{m}], \qquad r_{\mathrm{B}} \simeq r \ [\mathrm{m}] \tag{1.35}$$

となるので，(1.33) は以下となる†8．

†8　記号 ≃ は側注 6 参照．今考えている近似条件（ここでは d より r がずっと大きい）の下で等しいと見なしてよいことを表す．

$$\boldsymbol{E} = k\frac{qd}{r^3}\left\{\frac{3z}{r^2}(x, y, z) - (0, 0, 1)\right\} \quad [\mathrm{V/m}] \tag{1.36}$$

これを電気双極子モーメント $\boldsymbol{s}$ を用いて，

$$\boldsymbol{E} = k\frac{1}{r^3}\left(\frac{3\boldsymbol{s} \cdot \boldsymbol{r}}{r^2}\boldsymbol{r} - \boldsymbol{s}\right) \quad [\mathrm{V/m}] \tag{1.37}$$

と書き直すことができる．途中の計算は 2 つの電荷の位置を利用していたが，(1.37) は任意の向きの双極子に対して適用できる一般的な式である．

双極子が向いている方向で，十分離れた場所では，電場の大きさ E は

$$E \simeq k\frac{2s}{r^3} \quad [\mathrm{V/m}] \tag{1.38}$$

のように振舞う．点電荷の作る電場は遠方で $1/r^2$ の r 依存性で減少するが，双極子の作る電場はそれよりも速く遠方で減少することがわかった．

1.3 電束密度とガウスの法則

1.3.1 電気力線

前節で導入した電場は，電気現象を理解するための基本的な量である．そして，電場の源は電荷である．したがって，電荷と電場の関係を明らかにする法則を見つけることが重要になってくる．

この糸口を与えるのが，ファラデー（Michael Faraday）により提案された**電気力線**の考え方である．図 1.11 での電場を表す矢印を見ていると，これは「水の流れ」に似ており，電荷から四方八方に流れ出しているように見えてくる．図 1.19 はそのように表現したものである．このように，電場の分布を電気的な影響力を与える流体の流線と見なしたものを電気力線とよぶ．正電荷は力線が流れ出す口，負電荷は力線が吸い込まれる口と見なされる．ファラデーは，水の流線がもっている性質をこの電気力線ももつと考えた．その性質とは，「電気力線は電荷の存在する位置を除き，生成・消滅したり，分岐・融合したりしない」というものである．この性質は後でまた確認する．

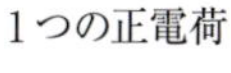

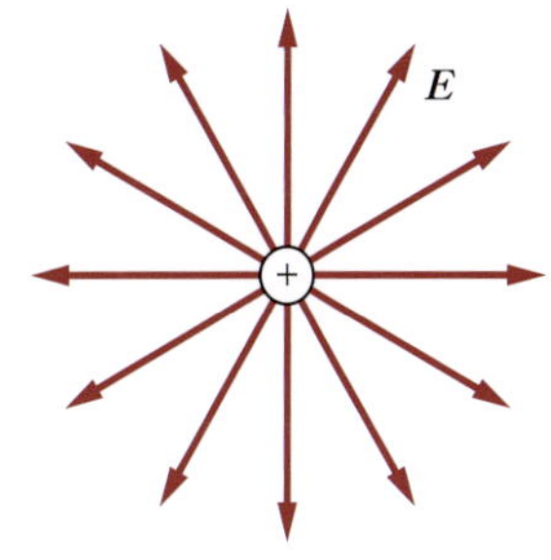

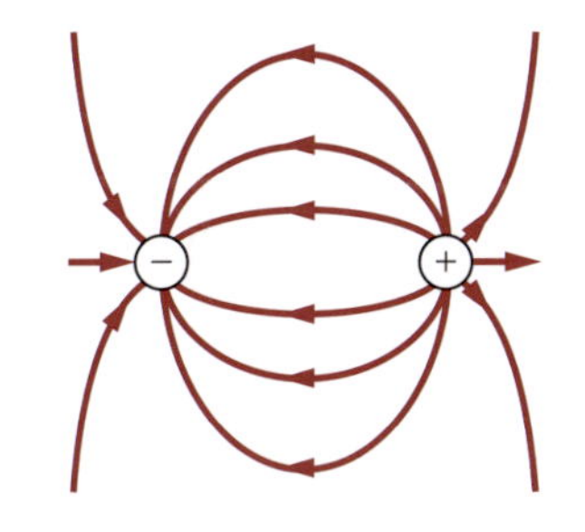

図 1.19 点電荷と電気力線

本節のテーマであるガウスの法則のイメージを説明するために，一例として，3 つの電荷のある図 1.20 を見てもらいたい．電気力線は，本来，水の流れのように連続的なものであるが，この図では単純に 1 本，2 本と数えられるようなものであるとする．まず，3 つの電荷から生じる電気力線の本数を数える．正電荷からは電気力線が出ているのでプラスと，負電荷には電気力線が吸い込まれているのでマイナスと数える．すると，以下となる．

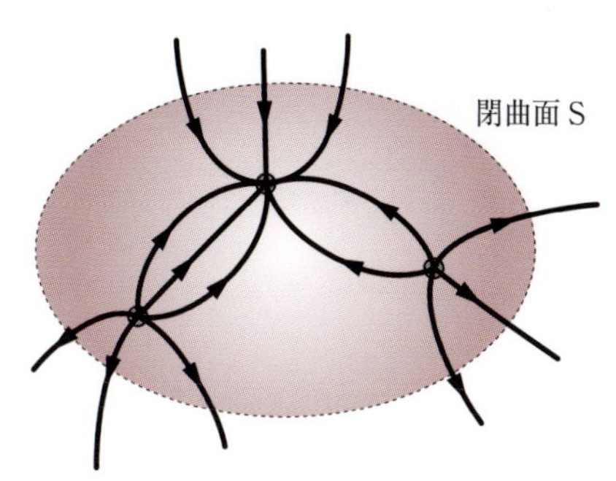

図 1.20 電荷と電気力線の数，ガウスの法則の素朴な見方．

$$\left.\begin{array}{ll}\text{左の正電荷} & 6\,\text{本}\\ \text{中央の負電荷} & 8\,\text{本}\\ \text{右の正電荷} & 5\,\text{本}\end{array}\right\}\cdots\text{合計}\ 6+(-8)+5=3\,\text{本} \tag{1.39}$$

次に，この 3 つの電荷を取り囲む面を考える．このような穴のない袋のような面を，数学では閉曲面とよぶ．図 1.20 では点線でこの閉曲面 S を表している．この面を通り抜ける電気力線の本数を考える．ただし，中から外に抜けるものをプラス，外から中に入るものをマイナスと数える．すると，次ページのようになる．

$$\left.\begin{array}{l}\text{内から外に出る電気力線　6 本}\\ \text{外から中に入る電気力線　3 本}\end{array}\right\}\cdots\text{合計}\ 6+(-3)=3\ \text{本} \tag{1.40}$$

(1.39) と (1.40) は等しく，この結果から，「電気力線の合計本数」は，電荷から出入りする本数を数えても，電荷全体を取り囲む閉曲面で数えても同一であることがわかった．

上の例で述べたことは，どのような個数の電荷がどのように分布していても，また，電荷の集団を取り囲んでいるという条件さえ満たせば，どのような形の閉曲面で考えても成り立つ．このことが電場に対する**ガウスの法則**の基本である．それを式の形で述べると，次のようになる．

任意の電荷分布，任意の閉曲面 S に関して

$$\left(\begin{array}{l}\text{閉曲面 S の表面を}\\ \text{横切る電気力線の総量}\end{array}\right)=\left(\begin{array}{l}\text{S の内部の電荷から}\\ \text{生じる電気力線の総量}\end{array}\right)$$

が成立する．この式の左辺で「表面を横切る」量を数えるときには，上の例で使ったように中から外に出るものをプラス，外から中に入るものをマイナスと数える．

1.3.2　電気力線の量

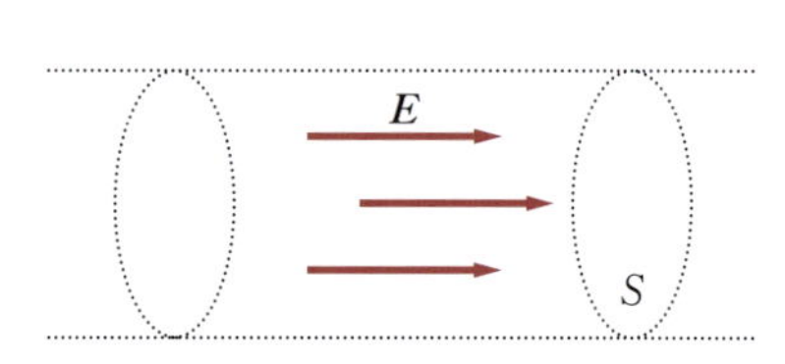

このパイプを通り抜ける
電気力線の量=ES
(E=|$\boldsymbol{E}$|)

図 1.21　電気力線の量の素朴な定義

上の図 1.20 に関する議論で用いたように，物理的なイメージとしては電気力線を 1 本 2 本と数えるときもあるが，本来，電気力線は連続的に広がった流れであり，本数で数えるのは便宜上のものである．それでは，「電気力線の量」を定義しよう．水の流れでは，パイプを単位時間に流れる水の量は，(パイプの断面積)×(水の速度) で与えられる．これにならい，水の速度ベクトルに対して電場ベクトルを対応させよう．そして，図 1.21 に示すように，ある面積 S の面を通る電気力線の量は

$$ES \quad [\mathrm{V\cdot m}] \tag{1.41}$$

で与えられると考える．後でこれを一般化するが，まずはこれで定義しておく．

1.3.3　点電荷から生じる電気力線

まず，電荷から生ずる電気力線の量を求める．点電荷からの電気力線の量は，図 1.11 に示すように球対称なので，電荷を中心とする半径 r の球面で覆って電気力線の量を求めるのが最も簡単である．球面の場合，電場 $\boldsymbol{E}$ が面に垂直になる．電場の大きさ E は (1.21) で与えられているので

$$\text{点電荷}\ q\ \text{の作る電気力線の量}\ = ES = k\frac{q}{r^2}\times 4\pi r^2 = 4\pi kq \tag{1.42}$$

となる[†9]．この式は，結果として，ファラデーの電気力線の性質に関する仮定が正当であったことを示している．電気力線が途中で分岐したり消滅したりすれば，面によって電気力線の量は変わる．ところが，(1.42) では任意の半径 r の球面で覆ったときに，電気力線の量が r によらず一定であるのだから，そんなことは起きていないと結論できる．

†9　結果が半径 r に依存しないことがポイントである．

1.3.4　誘電率の導入

電荷 q が作る電気力線の量として (1.42) を得た．通常，「より基本的な法則をより簡単な形にしたい」と考えるので，ここで新しい記号として，**電気定数（真空の誘電率）** ε_0 を導入して

$$k = \frac{1}{4\pi\varepsilon_0} \tag{1.43}$$

と表すことにする[†10]．この定数は，SI では，光速 c と磁気定数（第 3 章を参照）$\mu_0 = 4\pi \times 10^{-7}\,\mathrm{N/A^2}$ から以下で定義される（単位 F は 1.8 節参照）．

$$\varepsilon_0 = \frac{1}{\mu_0 c^2} = 8.8541872 \times 10^{-12}\ \mathrm{F/m} \tag{1.44}$$

†10　電気定数，磁気定数は electric constant，magnetic constant の訳である．まだ，あまり定着していないが，本書ではこの語を使う．

これより，(1.42) は

$$\text{点電荷 } q \text{ の作る電気力線の量} = \frac{q}{\varepsilon_0} \tag{1.45}$$

となる．

この記号を使うと，クーロン力の式 ((1.1)) は

$$F = \frac{1}{4\pi\varepsilon_0}\frac{q_1 q_2}{r^2}\quad [\mathrm{N}] \tag{1.46}$$

と，やや複雑な形となる．電磁気学の体系ではクーロン力の式より，以下で議論するガウスの法則の方がはるかに本質的である．基本的な式をより簡単にするために，「副次的な」式が少し複雑になることはやむを得ない．

1.3.5　電束密度

ここで，「電気力線の量」という概念により適合した量である**電束密度**を定義する．電束密度は記号 $\boldsymbol{D}$ で表し，単位は $\mathrm{C/m^2}$ である．真空中では，電束密度と電場の関係は

$$\boldsymbol{D} = \varepsilon_0 \boldsymbol{E}\quad [\mathrm{C/m^2}] \tag{1.47}$$

である．電気力線の量の代わりに**電束**という量を定義する．ある面積 S の面を通る電束を

$$DS(= \varepsilon_0 ES)\quad [\mathrm{C}] \tag{1.48}$$

とする．これより，(1.42) は

$$\text{点電荷 } q \text{ の作る電束} = q\quad [\mathrm{C}] \tag{1.49}$$

となる．電束の単位は電荷と同じ C である．

電場 $\boldsymbol{E}$ と電束密度 $\boldsymbol{D}$ は，今のところ，比例定数 ε_0 で相互に換算できるので，どちらで考えてもよい．1.7 節で説明するが，物質の中では ε_0 とは異なる値の**誘電率** ε を使わなくてはいけない．通常の環境では，空気の誘電率はほとんど真空の誘電率と同じ値なので，非常に精度の高い議論をするとき以外は，空気中でも ε_0 を使ってよい．

1.3.6 ガウスの法則（点電荷）

準備ができたので，電荷と電場の関係を与える基礎法則であるガウスの法則を説明する．この法則は電気力線あるいは電束の保存法則である．電束が空間を伝わるときに，増えたり減ったりしないことに基づく†11.

†11 電束を幾何学的な「線」と考えたときは，それが途中で分岐したり，消滅したりしないとする．

1 個の点電荷 q しかないときに，閉曲面 S を球面としてガウスの法則を書くと以下となる（図 1.22）．

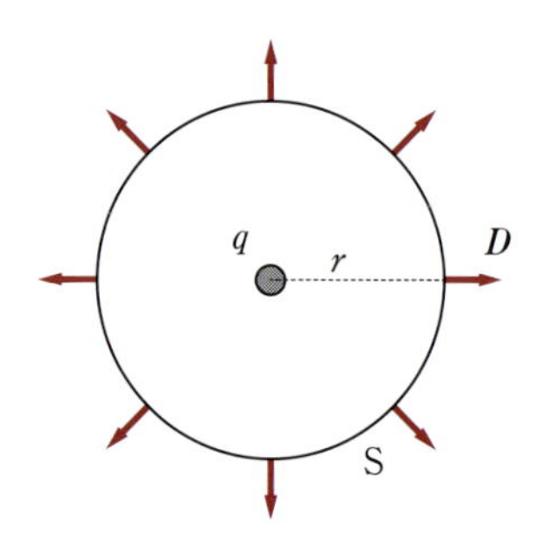

図 1.22 1 個の点電荷に対するガウスの法則

$$1\text{ 個の点電荷に対するガウスの法則}\quad DS = q \quad [\mathrm{C}] \tag{1.50}$$

ここで，$D = |\boldsymbol{D}| = |\varepsilon_0 \boldsymbol{E}| = q/4\pi r^2, S = 4\pi r^2$ である．まずは，この形でガウスの法則の意味をきちんと把握してもらいたい．

1.3.7 ガウスの法則の一般化

ガウスの法則の物理的な意味は上の説明で尽きているのだが，一般的な場合について数学的な記述方法を拡張する必要がある．

なぜ，一般化が必要かというと，どのような電荷分布であっても，どのような閉曲面 S を考えても，法則が成り立つようにしておかないと役に立たないからである．

一度書いた式であるが，言葉を電束に変えて再度書いてみる．繰り返しになるが，この式の左辺では，中から外に抜けるものをプラス，外から中に入るものをマイナスと数える．

$$\begin{pmatrix}\text{閉曲面 S の表面を}\\ \text{横切る電束の総量}\end{pmatrix} = \begin{pmatrix}\text{S の内部の電荷から}\\ \text{生じる電束の総量}\end{pmatrix} \tag{1.51}$$

一般化のためには，この両辺を数学的に表現する必要がある．まず，(1.51) の右辺を考える．点電荷 q の作る電束は q なのだから，

$$(1.51)\text{ の右辺} = \sum_{\substack{\text{閉曲面 S の}\\ \text{内部}}} q \tag{1.52}$$

となる．和をとるのは一般の場合，電荷は 1 個とは限らず，また点電荷ではなく空間に電荷分布が存在する場合もあるからである．(1.14)，(1.15) のところで導入した**電荷密度** ρ の表現を使えば，閉曲面 S の囲む空間を V で表して，

$$(1.51)\text{ の右辺} = \int_{\mathrm{V}} \rho(\boldsymbol{r})\, dV \tag{1.53}$$

となる．ρ は電荷密度であり，(1.14) の説明を再度読んでいただきたい．

次に，(1.51) の左辺を考える．説明に入る前に，ベクトルの法線成分という概念を示す．これは後に 1.5.5 項で説明する接線成分という概念と対で理解してほしい．

ベクトルの法線成分

ある曲面 S とベクトル $\boldsymbol{V}$ があったとき，図 1.23(a) に示すように，ベクトルの曲面に対して垂直な成分のことを**法線成分** V_n とよぶ．法線成分には添え字 n をつけて表現する．曲面には，一定の規約で「表」と「裏」を定めることができる[†12]．閉曲面の場合は，通常内側が裏で外側が表となる．

ベクトル $\boldsymbol{V}$ が裏から表に通り抜けるとき　$V_n > 0$

ベクトル $\boldsymbol{V}$ が表から裏に通り抜けるとき　$V_n < 0$

図 1.23(b) では，座標平面に平行な面をもつ直方体の表面を面 S として，その 6 つの面について，ベクトル $\boldsymbol{D} = (D_x, D_y, D_z)$ があったとき，ベクトルの法線成分と，ベクトルの xyz 軸に関する成分との関係を表している．

ここで，空間にある任意の平面に対するベクトルの法線成分の求め方を説明しておく．図 1.24 に示すように，ある平面上にある任意の点を P，原点から平面に下ろした垂線の足を H とすると，

$$\overrightarrow{\mathrm{OP}} \cdot \overrightarrow{\mathrm{OH}} = \mathrm{OH}^2 \tag{1.54}$$

が成り立つ．これから任意の平面は

$$\boldsymbol{r} \cdot \boldsymbol{n} = h \tag{1.55}$$

と表現される．位置ベクトルは $\boldsymbol{r} = (x, y, z)$, $h = |\mathrm{OH}|$ は垂線の足の長さ，$\boldsymbol{n} = \overrightarrow{\mathrm{OH}}/|\mathrm{OH}|$ は単位法線ベクトルである．図 1.24 で $\overrightarrow{\mathrm{OH}}$ が平面に垂直な向きであり，その向きを向く長さ 1 のベクトルが $\boldsymbol{n}$ である．そして，ベクトル $\boldsymbol{V}$ のこの平面に対する法線成分は

$$V_n = \boldsymbol{V} \cdot \boldsymbol{n} \tag{1.56}$$

と計算される．ただし，ここでは，原点 O のある側を「裏」としているので，そうでないときはマイナスをつけなくてはいけない．なお，平面はしばしば，a, b, c, d を定数として $ax + by + cz = d$ と表現されるが，このとき

$$\boldsymbol{n} = \frac{\pm 1}{\sqrt{a^2 + b^2 + c^2}} (a, b, c) \tag{1.57}$$

である．± 1 は d の正負で $+1$ あるいは -1 とする．

空間にある曲面の場合には，その接平面を考えれば，上の平面の場合と同様にベクトルの法線成分を求めることができる．今，曲面の方程式を $F(x, y, z) = 0$ とし，この曲面上の点を $\mathrm{P}(a, b, c)$ とする（$F(a, b, c) = 0$ を満たす）と，点 P での接平面は

$$A(x - a) + B(y - b) + C(z - c) = 0 \tag{1.58}$$

となる．ここで，

†12　メビウスの帯のようなものは考えない．

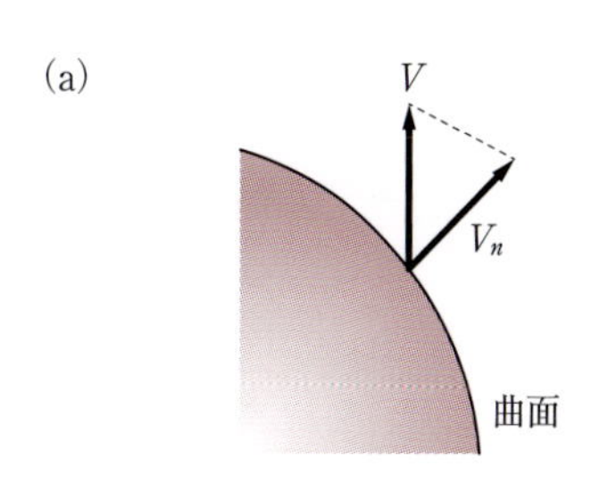

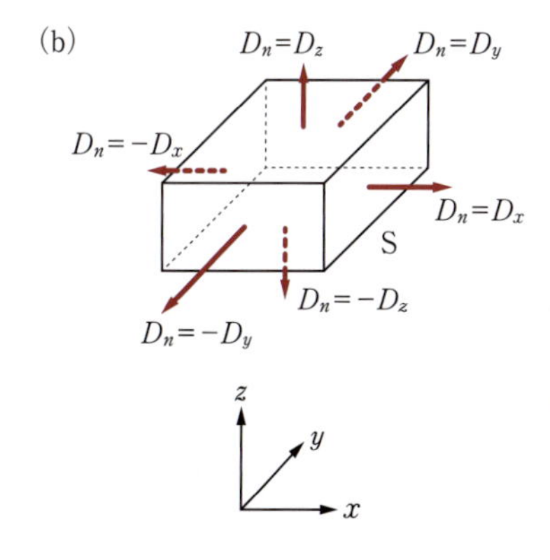

図 1.23　ベクトルの法線成分

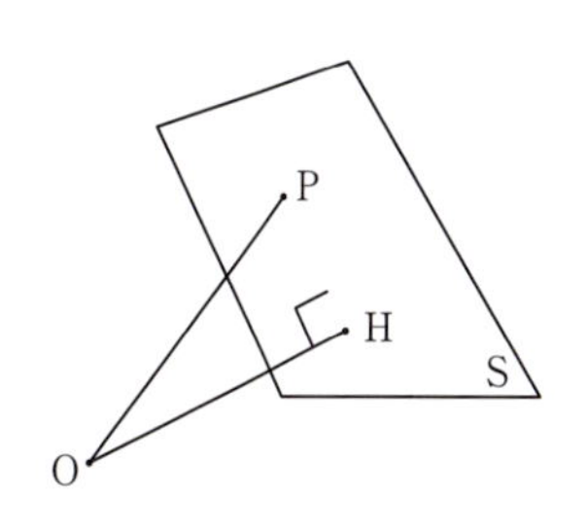

図 1.24　空間内の平面 S．P は平面上の任意の点で，OH は平面に垂直な線分．

$$A = \left.\frac{\partial F}{\partial x}\right|_{\mathrm{P}}, \quad B = \left.\frac{\partial F}{\partial y}\right|_{\mathrm{P}}, \quad C = \left.\frac{\partial F}{\partial z}\right|_{\mathrm{P}} \tag{1.59}$$

である．なお添え字Pは，微分した後点Pで値を計算するという意味である．

例えば，曲面の例として，原点を中心とする半径 r の球面を考えると，それは $F(x, y, z) = x^2 + y^2 + z^2 - r^2 = 0$ である．この上の点 $\mathrm{P}(a, b, c)$（$a^2 + b^2 + c^2 - r^2 = 0$ を満たす）での接平面は，

$$2a(x - a) + 2b(y - b) + 2c(z - c) = 0 \quad \rightarrow \quad ax + by + cz = r^2 \tag{1.60}$$

である．

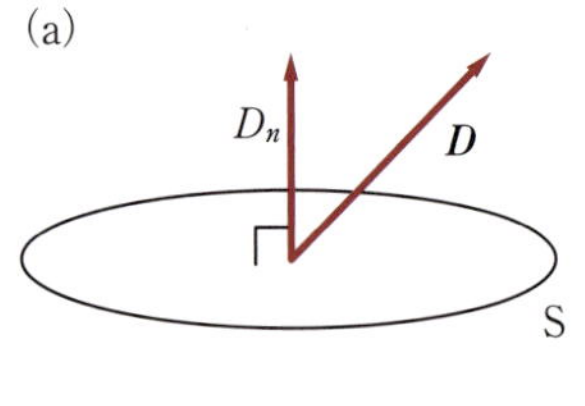

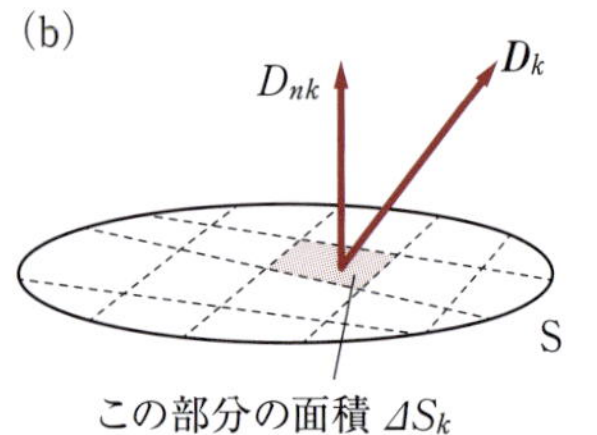

図 1.25　電束の一般化

電場あるいは電束密度はベクトルであるので，ベクトルのどの成分を使うべきかを指定する必要がある．面を横切る流れと考える以上，図1.25の（a）のように，電束密度ベクトル $\boldsymbol{D}$ の法線成分 D_n を使うのが適切である．面には裏と表がある．だから，電束密度ベクトルが裏から表に通り抜けるときは $D_n > 0$，表から裏に通り抜けるときは $D_n < 0$ となる．

また，電束を DS と考えることができるのは，この面で電束密度が一定な場合のみである．もし電束密度が一様でなく，面の場所によって異なるとしたら単純な掛け算はできない．このときは，図1.25の（b）のように，面を細かく分割して考える．分割した面の小部分が十分小さければ，その中では電束密度を一定と考えることができる（1.1.3項末尾の微小量と積分に関する説明参照）．k 番目の小部分を通る電束は，そこでの電束密度の法線成分を D_{nk}，その小部分の面積を ΔS_k とすると，$D_{nk}\Delta S_k$ であり，これを全部加えればよいから，電束は

$$D_{n1}\Delta S_1 + D_{n2}\Delta S_2 + \cdots + D_{nk}\Delta S_k + \cdots + D_{nN}\Delta S_N = \sum_{k=1}^{N} D_k \Delta S_k \quad [\mathrm{C}] \tag{1.61}$$

となる．ここでの和記号 Σ は，面Sを細かく分割して加えることを意味する．ここで分割を細かくした極限をとると，面積分 $\int_{\mathrm{S}} D_n\, dS$ となる．電荷密度のところで説明したことと同じく，初学者で面積分の計算にあまり馴染みのない場合は，より直観的な（1.61）で理解すればよい．

ガウスの法則の最終的な形は次の通りである．ガウスの法則は（1.51）で普通の言葉により表現されていたが，それを数学的に正確に表現した．先に述べたように，数学的な技術の問題から2種類の書き方をしておくがいずれも同等である．一般化により，出発点の $DS = q$ が次のページのような表現となったことを理解してもらいたい．

任意の電荷分布および任意の閉曲面Sに関して，次の関係式が成り立つ†13．

†13 「電場のガウスの法則」とよぶが，電気的な場についてのガウスの法則という意味である．

電場のガウスの法則：和記号による表現

$$\sum_{\substack{閉曲面S\\の表面}} D_n \Delta S = \sum_{\substack{閉曲面S\\の内部}} q \tag{1.62}$$

左辺の和は，閉曲面 S をいくつかの部分に分けて計算した合計で，(1.61) の意味であり，右辺は閉曲面 S の内部の電荷の和である．

電場のガウスの法則：積分による表現

$$\int_S D_n\, dS = \int_V \rho\, dV \tag{1.63}$$

左辺は閉曲面 S についての面積分，右辺は閉曲面 S の囲む空間を V とし，V についての体積積分である．

例題 1.4 x 軸方向の一様な電場 $\boldsymbol{E} = (E_0, 0, 0)$ が空間に分布している．

図 1.26 に示すように，A$(a, 0, 0)$, B$(a, b, 0)$, C$(0, b, c)$, D$(0, 0, c)$ とするとき，長方形 ABCD を通り抜ける電束を求めたい．$(a, b, c > 0)$．

(1) A′$(0, 0, 0)$, B′$(0, b, 0)$ とすると，長方形 A′B′CD を通り抜ける電束は，長方形 ABCD を通り抜ける電束と同じであることを利用して電束を計算せよ．

(2) (1.56)，(1.57) を用いて E_n を求め，それから電束を計算せよ．

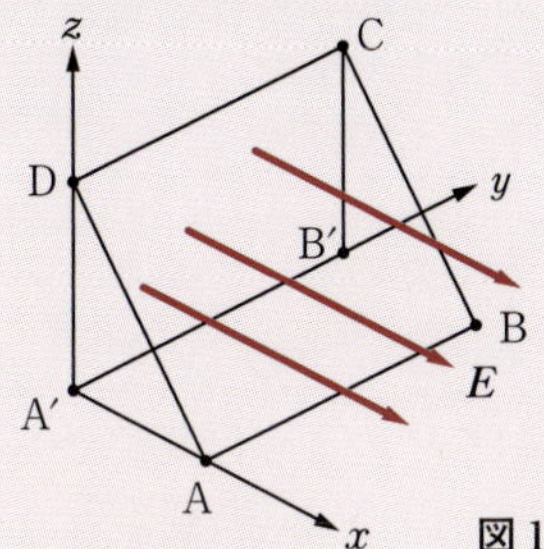

図 1.26 例題 1.4

解法のポイント 考えている面上で電場が一定である場合は電束密度 D_n と面積 S を単純に掛け合わせたものが電束になる．

(1)，(2) いずれの方法で計算しても等しくなることが，当たり前とはいえ，重要である．

解 (1) 長方形 A′B′CD の面積は bc であり，電場は x 軸方向で，長方形 A′B′CD は x 軸に垂直であるので以下のようになる．

$$D_n S = \varepsilon_0 E_0 bc$$

(2) 長方形 ABCD を式で表すと $x/a + z/c = 1$ である．これから (1.57) より

$$\boldsymbol{n} = \frac{1}{\sqrt{(1/a)^2 + (1/c)^2}} \left(\frac{1}{a}, 0, \frac{1}{c}\right) = \frac{1}{\sqrt{a^2 + c^2}} (c, 0, a)$$

となる．(1.56) より

$$E_n = \boldsymbol{E} \cdot \boldsymbol{n} = \frac{E_0 c}{\sqrt{a^2 + c^2}}$$

であり，長方形 ABCD の面積は $\sqrt{a^2 + c^2}\, b$ なので，以下のようになる．

$$D_n S = \varepsilon_0 \frac{E_0 c}{\sqrt{a^2 + c^2}} \times \sqrt{a^2 + c^2}\, b = \varepsilon_0 E_0 bc$$

◆

類題 1.6 x 軸方向の一様な電場 $\boldsymbol{E} = (E_0, 0, 0)$ が空間に分布している．

図 1.27 に示すように，正三角形 ABC を A$(a, 0, 0)$, B$(0, a, 0)$, C$(0, 0, a)$ とするとき，ABC を通り抜ける電束を求めたい．$(a > 0)$．

(1) 点 O を O$(0, 0, 0)$ とすると，三角形 OBC を通り抜ける電束は，正三角形 ABC を通り抜ける電束と同じであることを利用して電束を計算せよ．

(2) (1.56)，(1.57) を用いて E_n を求め，それから電束を計算せよ．

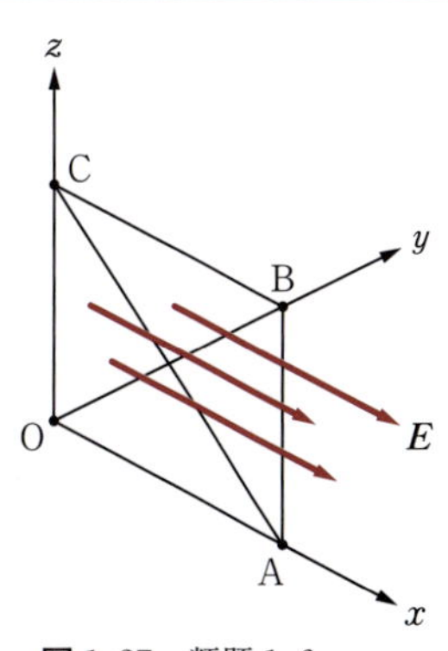

図 1.27 類題 1.6

1.4 ガウスの法則の応用

この節は前の節の演習問題にあたる．前節で導かれたガウスの法則は，初心者にとってかなり馴染みにくいものである．与えられた電荷分布に対して，適切な閉曲面を設定し，それに基づいて法則を適用するという手法は慣れないとわかりにくい．この節では，簡単な電荷分布の場合についてガウスの法則を使って電場を求める例を示す．

実はガウスの法則以外にも，本節の議論にとって重要なものに「対称性」による考察がある．これまた馴染みがないかもしれないが，説明をよく読んで考えていただきたい．

例 1)　点電荷

この場合の結果は既に知っているものであるが，次のように考えていただきたい．つまり，クーロンの法則は未知として，出発点にガウスの法則だけがあった場合に，点電荷の作る電場はどのようなものか，という形に問題を設定する．

まず「対称性」による議論から，電場ベクトルの方向や変数についての依存性を決めよう．

(a)

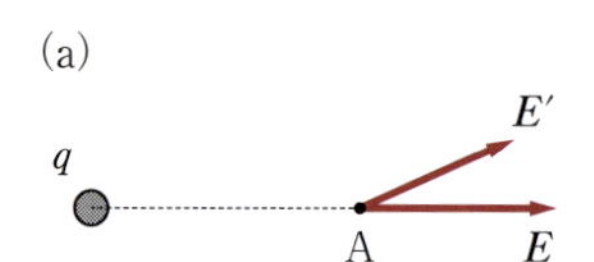

(b)

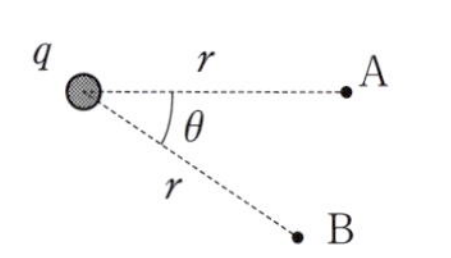

図 1.28　点電荷の周りの電場についての考察

電場ベクトルの向きについて図 1.28 の (a) で考える．説明を明確にするため，この点電荷 q は正電荷とする．まず注意すべきことは，点電荷というのはどちらから見ても同じように見える，つまり，点電荷から見て空間内に特定の方向は存在しないということである．このような状況を「球対称性」があるという．点 A での，電荷 q が作る電場ベクトルの向きを考えよう．もし，その電場が $\boldsymbol{E}'$ であったとする．図で電荷と点 A を結ぶ点線を見たとき，その上の空間と下の空間は対称で同等である．にもかかわらず，$\boldsymbol{E}'$ は上方向を選んでいる．すると，電場は図の「上」と「下」を区別していることになるが，そのようになる理由は存在しない．そのように考えれば，電場は $\boldsymbol{E}$ のように電荷から放射状に出ていると考えられる．次に，図 1.28 の (b) で点 A と点 B での電場の強さを比べよう．特定の方向を点電荷はもたないのだから，点 A や点 B の電場の強さが角度 θ に依存するのはおかしい．したがって，電場の強さは距離 r のみの関数であると結論づけられる．

以上の考察に基づき，図 1.22 にあるのと同じように閉曲面 S として，電荷を中心とする半径 r の球面を考える[†14]．距離 r での（未知の）電場の強さを $E(r)$ として（$E(r) = |\boldsymbol{E}(\boldsymbol{r})|$），(1.62) のガウスの法則は

$$\left.\begin{array}{ccc} \displaystyle\sum_{\substack{\text{閉曲面 S}\\\text{の表面}}} D_n \Delta S & = & \displaystyle\sum_{\substack{\text{閉曲面 S}\\\text{の内部}}} q \\ \Downarrow & & \Downarrow \\ \varepsilon_0 E(r) \times 4\pi r^2 & & q \end{array}\right\} \tag{1.64}$$

†14　前述の考察によりこの面 S に対して，$E_n = |\boldsymbol{E}|$ である．

となる．これから以下を得る．この結果は（1.21）を再現した．

$$\varepsilon_0 \pi r^2 E(r) = q \quad \Rightarrow \quad E(r) = \frac{q}{4\pi\varepsilon_0 r^2} \tag{1.65}$$

例 2)　直線状の一様な電荷分布

直線の上に一様に分布している電荷の量について，電荷の線密度 λ とよばれる量を定義する．（1.10）を参照してもらいたい．直線は十分長いと仮定する．実際には無限に長い直線などは存在しないが，その端を除いた部分で考察していると考えてもらいたい．以下で図は $\lambda > 0$ として描いているが，結果の式は λ の符号に関係なく成り立つ．

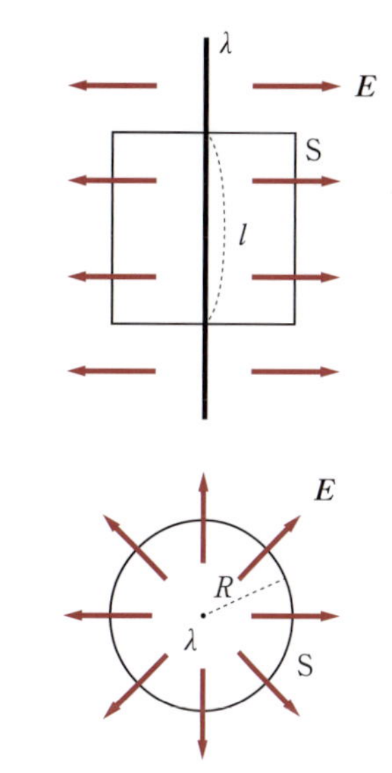

図 1.29　直線状の一様な電荷分布．左は横から見た図，右は直線の端点方向から見た図である．

図 1.29 に示すような向きに，電場が生じる．これも対称性による考察の結果である．まず，直線は十分長いので，上下の区別は生じない．よって，電場ベクトルの向きは直線に垂直である．また，直線のあらゆる方向から見て状況は同一であるから，直線に対して放射状の方向にベクトルは向いている．そして，その大きさは直線からの距離 R のみに依存するはずである．

ガウスの法則を適用する閉曲面 S として，直線を中心とし，半径 R，高さ l の円柱面を考える（図 1.29）．この面を選ぶと，

- 上下の面…電場が面に平行　→　$E_n = 0$
- 側面…電場が面に垂直　→　$E_n = E = |\boldsymbol{E}|$
- 円柱面の内部の電荷…円柱面内の電荷分布の長さ l　→　$q = \lambda l$

となるので，ガウスの法則（(1.62)）は

$$\left.\begin{aligned} &\text{左辺}\cdots \sum D_n \Delta S = \underset{\text{上面}}{0} + \underset{\text{側面}}{\varepsilon_0 E \cdot 2\pi R l} + \underset{\text{側面}}{0} \\ &\text{右辺}\cdots \sum q \qquad = \lambda l \end{aligned}\right\} \tag{1.66}$$

となる．これから，$2\pi\varepsilon_0 E R l = \lambda l$ となる．直線から R 離れた位置の電場は以下の式となる．

$$\boldsymbol{E} = \begin{cases} \text{大きさ}\cdots \dfrac{\lambda}{2\pi\varepsilon_0 R} \quad [\mathrm{V/m}] \\ \text{向　き}\cdots \text{直線に垂直な方向} \end{cases} \tag{1.67}$$

例 3)　平面状の一様な電荷分布

平面の上に一様に分布している電荷の量について，電荷の面密度 σ とよばれる量を定義する．（1.9）を参照してもらいたい．平面は十分広いと仮定する．実際には無限に広い平面などは存在しないが，その端を除いた部分で考察していると考えてもらいたい．以下で図は $\sigma > 0$ として描いているが，結果の式は σ の符号に関係なく成り立つ．

電場の様子は対称性による考察を行うと，図 1.30(a) のように，電場ベクトルの方向は面に垂直で，場所に関係なく一定であるとされる．もし，平面に対して電場ベクトルが傾きをもてば，その特別

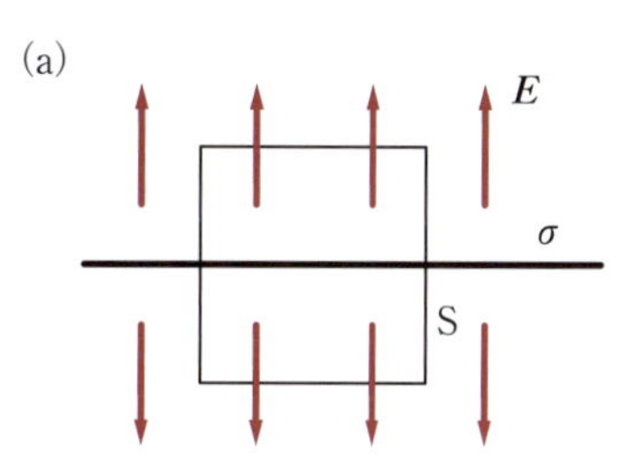

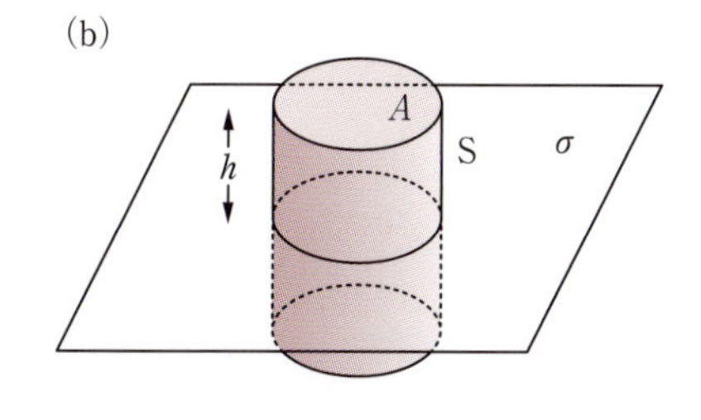

図 1.30　平面状の一様な電荷分布

な方向があることになるが，本来そのような方向はない．したがって，電場ベクトルの方向は面に垂直にならないといけない．また，面の場所はどこでも同等なので，電場ベクトルの大きさは場所には関係しない．

まず，ガウスの法則を適用する閉曲面Sを選ばなくてはいけない．この例では，図1.30の(b)のように平面に垂直な筒状の面Sを選ぶのがよい．この筒の断面積をAとし，この面を選ぶと，

- 上下の底の面…電場が面に垂直　→　$E_n = E = |\boldsymbol{E}|$
- 側面…電場が面に平行　→　$E_n = 0$
- 筒の内部にある電荷…筒の内部の電荷分布の面積A　→　$q = \sigma A$

となるのでガウスの法則（(1.62)）は

$$\left.\begin{aligned} &\text{左辺}\cdots \sum D_n \Delta S = \underset{\text{上面}}{\varepsilon_0 E} \cdot A + \underset{\text{側面}}{0} + \underset{\text{下面}}{\varepsilon_0 E \cdot A} \\ &\text{右辺}\cdots \sum q \quad = \quad \sigma A \end{aligned}\right\} \tag{1.68}$$

となり，$2\varepsilon_0 EA = \sigma A$より

$$E = |\boldsymbol{E}| = \frac{\sigma}{2\varepsilon_0} \quad [\text{V/m}] \tag{1.69}$$

を得る．

電場の強さは平面からの距離に依存しない．なぜなら，以上の計算からEの値が図1.30の(b)のhには依存しないからである．

例4)　2枚の平行平面での一様な電荷分布

この例はガウスの法則の応用ではなく，3)の応用である．2つの平行な平面に，それぞれ面密度σ_1, σ_2で一様に電荷が分布している場合の電場を考える（図1.31）．この結果は3)で$\sigma = \sigma_1$のときと$\sigma = \sigma_2$のときの分布をベクトルとして合成したものである．なぜ，単純に加算できるかというと(1.23)で説明したように電場は重ね合わせできるからである．よって，図1.31のように電場を重ね合せる．図1.31の右の図で中央部の電場ベクトルが下向きなのは，$\sigma_1 > \sigma_2 > 0$と仮定したからである．

$$E_{\rm up} = E_{\rm down} = \frac{\sigma_1}{2\varepsilon_0} + \frac{\sigma_2}{2\varepsilon_0} \quad [\text{V/m}], \qquad E_{\rm c} = \frac{\sigma_1}{2\varepsilon_0} - \frac{\sigma_2}{2\varepsilon_0} \quad [\text{V/m}] \tag{1.70}$$

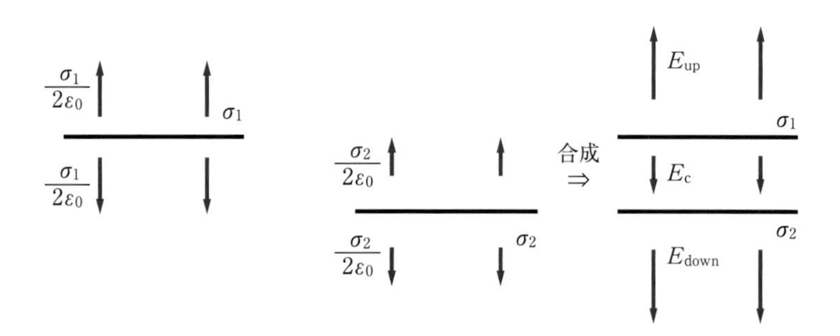

図1.31　2枚の平行平面での一様な電荷分布

2つの面に等量で正と負の電荷（面密度の大きさ σ）が帯電している場合は，平行平板コンデンサーで実現される電場分布と同じである．このとき，$\sigma_1 = \sigma, \sigma_2 = -\sigma$ となる．結果は以下となる．

$$E_c = \frac{\sigma}{\varepsilon_0} \quad [\mathrm{V/m}], \qquad E_{up} = E_{down} = 0 \quad [\mathrm{V/m}] \qquad (1.71)$$

電荷が電場の源であることは既に何度も述べたことであるが，最後に，これらの例のまとめを以下のような形で表現しておく．

表 1.1

電荷分布	電場の強さの距離依存性
点電荷（0次元の分布）	r^{-2} に比例
線電荷（1次元の分布）	r^{-1} に比例
面電荷（2次元の分布）	r^0 に比例（距離によらず一定）

このような結果から示唆されることは，電気力が我々の空間の性質に依存しており，それを明らかにしているのがガウスの法則であるということである．

例題 1.5 原点 O(0, 0, 0) を中心とする半径 a の球の内部に，一様に電荷が分布している．全電荷の量は Q である．このとき，原点から距離 r の位置の電場ベクトルを求めよ．

解法のポイント ガウスの法則を適用するときには，まず，その場合に適切な閉曲面Sを見つけないといけない．これは，例題などを繰り返し学習することによって徐々に身につく．

もう1つ大事なのは，この状況での電場ベクトルの向きである．この例題の状況はどちらの方向から見ても同じである．例1）でも出てきたが，これを球対称性があるという．この場合，電場ベクトルの方向は中心から放射状になる．それ以外の方向になる根拠がないからである．

解 閉曲面Sとして，原点を中心とする，半径が r の球面を考える．$r \leqq a$ と $r > a$ で場合分けが必要である（図 1.32）．

$r > a$ の場合，閉曲面Sの内部の電荷は Q であり，閉曲面Sの面積は $4\pi r^2$，面の上での電場ベクトルの向きは面に垂直である．よってガウスの法則は，電場の強さを E として

$$\varepsilon_0 E\, 4\pi r^2 = Q \quad \rightarrow \quad E = \frac{Q}{4\pi\varepsilon_0 r^2}$$

である．

$r \leqq a$ の場合，一様な電荷分布なので半径 r の球面内の電荷を Q' とすると，Q' は比例関係で

$$\frac{Q'}{Q} = \frac{(4\pi/3)r^3}{(4\pi/3)a^3} \quad \rightarrow \quad Q' = \frac{r^3}{a^3}Q$$

を得る．ガウスの法則から

$$\varepsilon_0 E\, 4\pi r^2 = Q' \quad \rightarrow \quad E = \frac{Qr}{4\pi\varepsilon_0 a^3}$$

となる．以上から，電場 $\boldsymbol{E}$ の向きは原点から外向きに放射状であり，大きさ E は

$$E = \begin{cases} \dfrac{Qr}{4\pi\varepsilon_0 a^3} & [\mathrm{V/m}] \quad (r \leqq a) \\ \dfrac{Q}{4\pi\varepsilon_0 r^2} & [\mathrm{V/m}] \quad (r > a) \end{cases}$$

である．

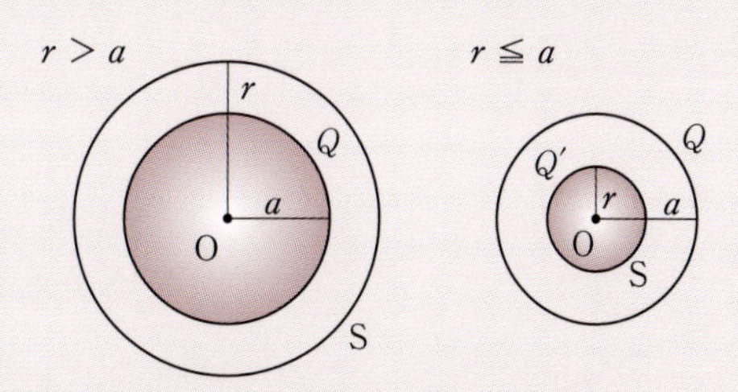

図 1.32 半径 a の球内に一様に分布する電荷 Q

◆

類題 1.7　原点 (0, 0, 0) を中心とする半径 a の球面の上に，一様に電荷が分布している．全電荷の量は Q である．このとき，原点から距離 r の位置の電場を求めよ．

［ヒント］ 例題 1.5 との違いは，球の中に一様に電荷が分布しているか，球の表面だけに電荷が分布しているかということだけである．閉曲面 S は例題と同じにとればよく，$r > a$ では，例題 1.5 と同じになる．

類題 1.8　原点 (0, 0, 0) を中心とする半径 a の球面と半径 b の球面があり，面上に，それぞれ一様に電荷が分布している．$a < b$ であり，半径 a の球面の全電荷は Q，半径 b の球面の全電荷は $-Q$ である．このとき，原点から距離 r の位置の電場を求めよ．

［ヒント］ 類題 1.7 との違いは，外側の球面の存在だけである．閉曲面 S は例題と同じにとればよく，$r < b$ では類題 1.7 と同じになる．

類題 1.9　非常に長い円柱面を考える．円柱の半径は a である．この円柱面に電荷が一様に分布しており，長さ l 当りの電荷は，q である．このとき，円柱の中心軸からの距離が R の位置の電場を求めよ．

［ヒント］ 本文の例 2) を参考にしてもらいたい．$R > a$ では例 2) と同じになる．

1.5 電　位

1.5.1 電位と電場

坂道にボールを置くと下に転がっていく．この運動の原因は重力であるが，物体は高い所から低い所に動くように力を受けると表現することもできる．同じように，電荷にはたらく力を，電気的に「高い」場所から「低い」場所に電荷を動かすようにはたらくと表現することができる．この電気的な「高低」を表す量が，**電位**（静電ポテンシャル）である．電場はベクトルであったが，この電位はスカラーであり，記号 $\mathcal{V}$ で表す．単位は V と書きボルトという[†15]．

†15　電位には ϕ という記号を使う場合もある．また，$\mathcal{V}$ や，後出の電位差 V と単位のボルトを混同しないでもらいたい．

図 1.33 の (a) のように，x 軸に沿って動く電荷 q に力 $\boldsymbol{F}$ がはたらいている．このとき，図の (b) のような電位 $\mathcal{V}$ があるので，力がはたらいていると考えてみよう．図の (b) の「縦軸」は実際の高さではなく，電位 $\mathcal{V}$ の大きさを表現していることを理解していただきたい．この「坂道」の上に電荷があれば，右の「坂の下」の方に落ちていくと見なすことができる．これは，図の (a) で力 $\boldsymbol{F}$ が右向きにはたらくことに対応するのである．電荷は x 軸に沿って運動しており，図の (b) は x 軸の左（負方向）が電位は高く，x 軸の右（正方向）が電位は低いことを表現している．

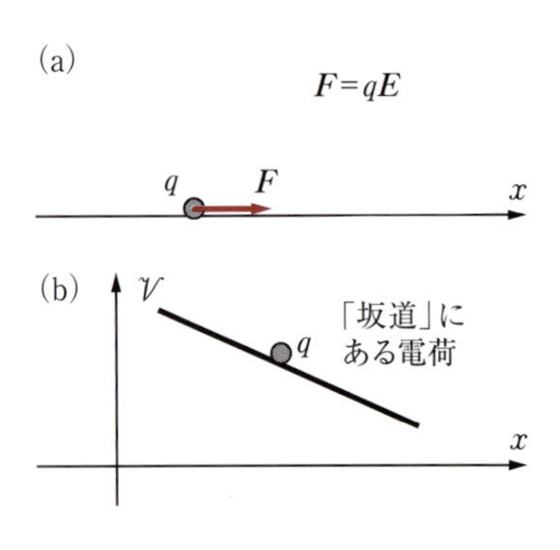

図 1.33　直線上を運動する電荷と電位

電荷にはたらく力は $\boldsymbol{F} = q\boldsymbol{E}$ なので，電場ベクトルは電位の高い方から低い方に向いていることになる．また，正電荷は電位の「坂道」を下る方向に力がはたらくが，負電荷の場合は電位の「坂道」を上る方向に力がはたらく．

電場と電位の関係を式で表現しよう．まず，図 1.34 において一定の電場の場合を考える．1 次元なので，電場は太字になっていない．

図 1.34 では点 A の電位（高い）が $\mathcal{V}_\mathrm{A}$，点 B の電位（低い）が $\mathcal{V}_\mathrm{B}$ である．「坂道」の傾きが急であるほど，はたらく力が大きいので，

$$E = \frac{V_\mathrm{BA}}{s} \quad [\mathrm{V/m}],\quad 電場の強さ = \frac{電位差}{距離} \quad [\mathrm{V/m}] \qquad (1.72)$$

あるいは

$$V_\mathrm{BA} = Es \quad [\mathrm{V}],\quad 電位差 = 電場の強さ \times 距離 \quad [\mathrm{V}] \qquad (1.73)$$

と電位と電場の関係を定める．s は点 A と点 B の距離 $x_\mathrm{B} - x_\mathrm{A}$ であり，V_BA は点 A と点 B の間の電位差 $V_\mathrm{BA} = \mathcal{V}_\mathrm{A} - \mathcal{V}_\mathrm{B}$ である．この関係式から電場の単位が V/m であることがわかる．

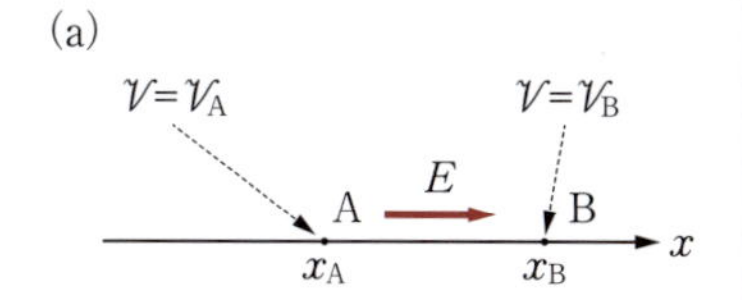

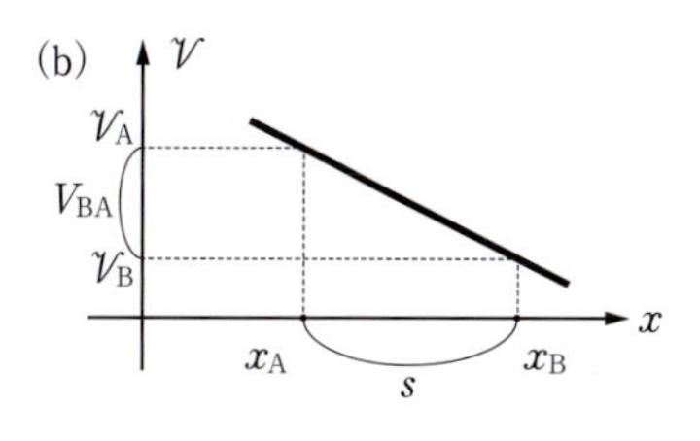

図 1.34　電場と電位の関係 (1 次元)

1.5.2　電位と電位差

ここで電位 $\mathcal{V}$ と**電位差** V を区別して用いていることに留意していただきたい．単位は両者とも V（ボルト）である．電位差は 2 点間の電位の差である．点 P を基準とした点 Q との電位差は

$$V_\mathrm{PQ} = \mathcal{V}_\mathrm{Q} - \mathcal{V}_\mathrm{P} \quad [\mathrm{V}] \qquad (1.74)$$

である．添え字の順序に注意してもらいたい．また，誤解のない場合は添え字を略して単に V と書く場合もある．

電位は基準点だけの不定さがある．例えば，あなたが現在いる場所の「高さ」は，その建物の立つ地面を基準として述べることができるし，海水面を基準として述べてもよい．そのとき「高さ」の値は何を基準としたかで変わる．だから，電位について述べるときには，どこを基準としたかを記述する必要がある．電気器具を使うとき接地する（アースをとる）ことがあるが，その場合はその接地した点を電位 0 と見なす．一方，電位差の場合には，そのような不定性はない．ある定義の電位 $\mathcal{V}$ と，それから基準点が異なる定義の電位 $\mathcal{V}'$ があったとし，$\mathcal{V} = \mathcal{V}' + V_0$ とする（V_0 は任意の定数である）．この場合でも，点 P を基準とした点 Q との電位差は

$$V_\mathrm{PQ} = \mathcal{V}_\mathrm{Q} - \mathcal{V}_\mathrm{P} = (\mathcal{V}'_\mathrm{Q} + V_0) - (\mathcal{V}'_\mathrm{P} + V_0) = \mathcal{V}'_\mathrm{Q} - \mathcal{V}'_\mathrm{P} \qquad (1.75)$$

となるので，どちらの電位で計算しても同じ値となる．

電気回路の場合（第 2 章参照），回路に電流を流すはたらきをもつ電源は電位差を作り出す．それを**起電力**とよび，記号 $\mathcal{E}$ で表すが，この $\mathcal{E}$

の単位も電位差と同じ V（ボルト）である．

1.5.3　等電位面と電場

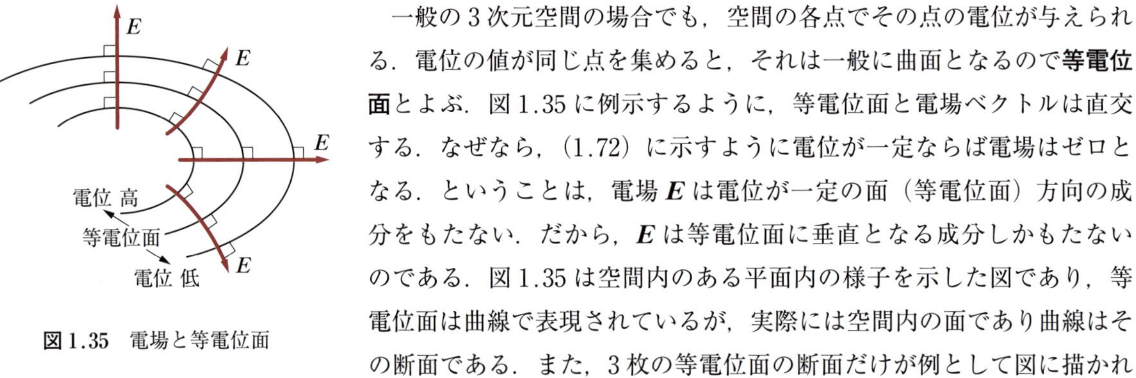

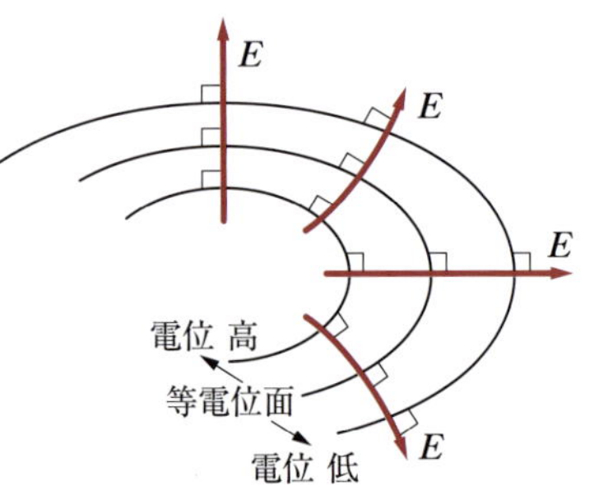

図 1.35　電場と等電位面

一般の 3 次元空間の場合でも，空間の各点でその点の電位が与えられる．電位の値が同じ点を集めると，それは一般に曲面となるので**等電位面**とよぶ．図 1.35 に例示するように，等電位面と電場ベクトルは直交する．なぜなら，(1.72) に示すように電位が一定ならば電場はゼロとなる．ということは，電場 $\boldsymbol{E}$ は電位が一定の面（等電位面）方向の成分をもたない．だから，$\boldsymbol{E}$ は等電位面に垂直となる成分しかもたないのである．図 1.35 は空間内のある平面内の様子を示した図であり，等電位面は曲線で表現されているが，実際には空間内の面であり曲線はその断面である．また，3 枚の等電位面の断面だけが例として図に描かれているが，実際には等電位面は無数にある．

例題 1.6　空間に z 軸の負の方向を向く一様な電場がある．この問では，座標の数値は m 単位で測ったものであるとする．点 (3, 4, 0) の電位は 5 V，点 (−2, 5, 4) の電位は 11 V である．

(1) このときの空間の電場の強さを答えよ．

(2) 点 (0, 1, 10) の電位を答えよ．

解法のポイント　ここでは図 1.36 に示すように，z 軸の負の方向を向く一様な電場がある．このとき，座標の数字で意味があるのは z 座標だけだということに気づいてほしい．等電位面は z 軸に垂直な平面である．等電位面ではどこでも同じ電位なのである．例えば，$z = 0$ の等電位面を考えると，点 (3, 4, 0) で 5 V なので，任意の $(x, y, 0)$ での電位は 5 V である．

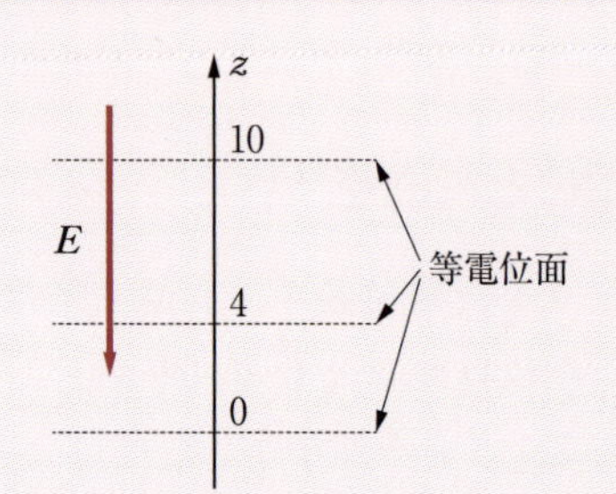

図 1.36　例題 1.6

解　(1) 電場の強さを求める．

$$E = \frac{11 - 5}{4 - 0} = 1.5\ \mathrm{V/m}$$

(2) $z = 4$ で電位は 11 V であることを基準に考える．

$$V = 11 + Es = 11 + 1.5 \times (10 - 4) = 20\ \mathrm{V}$$

◆

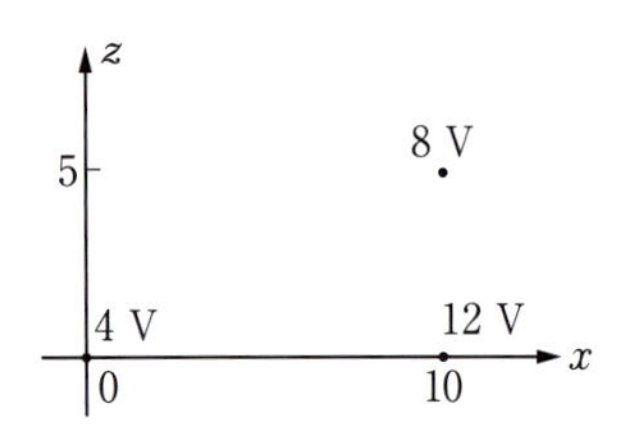

図 1.37　類題 1.10

類題 1.10　空間に一様な電場がある．この問では，座標の数値は m 単位で測ったものであるとする．空間のいくつかの点の電位が，以下のようであったとしよう．

位置	(0, 0, 0)	(0, 5, 0)	(10, 0, 5)	(10, 0, 0)	(10, 8, 0)	(8, 4, 2)
電位	4 V	4 V	8 V	12 V	12 V	

(1) このときの空間の電場の向きと強さを答えよ．

(2) 表の右端の空欄に入るべき値を答えよ．図 1.37 がヒントである．

1.5.4 電場と電位の一般的な関係（微分形）

電場と電位の関係は（1.72）で与えられたが，この関係式をより一般的なものとしよう．まず，1 次元で考える．x 軸に沿った位置で電位が決まるので，電場，電位を x の関数 $E(x)$，$\mathcal{V}(x)$ と考える．すると（1.72）は

$$E(x) = -\frac{\mathcal{V}(x_B) - \mathcal{V}(x_A)}{x_B - x_A} \quad [\mathrm{V/m}] \tag{1.76}$$

となる．図 1.34 では，電位は直線のグラフで表され，傾きが一定であった．しかし，一般的には，図 1.38 のように電位のグラフは曲線となり，場所によって傾きが違うという状況が起こる．その場合は，ある位置 x における傾き（にマイナスをつけたもの）がその点での電場 $E(x)$ となる．よって，

$$\text{点 } x \text{ における電場}\cdots E(x) = -\lim_{x'\to x}\frac{\mathcal{V}(x') - \mathcal{V}(x)}{x' - x} \tag{1.77}$$

となるので，関係式

$$E(x) = -\frac{d\mathcal{V}}{dx} \quad [\mathrm{V/m}] \tag{1.78}$$

を得る．

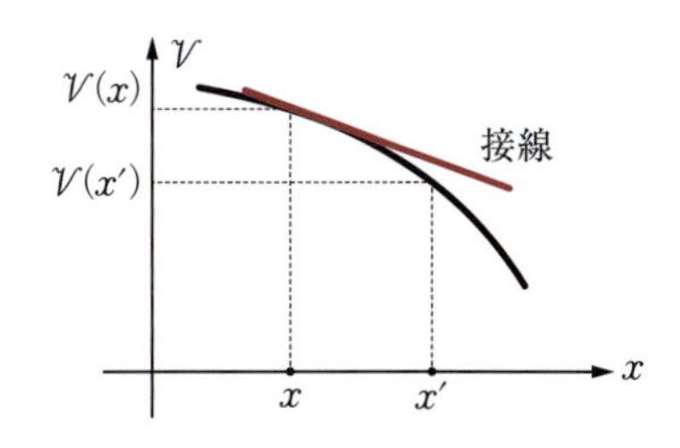

図 1.38　電場と電位の関係．電位の接線の傾きが電場の強さとなる．

微分の復習

微分係数の計算とは，その点での局所的なグラフの傾きを求めることである．$y = f(x)$ の点 x での傾きは，

$$f'(x) = \lim_{x'\to x}\frac{f(x') - f(x)}{x' - x} \tag{1.79}$$

で計算される[†16]．あるいは，$x' = x + h$ とおいて 2 点の間隔 h をゼロに近づける，つまり

$$f'(x) = \lim_{h\to 0}\frac{f(x + h) - f(x)}{h} \tag{1.80}$$

としてもよい．

1.1.3 項の末尾での「微小量と積分」のところで説明した Δ 記号を使うと，$\Delta f = f(x') - f(x)$ および $\Delta x = x' - x$ として，

$$f'(x) = \lim_{\Delta x\to 0}\frac{\Delta f}{\Delta x} \tag{1.81}$$

と表すこともできる．

2 つの量 X, Y があったとき，物理的な状況から，まず微小量同士の比を $\Delta Y/\Delta X$ のように求め，次にこれらをゼロに近づける極限をとって，

$$\frac{\Delta Y}{\Delta X} \quad \to \quad \frac{dY}{dX} \tag{1.82}$$

と微分で表現することができる．

†16　この式や以下の式では，ゼロ割るゼロを計算しているように見える．これがどうして意味をもち，電磁気学で活用できるのか，数学できちんと学んでもらいたい．

次に，3 次元空間で考える．(以下の議論は 2 次元，つまり平面上で考えることもできる．その場合は z がないとして考えればよい．) 空間の各点で，その点の電位が定義されており，それを $\mathcal{V}(\boldsymbol{r})$ あるいは $\mathcal{V}(x, y, z)$ と表現する．この場合は，(1.78) を一般化したものとして

$$\boldsymbol{E} = -\left(\frac{\partial \mathcal{V}}{\partial x}, \frac{\partial \mathcal{V}}{\partial y}, \frac{\partial \mathcal{V}}{\partial z}\right) \quad [\mathrm{V/m}] \tag{1.83}$$

という関係式が得られる．この右辺はベクトル解析の記号 grad（勾配，「グラディエント」と読む，5.5 節参照）を用いて，

$$\boldsymbol{E} = -\,\mathrm{grad}\,\mathcal{V} \quad [\mathrm{V/m}] \tag{1.84}$$

と記述できる[†17]．

†17　ここでの電場と電位の間の関係は，力学における力とポテンシャルエネルギー（位置エネルギー）の間の関係と同じである．

偏微分について

(1.83) では偏微分記号が使われている．未習の人のために簡単に説明しておこう．x の関数 $f(x)$ があったときに，その微分を $\dfrac{df}{dx}$ と表記する．さて，複数の変数に依存する関数を考える．関数 F が 3 つの独立な変数 x, y, z に依存する量 $F(x, y, z)$ であったとする．このとき，特定の変数の変化だけに着目した微分が偏微分である．今の関数 F の場合は，

$$\frac{\partial F}{\partial x} = y, z \text{ を定数と見なして } x \text{ で微分する} \tag{1.85}$$

$$\frac{\partial F}{\partial y} = x, z \text{ を定数と見なして } y \text{ で微分する} \tag{1.86}$$

$$\frac{\partial F}{\partial z} = x, y \text{ を定数と見なして } z \text{ で微分する} \tag{1.87}$$

と表記する．一例として，$F = (x + y^3)\sin(\alpha z)$ とすると

$$\frac{\partial F}{\partial x} = \sin(\alpha z), \qquad \frac{\partial F}{\partial y} = 3y^2 \sin(\alpha z), \qquad \frac{\partial F}{\partial z} = \alpha(x + y^3)\cos(\alpha z) \tag{1.88}$$

となる．自分で計算してみて，偏微分についての理解を確認してもらいたい．

1.5.5　電場と電位の一般的な関係（積分形）

電場と電位の関係は (1.73) で与えられたが，この関係式をより一般的なものとしよう．まず，1 次元で考える．電場は一定ではなく，位置によって変化するので $E(x)$ となり，電位も $\mathcal{V}(x)$ と表される．点 A と点 B の間の電位差 V_{BA} を求める．電場が一定ではないので，図 1.39 のように，点 A と点 B の間を N 個の細かい区間に分割して考える．すると個々の区間は微小なので，その中では電場を一定と近似的に考えることが許される．k 番目の区間の長さを Δs_k，その区間の中での（一定と見なす）電場を E_k とすると，その区間での電位差は $E_k \Delta s_k$ である．これを全部合計したものが V_{BA} となる．

$$\mathcal{V}(x_\mathrm{B}) - \mathcal{V}(x_\mathrm{A}) = -V_\mathrm{BA} = -(E_1\Delta s_1 + E_2\Delta s_2 + \cdots + E_N\Delta s_N)$$
$$= -\sum_{k=1}^{N} E_k \Delta s_k \qquad (1.89)$$

この式で，$N \to \infty, \Delta s_k \to 0$ とした極限は積分になる．

$$\mathcal{V}(x_\mathrm{B}) - \mathcal{V}(x_\mathrm{A}) = -\int_{x_\mathrm{A}}^{x_\mathrm{B}} E(x)\,dx \quad [\mathrm{V}] \qquad (1.90)$$

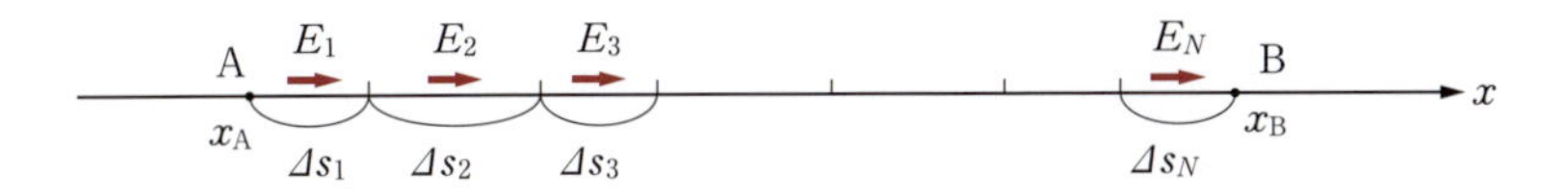

図 1.39　電場と電位の関係，AB を細分してから総和を求める．

この考え方は 3 次元空間でも，そのまま利用できる．説明に入る前にベクトルの接線成分という概念を示す．これは，1.3.7 項で説明した法線成分という概念と対で理解してほしい．

ベクトルの接線成分

ある曲線 C とベクトル $\boldsymbol{V}$ があったとき，図 1.40(a) に示すように，曲線の接線に射影したベクトルの成分のことを**接線成分** V_t とよぶ．接線成分には添え字 t をつけて表現する．曲線には，一定の規約でその向きを定めることができる．閉曲線 C の場合も同様である．閉曲線とは輪になった曲線，つまり，「端」のない曲線をそうよぶ．符号の規約は以下である．

ベクトル $\boldsymbol{V}$ が曲線の向きに沿った成分をもつとき…$V_t > 0$

ベクトル $\boldsymbol{V}$ が曲線の向きと逆向きの成分をもつとき…$V_t < 0$

図 1.40(b) では，xy 平面内の長方形を閉曲線 C として，その向きを反時計回りに定義した．その 4 つの辺について，ベクトル $\boldsymbol{E} = (E_x, E_y, E_z)$ があったとき，ベクトルの接線成分とベクトルの x, y, z 成分との関係を表している．

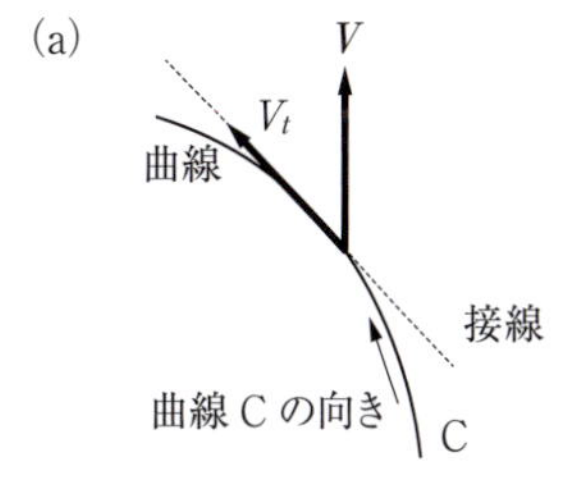

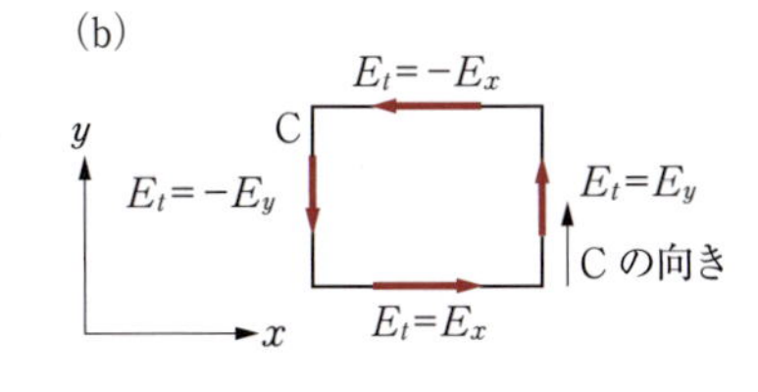

図 1.40　ベクトルの接線成分

空間にある任意の直線に対するベクトルの接線成分の求め方を説明しておく．直線は図 1.41 にあるように

$$\boldsymbol{r} = \overrightarrow{\mathrm{OP}} = \boldsymbol{a} + s\boldsymbol{n} \qquad (1.91)$$

と表現される．ここで点 A は直線上にある基準点で $\boldsymbol{a} = \overrightarrow{\mathrm{OA}}$, $\boldsymbol{n}$ は単位ベクトル（長さ 1 で直線の方向を向くベクトル），s は AP の長さで $\boldsymbol{n}$ の長さが 1 だから $\overrightarrow{\mathrm{AP}} = s\boldsymbol{n}$ となる．そして，ベクトル $\boldsymbol{V}$ のこの直線に対する接線成分は

$$V_t = \boldsymbol{V} \cdot \boldsymbol{n} \qquad (1.92)$$

となる．もし，直線の方程式が (1.91) ではなく $\boldsymbol{r} = \boldsymbol{a} + s\boldsymbol{b}$ であるとすると，これを成分ごとに書けば

$$\left.\begin{aligned} x &= a_x + b_x s \\ y &= a_y + b_y s \\ z &= a_z + b_z s \end{aligned}\right\} \qquad (1.93)$$

となる．これから変数 s を消去して

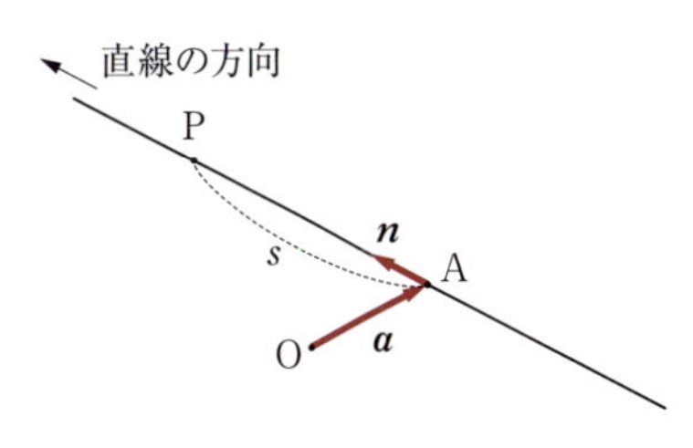

図 1.41　空間直線

$$\frac{x - a_x}{b_x} = \frac{y - a_y}{b_y} = \frac{z - a_z}{b_z} \tag{1.94}$$

と表すこともできる．これらの場合は

$$\boldsymbol{n} = \frac{\pm 1}{\sqrt{b_x^2 + b_y^2 + b_z^2}} (b_x, b_y, b_z) \tag{1.95}$$

として，単位ベクトルを求めればよい．±1 は直線の方向と合うように符号を選ぶ．

空間にある曲線の場合には，その接線を考えれば，上の直線の場合と同様にベクトルの接線成分を求めることができる．今，曲線の方程式が（1.93）と同じように，パラメーター s で $x = f(s)$, $y = g(s)$, $z = h(s)$ と表現されているとする．この曲線上の点 P は $s = s_0$ での位置にあるとすると，点 P における接線の単位ベクトルは

$$\left.\begin{aligned} \boldsymbol{n} &= \frac{1}{\sqrt{A^2 + B^2 + C^2}}(A, B, C) \\ A = \left.\frac{df}{ds}\right|_{s = s_0}, \quad B &= \left.\frac{dg}{ds}\right|_{s = s_0}, \quad C = \left.\frac{dh}{ds}\right|_{s = s_0} \end{aligned}\right\} \tag{1.96}$$

となる．ここで添え字は，微分した後点 P の位置で値を計算するという意味である．

例えば，曲線の例として，z 軸を中心とした半径 r の螺旋 $x = r\cos\omega t$, $y = r\sin\omega t$, $z = vt$ を考えると（パラメーターは t），$t = t_0$ での単位ベクトルは

$$\boldsymbol{n} = \frac{1}{\sqrt{(r\omega)^2 + v^2}}(-r\sin\omega t_0,\ r\cos\omega t_0,\ v) \tag{1.97}$$

となる．

空間内の点 A（位置ベクトル $\boldsymbol{r}_{\mathrm{A}}$）と点 B（位置ベクトル $\boldsymbol{r}_{\mathrm{B}}$）の間の電位差を求めるには，図 1.42 のように，点 A と点 B を結ぶ経路を考える．この経路（曲線）を C とよぶ．そして経路 C を多数の N 個の細かい区間に分割して考える．k 番目の区間の長さを Δs_k，その区間の中での（一定と見なす）電場を $\boldsymbol{E}_k$ とする．$\boldsymbol{E}_k$ は任意の方向を向いているが，区間の両端の電位差を計算するので，図 1.42 の右図で示しているように，電場ベクトルの接線成分 E_{kt} を電位差の計算に使う．

$$-V_{\mathrm{BA}} = -(E_{1t}\Delta s_1 + E_{2t}\Delta s_2 + \cdots + E_{Nt}\Delta s_N) = -\sum_{k=1}^{N} E_{kt}\Delta s_k \quad [\mathrm{V}] \tag{1.98}$$

この式で $N \to \infty, \Delta s_k \to 0$ とした極限は積分になり，線積分とよばれる．

$$\mathcal{V}(\boldsymbol{r}_{\mathrm{B}}) - \mathcal{V}(\boldsymbol{r}_{\mathrm{A}}) = -\int_{\mathrm{C}} E_t\, ds = -\int_{\mathrm{C}} \boldsymbol{E}\cdot d\boldsymbol{s} \quad [\mathrm{V}] \tag{1.99}$$

（1.15）の辺りでも書いたが，初学者の場合はまだこのような式は理解できない場合もあるだろう．意味は（1.98）の方がわかりやすいので，

その形で理解をしてもらいたい．

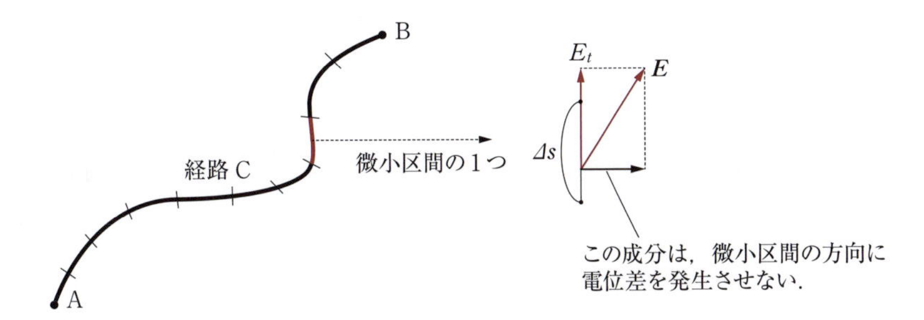

図 1.42　電場と電位の関係，3 次元空間の場合．

もう１つ重要な点がある．$\mathscr{V}(\boldsymbol{r}_B) - \mathscr{V}(\boldsymbol{r}_A)$ を計算するのに，ある経路 C を用いた．しかし点 A と点 B を結ぶ経路は無数に存在する．ここで書かれた式のポイントは，どの経路を使って計算しても 2 点間の電位差は同じになるということである．この事実が，ある数学的な条件を電場に課していることになる．また，第 2 章で出てくる電気回路でのキルヒホッフの法則は，この電位差が経路によらないという事実に基づくのである．

特に点 A と点 B を同一の点とした場合を考える．すると経路 C は閉曲線 C となり，電位が一意的に決まるのだから電位差は 0 となるので，(1.98)，(1.99) は 0 となる．流れの力学では，このような条件は流れに渦がない条件として捉えることができるので，静電場は**渦なしの場**であると表現される．この事実は重要なので式でまとめておく．C は任意の閉曲線である．

静電場の渦なし条件：和記号による表現

$$\sum_{\substack{\text{閉曲線C} \\ \text{に沿って}}} E_t \Delta s = 0 \tag{1.100}$$

静電場の渦なし条件：積分による表現

$$\oint_C E_t \, ds = 0 \tag{1.101}$$

積分記号が $\int$ ではなく $\oint$ になっているのは，線積分で閉曲線 C に沿っての積分であるということを表す[†18]．

†18　渦なしの条件は，5.5.3 項のベクトル解析の記号を用いて $\mathrm{rot}\,\boldsymbol{E} = 0$ と表すことができる．

1.5.6　一様な電場の電位

今まで得られた関係式から，電場が一定であるときの電位を表す式を作っておく．

1 次元で，電場 E が一定であるとする．位置 x における電位は以下となる．

$$\mathscr{V} = -Ex + V_0 \quad [\mathrm{V}] \tag{1.102}$$

ここで，V_0 は電位の不定性による任意の定数である．例えば $x = 0$ で

$\mathcal{V}=0$ と定めれば，$V_0=0$ となる.

3 次元で，電場 $\boldsymbol{E}$ が一定であるとする．位置 $\boldsymbol{r}$ における電位は以下となる[†19].

$$\mathcal{V}=-\boldsymbol{E}\cdot\boldsymbol{r}+V_0 \quad [\mathrm{V}] \tag{1.103}$$

上の式ではベクトルの内積を用いた．V_0 の意味は 1 次元のときと同じである.

†19　本項の式が正しいことを，(1.78)，(1.83) を用いて確認してもらいたい.

1.5.7　点電荷の電位

点電荷 q が原点にあるとすると，点 $\mathrm{P}(x,y,z)$ における電位は $r=\mathrm{OP}=\sqrt{x^2+y^2+z^2}$ として

$$\mathcal{V}=k\frac{q}{r}+V_0 \quad [\mathrm{V}] \tag{1.104}$$

である[†20]．V_0 は電位の不定性を表す定数だが，通常，「電位を無限遠方で 0 になるように定義する」という但し書きをつけて，$V_0=0$ とする.

†20　この式を (1.83) を用いて確認するのが，章末問題 1.7 である.

点電荷 q が点 $\mathrm{A}(a,b,c)$ にあるとすると，点 $\mathrm{P}(x,y,z)$ における電位は，点 A の位置ベクトルを $\boldsymbol{a}=\overrightarrow{\mathrm{OA}}$, $|\boldsymbol{r}-\boldsymbol{a}|=\mathrm{AP}=\sqrt{(x-a)^2+(y-b)^2+(z-c)^2}$ として

$$\mathcal{V}=k\frac{q}{|\boldsymbol{r}-\boldsymbol{a}|}+V_0 \quad [\mathrm{V}] \tag{1.105}$$

となる.

複数の点電荷があったときには，ある点の電位はそれぞれの点電荷が作る電位をスカラーとして加算したものとなる．これは，電場での (1.23) のときと同じく電気現象では重ね合わせができるからである.

例題 1.7　原点 (0, 0, 0) を中心とする半径 a の球の内部に，一様に電荷が分布している．全電荷の量は Q である．このとき，原点から距離 r の位置の電位を求めよ．電位は無限遠方で 0 となるように定める.

解法のポイント　ガウスの法則を用いる例題 1.5 において，この状況での電場を求めている．その結果を利用して解く．図 1.32 も参照すること．結果は，電場 $\boldsymbol{E}$ の向きは原点から外向きに放射状であり，大きさ E は以下のようであった.

$$E=\begin{cases}\dfrac{Qr}{4\pi\varepsilon_0 a^3} \quad [\mathrm{V/m}] \quad (r\leqq a)\\[2ex] \dfrac{Q}{4\pi\varepsilon_0 r^2} \quad [\mathrm{V/m}] \quad (r>a)\end{cases}$$

解　原点から放射状に伸ばした直線を考えると，電場の方向はこの直線に沿った方向なので，$E_t=|\boldsymbol{E}|=E$ である.

この直線に沿った距離が r だから，(1.99) で r を s と考えると，$r>a$ のときは

$$\mathcal{V}(r)-\mathcal{V}(a)=-\int_a^r E(s)\,ds=-\int_a^r\frac{Q}{4\pi\varepsilon_0 s^2}\,ds$$
$$=\frac{Q}{4\pi\varepsilon_0}\left(\frac{1}{r}-\frac{1}{a}\right) \quad [\mathrm{V}]$$

である．この結果から，変数 r に対して $\mathcal{V}(r)=(Q/4\pi\varepsilon_0)(1/r)+V_0$, $V_0=\mathcal{V}(a)-(Q/4\pi\varepsilon_0)(1/a)$ となるが，無限遠方で $\mathcal{V}(r)=0$ を要求するので定数 $V_0=0$ となる．結果として,

$$\mathcal{V}(r)=\frac{Q}{4\pi\varepsilon_0}\frac{1}{r} \quad [\mathrm{V}] \quad (r>a)$$

となる．なお，$\mathcal{V}(a)=(Q/4\pi\varepsilon_0)(1/a)$ であることに注意してもらいたい.

再度，(1.99) で r を s と考えると，$r \leqq a$ のときは

$$\mathcal{V}(a) - \mathcal{V}(r) = -\int_r^a E(s)\,ds = -\int_r^a \frac{Qs}{4\pi\varepsilon_0 a^3}\,ds$$
$$= \frac{Q}{4\pi\varepsilon_0 a^3}\left(-\frac{1}{2}a^2 + \frac{1}{2}r^2\right) \ \ [\mathrm{V}]$$

である．この結果から変数 r に対して $\mathcal{V}(r) = -(Q/4\pi\varepsilon_0 a^3)(1/2)r^2 + V_0'$, $V_0' = \mathcal{V}(a) + (Q/8\pi\varepsilon_0) \times (1/a)$ となるが，上の $\mathcal{V}(a)$ の値を考慮すると

$$\mathcal{V}(r) = \frac{Q(3a^2 - r^2)}{8\pi\varepsilon_0 a^3} \ \ [\mathrm{V}] \ \ (r \leqq a)$$

となる．これは，$r = a$ で電位の値が連続につながるように V_0' を決めていると考えればよい．◆

類題 1.11　原点 (0, 0, 0) を中心とする半径 a の球の表面に，一様に電荷が分布している．全電荷の量は Q である．このとき，原点から距離 r の位置の電位を求めよ．電位は無限遠方で 0 となるように定める．

類題 1.12　非常に長い円柱面を考える．円柱面の半径は a である．この円柱面に電荷が一様に分布しており，長さ l 当りの電荷は q である．このとき，円柱面の中心軸から距離 R の位置での電位を求めよ．電位は円柱面で 0 となるように定める．

1.5.8　電場と仕事

まず，仕事の概念の復習をしよう．始めのうちは，運動は 1 次元としておく．ある力 F で物体を距離 s だけ動かしたときの**仕事**は[†21]，

$$W = Fs \ \ [\mathrm{J}] \tag{1.106}$$

である．この式は力が一定の場合であり，力の大きさが場所により変化する場合は，力を 1 次元運動の座標 x の関数 $F(x)$ として与えれば，$x = x_\mathrm{A}$ から x_B まで動かすときの仕事は

$$W = \int_{x_\mathrm{A}}^{x_\mathrm{B}} F\,dx \ \ [\mathrm{J}] \tag{1.107}$$

である．一方，電荷 q にはたらく力は $F = qE$ であり，かつ電場 E は電位 V と関係づけられるので，電荷を動かすときの仕事の大きさは電荷と電位（電位差）で表現できる．仕事の結果，系にエネルギーが蓄えられたり，系のエネルギーが消費されたりするので，電荷系のエネルギーの表式が書き下せる．

(1.72)，(1.73) などと組み合わせると

$$W = Fs = qEs = qV \ \ [\mathrm{J}], \qquad \text{仕事の大きさ} = \text{電荷} \times \text{電位差} \ \ [\mathrm{J}] \tag{1.108}$$

となる．もし仕事を電場を使って書こうとすると，電場が一定でない場合は積分で表現される．ところが電位差で表現すれば，単に始点と終点の電位の差だけで表現されることになるので，電場で表す場合と比べて簡明に扱うことが可能となる．この点は 3 次元空間でも同じである．なぜならば，(1.98)，(1.99) で電位差が表現されるからである．

上の式ではあいまいに表現していたが，図 1.43 に示すように，仕事

†21　この辺りは力学を復習していただきたい．

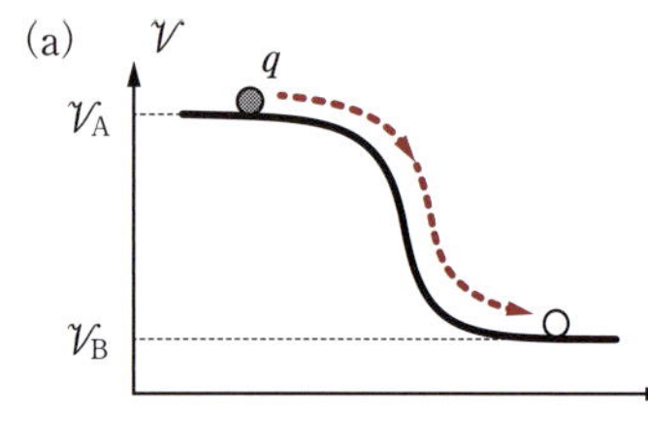

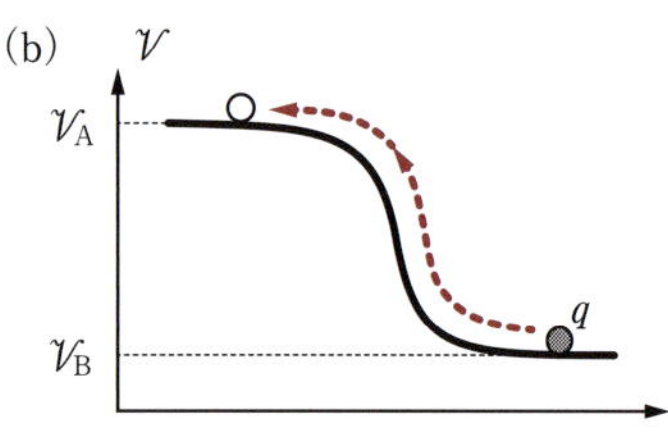

図 1.43　(a) 電場が電荷に仕事をする，(b) 外力が電荷にはたらき電場に逆らって仕事をする．

としては2つの場合が考えられる．大事なことは，何がエネルギーを消費したか，何にエネルギーが蓄えられたかということを，現象を見て区別することである．

（1） 電場が電荷に力を及ぼして，電気的なエネルギーが消費される．図 1.43(a) では，そのエネルギーの大きさは $W = q(\mathcal{V}_A - \mathcal{V}_B) = qV$ であり，そのエネルギーは例えば，電荷をもつ粒子の運動エネルギーなどに変換される．

（2） 外部の力が電場に逆らって仕事をする．図 1.43(b) では，外部の力によって仕事 $W = q(\mathcal{V}_A - \mathcal{V}_B) = qV$ がなされ，結果として，電荷は電位の低い場所から電位の高い場所へと移動した．

重力による位置エネルギーは地上からの高さに比例する．高いところにある物体ほど潜在的なエネルギーをたくさんもっており，落下することにより，そのエネルギーが放出される．同じ意味で，電荷はその存在する場所の電位に比例したエネルギーをもっており，これを**静電エネルギー**とよび U で表す．W や U の単位は J（ジュール）である．

$$U = q\mathcal{V} \quad [\mathrm{J}] \tag{1.109}$$

$\mathcal{V}$ は q の位置での電位であり，q 自身が作る電位はそれに算入しない．前に，電位 $\mathcal{V}$ には基準点に関する不定性があると述べたが，同じ意味で U にも基準点に関する不定性がある．

1.5.9　電荷系の静電エネルギー

空間にいくつかの電荷があるとき，その系がもつ静電エネルギーを求めよう．まず，空間に2個の電荷 q_1, q_2 があったとする．点電荷の電位は (1.105) であった．静電エネルギー U の基準を，電荷の間の距離が無限に離れているとき0であると定めよう．q_1 を点 $\mathrm{A}(\boldsymbol{r}_A)$ に固定する．そして，q_2 を点 A から無限に離れた位置から点 $B(\boldsymbol{r}_B)$ まで（外力により）移動させたとすると，そのときの仕事は q_1 の作る電位を $\mathcal{V}$ として

$$q_2(\mathcal{V}_B - \mathcal{V}\,(\text{無限遠})) = q_2 \times k\frac{q_1}{|\boldsymbol{r}_B - \boldsymbol{r}_A|} \quad [\mathrm{J}] \tag{1.110}$$

となる（$\mathcal{V}\,(\text{無限遠}) = 0 + V_0$）．よって，

$$U = k\frac{q_1 q_2}{|\boldsymbol{r}_B - \boldsymbol{r}_A|} \quad [\mathrm{J}] \tag{1.111}$$

である．一般に，空間に N 個の電荷 $q_1, q_2, \cdots, q_N$ が位置 $\boldsymbol{r}_1, \boldsymbol{r}_2, \cdots, \boldsymbol{r}_N$ にあるときの静電エネルギーは，

$$U = \sum_{(j,k)} k\frac{q_j q_k}{|\boldsymbol{r}_j - \boldsymbol{r}_k|} \quad [\mathrm{J}] \tag{1.112}$$

となる．ここで右辺の和は，あらゆる (j, k) の対についての組み合わせをとるという意味で，$N(N-1)/2$ 個の項の和となる．

1.6 金属と電場

1.6.1 導　体

物質を電気的性質からおおまかに分類すれば，**導体**と**誘電体**（**不導体**，絶縁体ともよぶ）に分けられる．誘電体は1.7節で説明する．物質は多数の原子からなり，原子は正の電荷をもつ原子核と負の電荷をもつ電子からなる．電子のもつ電荷の大きさを**電気素量**とよびeで表す．

$$\text{電気素量}\quad e = 1.6 \times 10^{-19}\ \mathrm{C} \tag{1.113}$$

この微小な電荷が集まって，身の回りの電気現象を引き起こしている．その意味で，正電荷の正体は原子核，負電荷の正体は電子と考えてよい．

導体においては，その一部の電子が個々の原子核に束縛されなくなり，**自由電子**として振舞う．大部分の電子は原子核に束縛されており，その意味で導体は正電荷の陽イオンと負電荷の自由電子の集まりとも考えられる．陽イオンは規則的な格子状の構造（結晶構造）を作っていて熱的に振動している．だから自由電子とはよばれていても，完全に自由なのではなく，これらの陽イオンからの電気力を受けて運動している．このような自由電子が存在するかどうかが，物質を導体と誘電体に分ける．自由電子がある導体では，電場があればそれが移動できるので**電流**が流れる．誘電体では電流は容易には流れない[†22]．

†22 塩の水溶液なども電流を通すが，これはその伝導の機構が異なる．

静電場があるとき，導体の電位は一定である，導体内での電場は0である，という性質が成り立つ．これは次のように説明される．図1.44(a)のように一様な電場$\boldsymbol{E}$があるとする．ここに図1.44(b)のように導体を置く．すると，内部の自由電子は図1.44(c)のように電場から力を受ける．そして，電子は移動して導体表面に電荷の分布が生じる．この表面電荷は内部の電場を減少させるように分布する．導体内で電場が0になれば電子の移動は止まる．結果として，図1.44(d)のように導体内の電場は0となる．表面電荷により外の電場が遮蔽されるのである．そして電場が0なら，電位は一定となる．

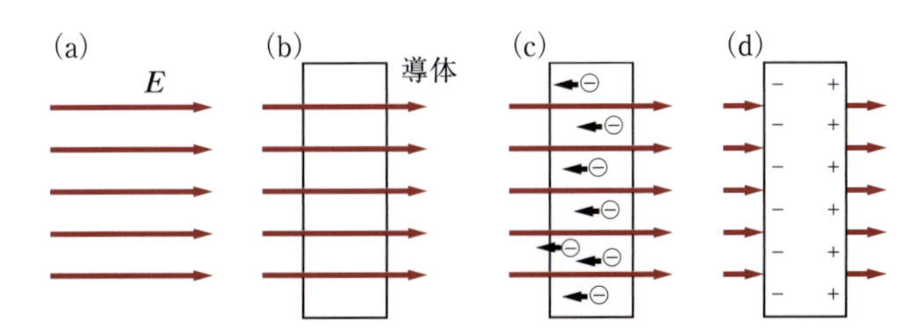

図1.44　導体

導体で覆われた空間を考えると，その内部には，外部からの電場は侵入しない．これを静電遮蔽とよぶ．実験器具などを遮蔽する場合，囲った金属を接地するとよく，完全な金属壁でなくとも網状のものでも有効な場合もある．

導体の表面付近の電場については，以下が成り立つ．

$$\text{導体表面付近の電場} = \boldsymbol{E} = \begin{cases} \text{大きさ}\quad \dfrac{\sigma}{\varepsilon_0}\ \text{[V/m]} \\ \text{向き}\quad \text{表面に垂直} \end{cases} \tag{1.114}$$

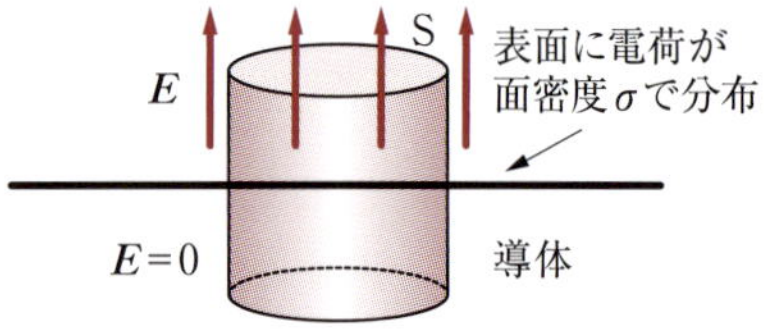

ここで，σ は表面の電荷密度である．図 1.45 では下半分が導体であるが，この式を導くには図に示す閉曲面 S にガウスの法則を適用する．1.4 節 例 3）で説明した平面に一様に電荷が分布している場合と同様の計算となるが，図 1.45 に示すように，導体内では電場が 0 なので（1.114）となる．

図 1.45　導体表面付近の電場

1.6.2 半 導 体

金属と誘電体の中間的な電気抵抗の値をもつ物質を**半導体**とよぶ．ただし，この分類に厳密な境界が定義できるわけではない．半導体は集積回路などに必須の材料である．一例として，ケイ素（シリコン）について述べよう．ケイ素原子には外側に 4 個の電子があり，それらが隣接する原子と結合する手となっている．これに微量な他の元素を混ぜる（ドープする）と，元素の量や種類に応じてさまざまな特性をもち不純物半導体とよばれる．外側に 5 個の電子をもつリンなどを混ぜると，電子が 1 個余り自由に結晶中を動き回る．また，外側に 3 個の電子をもつアルミニウムなどを混ぜると電子が 1 個不足し，結果的に正電荷をもった粒子のように見え，これを**正孔**（ホール）とよぶ．電子が順次隣のホールに移動する現象は，正孔が逆の方向に動いていくように見える．電子が電荷を運ぶものを n 型半導体，正孔が電荷を運ぶものを p 型半導体とよぶ[†23]．

†23　n, p は negative（負），positive（正）の頭文字である．

1.6.3 熱と電気*

2 種類の金属の導線の両端を図 1.46 のように点 X と点 Y で接合し，接合点を異なる温度に保つと点 P と点 Q の間に電位差 $\mathscr{E} = V_{\mathrm{P}} - V_{\mathrm{Q}}$ が現れる．この電位差を**熱起電力**とよび，この現象を**ゼーベック効果**という．

熱起電力 $\mathscr{E}$ の大きさは温度差や金属の種類に依存する．あらかじめ起電力と温度の関係を調べておけば，一端 X をある基準温度に固定しておき，温度を測定したい対象に

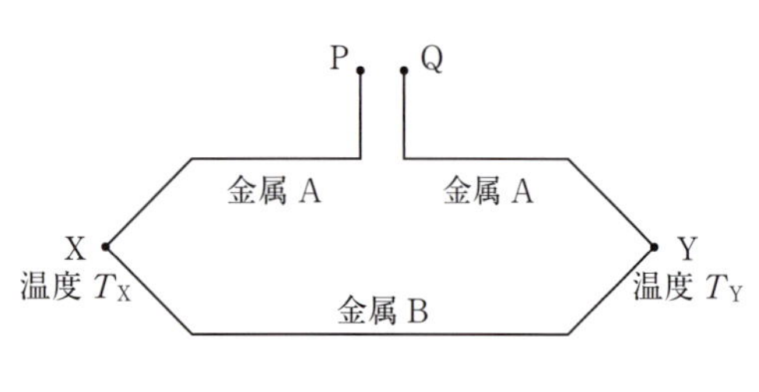

図 1.46　熱起電力

点Yを触れさせることにより温度測定に利用できる．このような金属の組を熱電対とよぶ．

また，2種類の金属の導線を接続して電流を流すと，接続点で熱が発生する，あるいは，吸収される現象が起き，これを**ペルティエ効果**という．図1.47の事例では，n型半導体とp型半導体を交互に並べて接点部分で冷却（n型からp型に電流が流れる接点）あるいは放熱（p型からn型に電流が流れる接点）を行っている．これを用いて冷却を行う場合，効率はあまりよくないが，通常のエアコンのようにコンプレッサーを使わないので作動音がなく小型化できる．このため，コンピュータの中央演算装置（CPU）の冷却などに使われる．変わったところではワインの保管庫に使われる例もある．

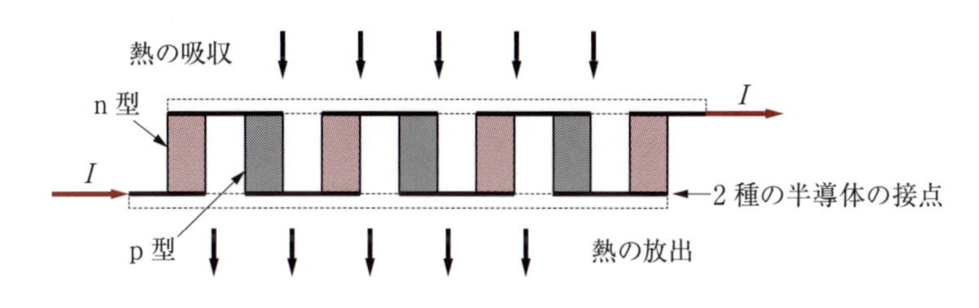

図1.47 ペルティエ効果による冷却

1.6.4 仕事関数，光電効果*

自由電子の存在は，原子の性質ではなく，原子が多数規則的に配置された物質構造に起因する．電子が見かけ上自由に動けるのも，金属という結晶構造内での話である．もし，導体内で本当に電子が自由に動いているなら，運動している電子が導体の表面からぽろぽろと外に出てくるはずだがそのようなことは起きない．図1.48(a)では，横軸が空間方向で縦軸がエネルギーという表現を使っているが，金属と外部との境界ではエネルギー的な障壁が存在し，その障壁のために電子は表面から外に出ることができない．この導体表面のエネルギー障壁の大きさを**仕事関数**とよぶ．仕事関数は物質ごとにある決まった値 W をもっている．

導体に光を当てたとき，そのエネルギー E_{p} を吸収した結果電子のエネルギーが仕事関数より大きくなれば，その電子は外に飛び出してくる．図1.48(b)に示されたこの現象を**光電効果**とよび，出てきた電子を**光電子**とよぶ．このとき，光電子の速さ v を測定すると，電子の質量を m として

$$\underbrace{E_{\mathrm{p}}}_{\text{光のエネルギー}} - \underbrace{W}_{\text{仕事関数}} = \underbrace{\frac{1}{2}mv^2}_{\text{電子の運動エネルギー}} \quad [\mathrm{J}]$$

が成り立っているので，図1.48(b)のイメージや仕事関数の考え方が正しいことがわかる．この出てきた光電子を増幅し信号に変換すること

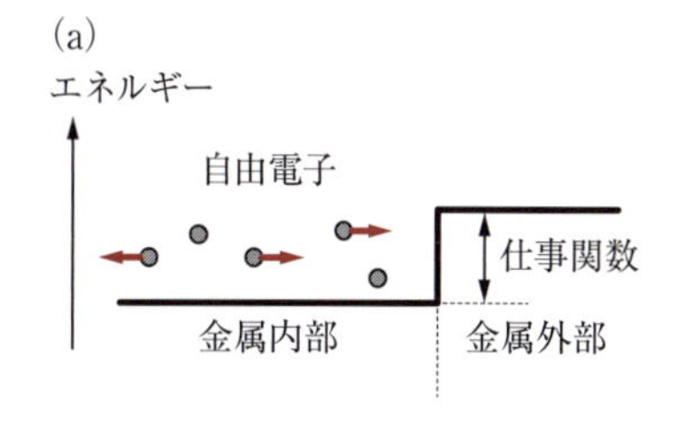

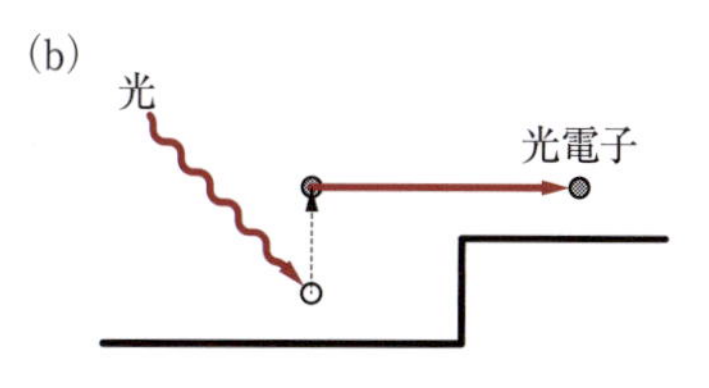

図1.48 (a) 自由電子と仕事関数，(b) 光電効果．

により，光が当っているか当っていないかを判断して動作する**光センサ**となる素子を作ることができる．自動ドアの開閉をするとき，間に人が入ったらドアを開けるといった機能のために光センサ素子が使われる．

ところで，この光を電子が吸収するということであるが，従来光は波であると考えられてきたにも関わらず，光がエネルギーの粒として電子に吸収されると考えないと，この光電効果の現象が理解できないことがわかってきた．このように，光をエネルギーの粒と見なすとき**光子**とよぶ．20 世紀初頭から始まる**量子論**とよばれる考え方によれば，物質と光の相互作用を正しく理解するには，電子と光子の相互作用と見る必要があることがわかってきた．上の式に現れた $E_{\rm p}$ は光子のエネルギーであり，その振動数を ν で表すと[†24]

$$E_{\rm p} = h\nu \quad [{\rm J}]$$

と表される．h は**プランク定数**とよばれる量子論に特有な定数で，値は $h = 6.626 \times 10^{-34}$ J・s である．

†24　通常，振動数は記号 f で表し，本書も他の箇所ではそう書いているが，量子論では慣例で振動数に文字 ν を使う場合が多い．

この項の記述だけでは十分に理解しがたいかと思うが，半導体やレーザーなど 20 世紀のハイテクとよばれたものは，ほとんど量子論にその基礎があり，物質に関係した電磁気現象を基本から理解するためには，量子論・量子物性の理解が不可欠である．電磁気を学ぶ人はそのような方向にも関心をもっていただきたい．

1.7　誘電体と分極

1.7.1　誘 電 体

誘電体の場合，電子はそれぞれの原子核によって原子内に束縛されているので，外部から電場が侵入しても，導体のように電荷分布を変えてそれを完全に遮蔽することはできない．しかしながら，電子は外部からの電場によって力を受けるので，原子内の平均的な位置に偏りを生じる．このことを図 1.49 のように，原子が全体としては中性であるが両端に正負の電荷が現れたと考える．1.2 節で電気双極子とその双極子モーメント（(1.29)）を議論したが，物質をこの電気双極子の集まりと考えるのである．このような原子が多数集まって物質を作る．

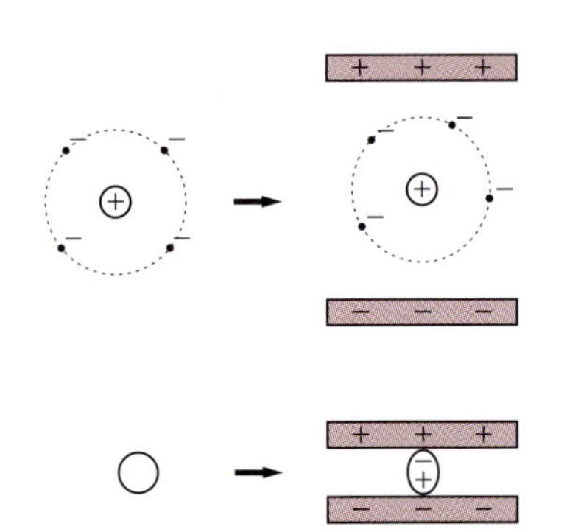

図 1.49　原子を双極子と見なす．

導体のときに行ったもの（1.6.1 項）と類似の説明をする．図 1.50 (a) のように一様な電場 $\boldsymbol{E}$ がある．ここに図 1.50(b) のように誘電体を入れると，内部の原子は電気双極子となって図 1.50(c) のように分布する．隣り合う原子の正負の電荷は平均すると 0 となるので，平均的に見れば図 1.50(d) のように表面に電荷の薄い層が生じたように見える．この表面に現れた電荷を**分極電荷**とよび，このような現象を**誘電分極**

(電気分極) とよぶ. 分極電荷の大きさは物質の性質に依存する. 分極電荷のため, 誘電体内部の電場 $\boldsymbol{E}'$ は $\boldsymbol{E}$ よりも大きさが小さい.

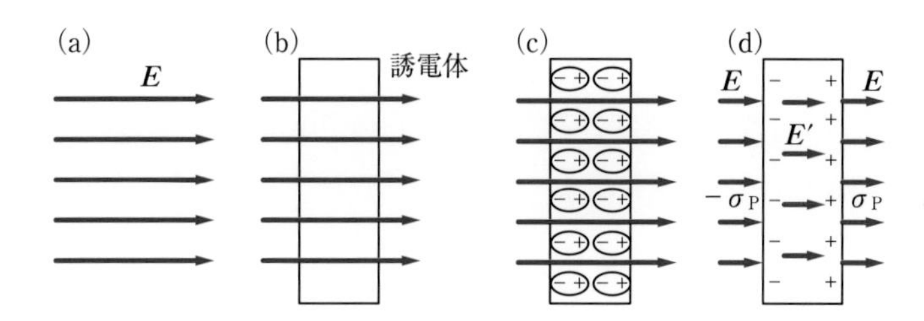

図 1.50 誘電分極

図 1.50(d) に示すように, 表面の分極電荷の面密度を σ_{P} とすると, この分極電荷の作る電場 $\boldsymbol{E}_{\mathrm{P}}$ は平行平板コンデンサーの電場と同じで

$$|\boldsymbol{E}_{\mathrm{P}}| = \frac{\sigma_{\mathrm{P}}}{\varepsilon_0} \quad [\mathrm{V/m}] \tag{1.115}$$

となる. 向きは $\boldsymbol{E}$ と逆向きなので, $|\boldsymbol{E}'| = |\boldsymbol{E}| - |\boldsymbol{E}_{\mathrm{P}}|$ である. ここで**分極** $\boldsymbol{P}$ を定義する. 双極子モーメント ((1.29)) にならい, 向きは負の分極電荷 $-\sigma_{\mathrm{P}}$ から正の分極電荷 σ_{P} の向き (図 1.50(d) では右向き) で, 大きさは $\varepsilon_0 E_{\mathrm{P}}$ である.

$$\boldsymbol{P} = \begin{cases} \text{大きさ} \quad \sigma_{\mathrm{P}} \ [\mathrm{C/m^2}] \\ \text{向き} \quad \text{負の分極電荷から正の分極電荷の方向} \end{cases} \tag{1.116}$$

ここで, 分極 $\boldsymbol{P}$ の単位は電束密度 $\boldsymbol{D}$ と同じものであることを注意しておく.

分極の大きさは誘電体内部の電場 $\boldsymbol{E}'$ に比例し,

$$\boldsymbol{P} = \varepsilon_0 \chi \boldsymbol{E}' \quad [\mathrm{C/m^2}] \tag{1.117}$$

と書ける. この χ は**電気感受率**とよばれ無次元量である.

誘電体内部の電場 $\boldsymbol{E}'$ は分極を用いると

$$\varepsilon_0 \boldsymbol{E}' = \varepsilon_0 \boldsymbol{E} - \boldsymbol{P} \quad [\mathrm{C/m^2}] \tag{1.118}$$

となる.

分極により誘電体表面に現れる分極電荷と区別するために, これまでの個々が自立している独立な電荷を「**真電荷**」とよぶことにする[†25]. 分極電荷は確かに存在はしているが, 例えば正の分極電荷の一部を取り出して別の場所に移動するなどということはできないという意味で, 真電荷ではない.

既に, 真空中の電気現象において電場 $\boldsymbol{E}$ と電束密度 $\boldsymbol{D}$ を導入した. また, 電気現象の基本法則として, 電荷と電場の関係を与えるガウスの法則を学んだ. これらについて, 誘電体がある場合にどうなるかを検討していこう.

†25 分極電荷は電場を作り, 決して「偽の」電荷ではない. その意味では真電荷より「自由電荷」といった表現のほうがよいように思えるが, 自由電荷という語は別の意味で使われる場合もあるので, 「真電荷」という用語を用いる.

上で見たように，電場は誘電体の内外で異なる値となる．これは分極電荷が現れるからである．電場は $\boldsymbol{F} = q\boldsymbol{E}$ から定まるものなので，定義を変えることはできない．しかし，電束密度をどう定義するかという点ではまだ自由度がある．電束の意味から，それが物質の内外で連続になるように定義できれば好都合である．真空中では $\boldsymbol{D} = \varepsilon_0\boldsymbol{E}$ であったが，(1.118) から電束密度を

$$\boldsymbol{D} = \varepsilon_0\boldsymbol{E} + \boldsymbol{P} = \begin{cases} \varepsilon_0\boldsymbol{E} \quad [\mathrm{C/m^2}] & \text{真空} \\ \varepsilon_0\boldsymbol{E}' + \boldsymbol{P} \quad [\mathrm{C/m^2}] & \text{誘電体} \end{cases} \tag{1.119}$$

で定義すれば，物質の内外で電束密度（正確にはその法線ベクトル成分）が連続となる．

電束密度 $\boldsymbol{D}$ と電場 $\boldsymbol{E}$ との関係式を，一般的に

$$\boldsymbol{D} = \varepsilon\boldsymbol{E} \quad [\mathrm{C/m^2}] \tag{1.120}$$

と表す．ここで ε は，その物質に固有の**誘電率**である．真空中ではもちろん $\varepsilon = \varepsilon_0$ である．単位は ε_0 と同じ F/m である．そして，ここでの議論からわかるように $\varepsilon > \varepsilon_0$ である．比で表すと，

$$\varepsilon = \varepsilon_r\varepsilon_0 \quad [\mathrm{F/m}] \tag{1.121}$$

と書ける．ε_r を**比誘電率**とよぶ[†26]．これは無次元量で単位はない．いくつかの物質について，比誘電率の値を表 1.2 に示す．

(1.117)，(1.119) からわかるように

$$\varepsilon_r = 1 + \chi \tag{1.122}$$

である．

以上の議論から，物質のある場合に拡張された電束密度 $\boldsymbol{D}$ について，ガウスの法則はどうなるであろうか．上の議論でわかるように，分極電荷のある位置で電束密度 $\boldsymbol{D}$ は連続である．ということは，ガウスの法則の右辺の電荷は真電荷のみであると考えればよいということを意味する．具体的な事例は例題 1.8 を参照されたい．念のために，和記号の形式で (1.62) を書いておく．右辺が真電荷だけを考慮するという規約で，真空中でも物質があってもガウスの法則は同じ形にできる．

電場のガウスの法則：和記号による表現

$$\sum_{\substack{\text{閉曲面 S} \\ \text{の法則}}} D_n \Delta S = \sum_{\substack{\text{閉曲面 S} \\ \text{の内部}}} q \quad (\text{真電荷}) \tag{1.123}$$

†26　ε_r が 1 よりも非常に大きい物質は強誘電体とよばれ，強磁性体と同様，自発分極や履歴現象を示す（3.6 節を参照）．

表 1.2　物質の比誘電率 ε_r（20℃，低い振動数）

	物質	ε_r
固体	雲母	7.0
	ソーダガラス	7.5
	ボール紙	3.2
	パラフィン	2.2
	チタン酸バリウム	約 5000
気体・液体	空気（1 気圧）	1.0005
	水	80
	エチルアルコール	24.3
	トルエン	2.4
	ベンゼン	2.3

例題 1.8　図 1.51 では真空中に十分広い平板の誘電体があり，それに平行に十分広い平面状の面密度 σ の電荷分布がある ($\sigma > 0$)．誘電体は分極している．誘電体の誘電率を ε とする．図の S_1 は円柱状の閉曲面で，上下の面の面積は A である．この閉曲面についてガウスの法則が成立していることを示せ．

解法のポイント　(1.123) を使う．真電荷のみが右辺に来ることを具体的に示す例題である．以前に扱った場合と同じく，側面では電場の法線成分が 0 なので側面からの寄与は考えない．電荷の面分布については (1.69) を使用する．

解 円柱面の側面からの寄与はない．面分布 σ が作る電場の大きさは，(1.69) から $E = \sigma/2\varepsilon_0$ である．分極が作る電場は，誘電体内部のみにある．誘電体内部の電場を E' とする．

$$\text{ガウスの法則の左辺} = \text{上面} + \text{下面} = \varepsilon E'A + \varepsilon_0 EA$$

ここで $\varepsilon E' = \varepsilon_0 E$ がこの節の議論から出てくるので，

$$\text{ガウスの法則の右辺} = 2\varepsilon_0 EA = \sigma A$$

となる．これは S_1 の内部の真電荷つまりガウスの法則の右辺に等しい．S_1 の内部には分極電荷 $-\sigma_P A$ もあるが，真電荷のみ考えればよいので，これは右辺に算入されない． ◆

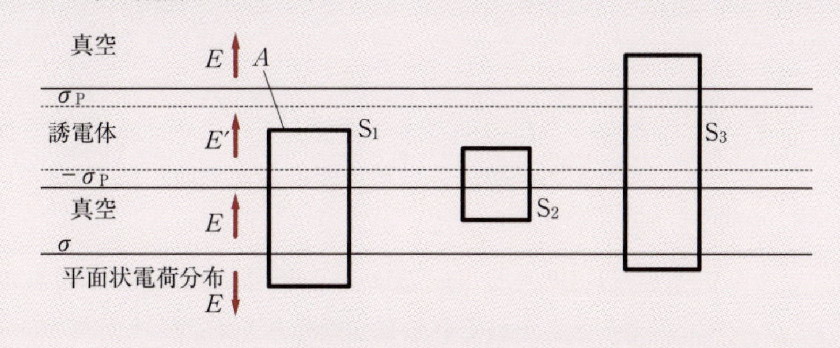

図 1.51 誘電体の問

類題 1.13 図 1.51 の閉曲面 S_2, S_3 は，S_1 と同様の円柱面で上下の面の面積は A である．例題と同じように，閉曲面 S_2, S_3 についてガウスの法則が成立していることを示せ．

1.7.2 電場の屈折

誘電率の異なる物質の境界面では電場が屈折する．このことを，基本的な法則との関係で議論しよう．図 1.52(a) のように，平面で接している 2 つの誘電体があり，それぞれの誘電率を $\varepsilon_1, \varepsilon_2$ とする．片方は真空でも構わないので，その場合は ε_0 を使う．

まず，図 1.52(b) のように境界面を含む，境界面に平行な 2 面と側面からなる筒型の面を閉曲面 S とする．この閉曲面 S にガウスの法則を適用する．筒の高さ d を非常に小さくとると，側面の寄与は無視できる．また，誘電体の境界面に自由電荷はないものとする．面の面積 A は電場が十分一定と見なせる程度には小さいとする．すると，ガウスの法則（(1.62)）は

$$\sum_{\mathrm{S}} D_n \Delta S = \sum_{\mathrm{V}} q \quad \rightarrow \quad D_{n,1}A + D_{n,2}A = 0 \quad \rightarrow \quad (-D_{n,1}) = D_{n,2} \tag{1.124}$$

となる．$\boldsymbol{D}$ の向きまで考慮して，この式を言葉で表現すると「電束密度ベクトルの法線成分は境界面の両側で同じ値をもつ（連続である）」となる．

次に，図 1.52(c) で示す境界面に垂直な面内に，境界面に平行な 2 辺

(a)

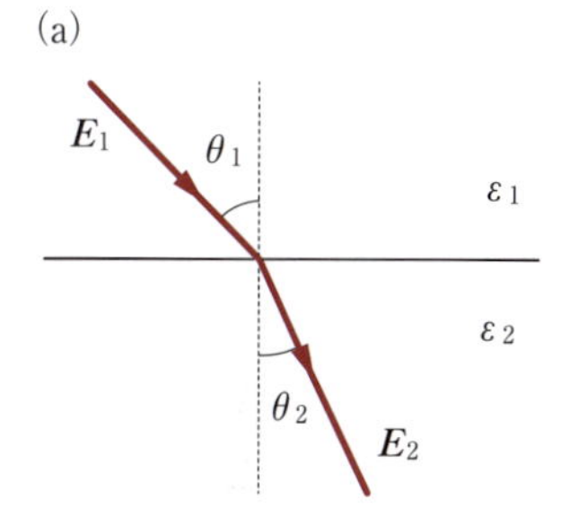

(b)

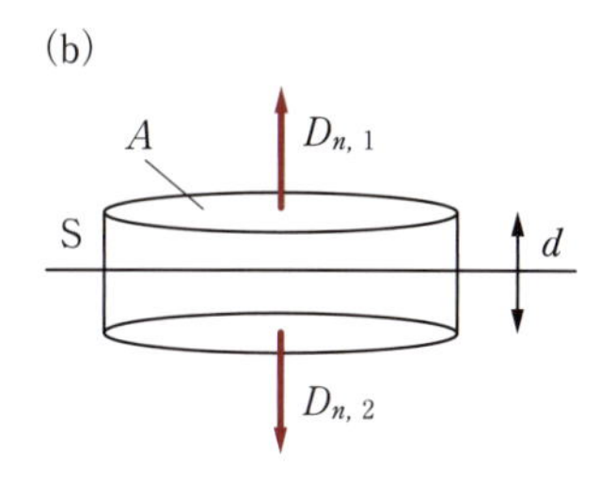

(c)

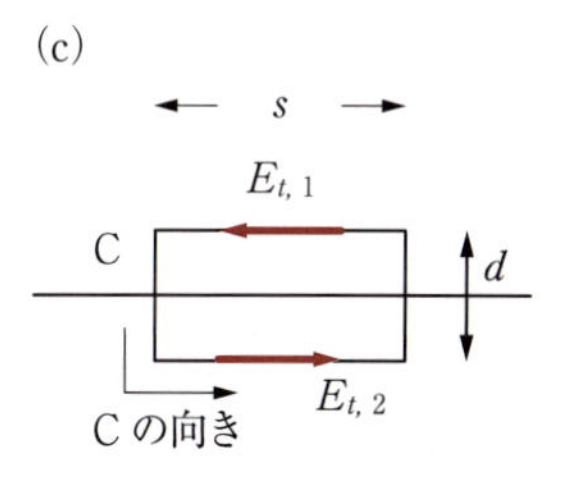

図 1.52 電場の屈折

をもつ長方形を考え，これを閉曲線Cとする．閉曲線Cの向きは反時計回りとする．この閉曲線Cに静電場は渦なしの場であるという性質（(1.100) の辺りを参照）を適用する．長方形の辺 d を非常に小さくとると左右の辺の寄与は無視できる．辺の長さ s は電場が十分一定と見なせる程度には小さいとする．すると静電場は渦なしの場（(1.100)）なので

$$\sum_{\mathrm{C}} E_t \Delta s = 0 \quad \rightarrow \quad E_{t,1}s + E_{t,2}s = 0 \quad \rightarrow \quad (-E_{t,1}) = E_{t,2} \tag{1.125}$$

となる．$\boldsymbol{E}$ の向きまで考慮して，この式を言葉で表現すると「電場ベクトルの接線成分は境界面の両側で同じ値をもつ（連続である）」となる．

(1.124) と (1.125) および図 1.52(a) に示された $\boldsymbol{E}_1, \boldsymbol{E}_2$ の電場を考えると，それぞれの電場の強さを E_1, E_2 として

$$\left.\begin{aligned} \varepsilon_1 E_1 \cos\theta_1 &= \varepsilon_2 E_2 \cos\theta_2 \\ E_1 \sin\theta_1 &= E_2 \sin\theta_2 \end{aligned}\right\} \tag{1.126}$$

となる．この2つの式から

$$\frac{\tan\theta_1}{\tan\theta_2} = \frac{\varepsilon_1}{\varepsilon_2} \tag{1.127}$$

を得る．

1.7.3 圧電効果*

水晶・ロッシェル塩などの結晶の特定の方向に力（圧力）を加えると，その力に比例した分極がその表面に発生する．これを**圧電効果**とよぶ．逆に，このような結晶に電場をかけると，結晶に力が加わってゆがみが発生し，これを逆圧電効果とよぶ．これらの効果を利用した圧電素子がある．このような素子を利用すると，力学的作用と電気的作用の変換ができるので，マイクロホンなどに利用されている．調理用ガステーブルの点火装置もこの応用の1つである．

1.8 コンデンサーと電気容量

1.8.1 コンデンサー

図 1.53 のように2つの導体に電位差を与えると，電荷を蓄えることができる[†27]．これが**コンデンサー**（**キャパシター**，蓄電器ともいう）である．高電位側に $+q$，低電位側に $-q$ の電荷があり，2つの導体の電位差を V とする．両者の間の空間には電場がある．1.6 節で説明したように，導体の電位は導体全体にわたって一定である．

†27　この節の議論は，任意の個数の導体に拡張できる．このとき，電気容量は導体間の行列で表される．

電位差を2倍にすれば，蓄えられる電荷は2倍になり，電位差を3倍にすれば，蓄えられる電荷は3倍になり，…と考えられる．これは，電荷と電場の関係が線形であるからである．よって，蓄えられる電荷 q と電位差 V は比例する $(q \propto V)$ ことがわかる．

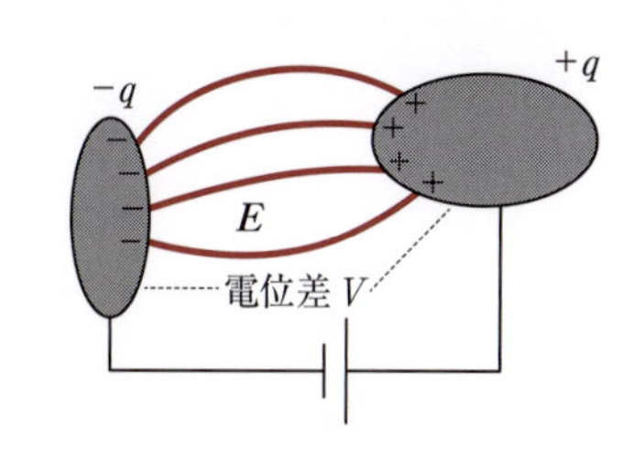

図1.53 コンデンサーの模式図

同じ電位差でも，蓄えることのできる電荷の量はコンデンサーにより異なる．このコンデンサーの「器の大きさ」を**電気容量**（**キャパシタンス**，静電容量）とよぶ．電気容量は記号 C で表し，単位はF（ファラド）である．次の関係式が成り立つ．

$$q = CV \quad [\mathrm{C}] \tag{1.128}$$

電気容量 C は実験的に電位差と電荷の関係を測定して決めることができるが，理論的に考察する場合は次のように考える．電荷 q と電場 E の間の関係はガウスの法則により決まる．電位差 V と電場 E は1.5節における（1.72）などの関係で結びつく．これらから電荷 q と電位差 V の関係がつき，そして電気容量 C が決まる．図式的に示すと次のようになる．

$$\left.\begin{array}{ll} \text{ガウスの法則} & q \leftrightarrow E \\ \text{電位差と電場} & V \leftrightarrow E \end{array}\right\} \quad q \leftrightarrow V$$

1.8.2 平行平板コンデンサー

電気容量は，コンデンサーの形状と導体の間の物質の性質で決まる．簡単な形状の場合には，直接それを求めることができる．図1.54の**平行平板コンデンサー**の場合を考えてみよう．平行平板コンデンサーとは，2枚の同じ形状の面積 S である金属平板（極板）を距離 d で平行に相対させたものである．

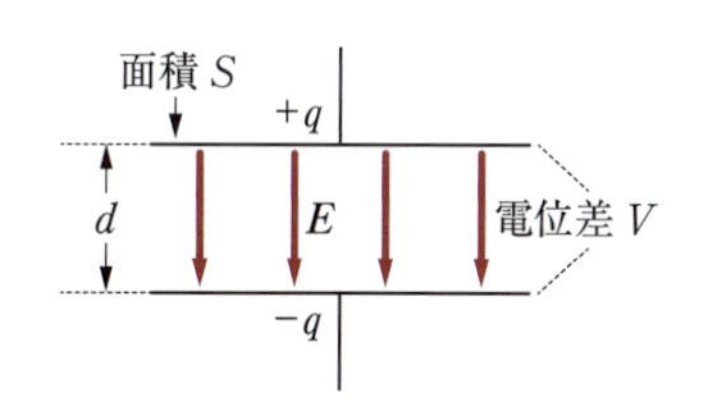

図1.54 平行平板コンデンサー

計算の手順は前項で説明した方針による．まず（1.71）の結果を使うと，

$$E = \frac{\sigma}{\varepsilon_0} = \frac{q}{\varepsilon_0 S} \quad [\mathrm{V/m}] \tag{1.129}$$

となる．一方，電場と電位差は（1.72）から

$$V = Ed \quad [\mathrm{V}] \tag{1.130}$$

となる．これらを組み合せて

$$V = \frac{qd}{\varepsilon_0 S} \quad \rightarrow \quad q = \frac{\varepsilon_0 S}{d} V \tag{1.131}$$

を得る．電気容量の定義式（1.128）から平行平板コンデンサーの電気容量は

$$C = \frac{\varepsilon_0 S}{d} \quad [\mathrm{F}] \tag{1.132}$$

となる．コンデンサーの平板の間に絶縁性の物質（誘電体）を挿入した場合は，その物質の誘電率 ε で（1.132）の ε_0 をおきかえる．大きい誘

電率の物質を挿入することにより，コンデンサーの電気容量を大きくすることができる．

1.8.3 コンデンサーが蓄えるエネルギー

電気容量 C の帯電していない電位差 0 のコンデンサーに，電荷 q を充電し電位差 V を与えるときの仕事を図 1.55 のように計算してみよう[†28]．

†28 電荷 q を電位差 V だけ移動させるのだから，$W = qV$ と計算してしまいがちだが，電位差は初めは 0 で終状態で V になるのだから，それは誤りである．平均的な電位差が $V/2$ だから，$W = q \times (V/2)$ とすれば正しい結果である (1.135) となる．

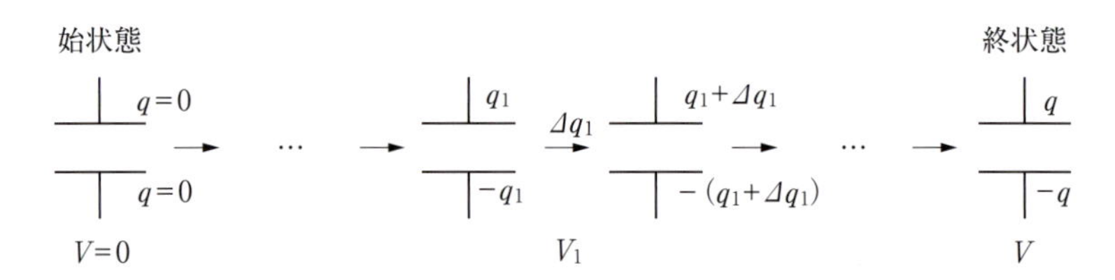

図 1.55 コンデンサーを充電するときの仕事

電位差が V_1 のときに，微小な電荷 $\varDelta q_1$ を（電位差に逆らって）負極から正極に移したとすると，そのときの仕事は $V_1 \varDelta q_1$ である．したがって全部の仕事は

$$W = \sum V_1 \varDelta q_1 \quad [\mathrm{J}] \tag{1.133}$$

となる．これを積分で書くと，$q = CV$ が常に成り立っているので，変数 q_1 を図 1.55 の意味で使うと，

$$W = \int_0^q V\, dq_1 = \int_0^q \frac{q_1}{C} dq_1 = \frac{q^2}{2C} \quad [\mathrm{J}] \tag{1.134}$$

を得る．この結果は

$$W = \frac{q^2}{2C} = \frac{1}{2} CV^2 = \frac{1}{2} qV \quad [\mathrm{J}] \tag{1.135}$$

など，いろいろな形で表現できる．仕事はエネルギーであり，エネルギーは保存する．コンデンサーを充電するために行った仕事は，そこに蓄えられたはずである．だから，(1.135) がコンデンサーに蓄えられた電気的エネルギー（静電エネルギー）である．

1.8.4 電場のエネルギー密度

上で求めた電気的エネルギーは，「どこに」蓄えられているのであろうか．平行平板コンデンサーの場合で考えてみると，(1.135) を (1.129)，(1.132) を使って

$$W = \frac{1}{2} \varepsilon_0 E^2 \times Sd \quad [\mathrm{J}] \tag{1.136}$$

と変形できる．この結果を図 1.54 と見比べると，因子 Sd は電場がある空間の体積を表している．だから，この空間にエネルギーが蓄えられ

ていると考えることができる.

もともと，密度という用語は，(密度) = (質量)/(体積) の意味で使われてきたが，1.1.3 項で電荷分布について議論し，電荷密度という概念を導入した．それにならってエネルギー密度という概念を

$$\text{エネルギー密度} = \frac{\text{ある空間にあるエネルギー}}{\text{空間の体積}} \quad [\mathrm{J/m^3}] \tag{1.137}$$

あるいは

$$\text{ある空間にあるエネルギー} = \text{エネルギー密度} \times \text{空間の体積} \quad [\mathrm{J}] \tag{1.138}$$

という形で定義する．そして，この電気的エネルギーについて，(1.136) より

$$\text{単位体積当りのエネルギー} = \frac{1}{2}\varepsilon_0|\boldsymbol{E}|^2 = \frac{1}{2}\boldsymbol{E}\cdot\boldsymbol{D} \quad [\mathrm{J/m^3}] \tag{1.139}$$

があると考えることができる．これを**電場のエネルギー密度**とよぶ[†29].

一般に真空中に電場があるとき，そのエネルギーは

$$\Sigma\frac{1}{2}\varepsilon_0|\boldsymbol{E}|^2\Delta V \quad [\mathrm{J/m^3}] \tag{1.140}$$

と書ける．分割を無限小にした極限では，この式は $\int_{\mathrm{V}}(1/2)\varepsilon_0 E^2\,dV$ と体積積分で表される.

†29 電気的な場のエネルギー密度という意味である.

例題 1.9 間隔が 1 mm の平行平板コンデンサーで，電気容量を 100 pF にするためには平板の面積をいくらにすればよいか．また，このコンデンサーに 40 V の電位差を与えたときに蓄えられる電荷と，電気的エネルギーを答えよ.

解法のポイント 電気定数の値は (1.44) にある．コンデンサーに関する基礎的な関係式の確認問題である.

解 面積は以下である.

$$C = \frac{\varepsilon_0 S}{d} \quad \rightarrow$$

$$S = \frac{dC}{\varepsilon_0} = \frac{(1\times10^{-3})\times(100\times10^{-12})}{8.85\times10^{-12}} = 1.1\times10^{-2}\ \mathrm{m^2}$$

電荷は以下である.

$$q = CV = (100\times10^{-12})\times(4\times10) = 4.0\times10^{-9}\ \mathrm{C}$$

電気的エネルギーは以下である.

$$\frac{1}{2}CV^2 = \frac{1}{2}\times(100\times10^{-12})\times(4\times10)^2 = 8.0\times10^{-8}\ \mathrm{J}$$

◆

類題 1.14 平板の面積が 50 cm^2，間隔が 4 mm の平行平板コンデンサーの間の空間に誘電率が $\varepsilon = 4.0\times10^{-10}$ F/m の物質を挿入した．このコンデンサーの電気容量を答えよ．また，このコンデンサーに 2 V の電位差を与えたときに蓄えられる電荷と，電気的エネルギーを答えよ.

●まとめ●

1. 電気的な力が及ぶ空間には電場 $\boldsymbol{E}$ が生じている．電荷 q にはたらく力は $\boldsymbol{F}=q\boldsymbol{E}$ である．電場のある空間には単位体積当り $(1/2)\varepsilon_0E^2$ のエネルギーがある．
2. 電束を記述するため電束密度 $\boldsymbol{D}$ が導入された．真空中では $\boldsymbol{D}=\varepsilon_0\boldsymbol{E}$ であり，この比例定数 ε_0 はクーロン力の比例定数 k と $k=1/4\pi\varepsilon_0$ という関係にある．
3. 電場と電荷の間の基本的な関係式としてガウスの法則がある．ガウスの法則は任意の閉曲面 S に対して適用され，面 S を通る電束の総量（$\sum D_n \Delta S$）と面 S 内部の電荷の総量（$\sum q$）が等しいことを表す．
4. 空間内の各点での電気的な「高さ」を表す電位 V が導入された．電場 E が一定なら，距離 d の間の電位差を V とすると $E=V/d$ である．だから，電位の変化の大きさが電場の強さを表す．電場中で電荷を動かすときの仕事 W は電位差で記述され，$W=qV$ となる．
5. 点電荷 q からの距離を r とすると，点電荷が作る電場の大きさは $k(q/r^2)$，電位は $k(q/r)$ である．
6. 物質は電気的な性質から導体と誘電体に大別される．静電場の場合，導体の電位は一定である．誘電体の分極の大きさに関係して，その物質に特有の誘電率 ε という量が定まる．
7. コンデンサーの性能は $q=CV$ という関係式の電気容量 C で表現される．コンデンサーに蓄えられるエネルギーは $(1/2)CV^2$ である．

章末問題

1.1　図 1.56 のように，4 つの電荷が平面上で 1 辺の長さが a の正方形をなしている．以下の問に答えよ．⇨1.1 節

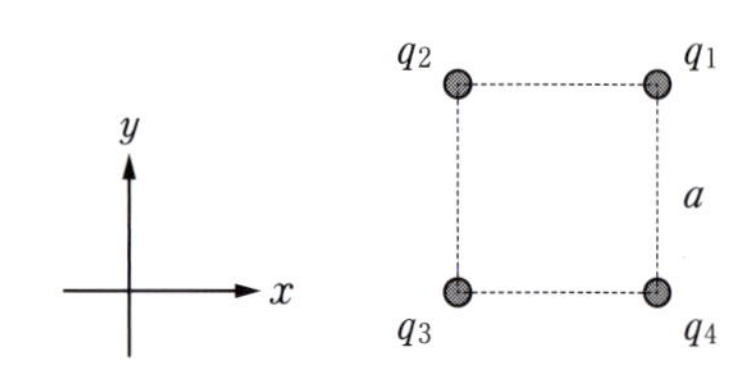

図 1.56　正方形をなす 4 つの電荷

(1) 図のように座標軸をとるとき，$\boldsymbol{F}_{21}, \boldsymbol{F}_{31}, \boldsymbol{F}_{41}$ をベクトルの成分で表示する形で表せ．ベクトルは 2 次元で表記する．

(2) すべての電荷が q である場合，つまり，$q_1=q_2=q_3=q_4=q$ の場合，q_1 にはたらく電気力のベクトルを図に記入し，その力の大きさを答えよ．

(3) すべての電荷の大きさが q であるが q_3 のみ逆符号な場合，つまり，$q_1=q_2=q_4=q$, $q_3=-q$ の場合，q_1 にはたらく電気力のベクトルを図に記入し，その力の大きさを答えよ．

(4) すべての電荷の大きさが q であるが q_4 のみ逆符号な場合，つまり，$q_1=q_2=q_3=q$, $q_4=-q$ の場合，q_1 にはたらく電気力のベクトルを図に記入し，その力の大きさを答えよ．

1.2　xy 平面上において，$(3a, 0)$ に q が，$(0, 2a)$ に q がある($a>0$, $q>0$)．第 3 の電荷 Q を x 軸上におき，点 P$(3a, 2a)$ での電場を 0 としたい．Q の位置と，比 Q/q を答えよ．⇨1.2 節

1.3　1 辺が a の長さの立方体を描け．次に，その頂点の 1 つに電荷 Q を置け．そして，残りの 7 個の頂点における電場の大きさと向きを答えよ．向きは図中に示せ．⇨1.2 節

1.4　閉曲面と電束の量について，以下の問に答えよ．
⇨1.3 節

(1) 球面Sがあり，電荷 q がある．電荷が閉曲面Sの内部にある場合と外部にある場合を考えるとき，この閉曲面Sを通り抜ける全電束は，それぞれ，いくらか．

(2) 立方体の面Sがあり，その内部に電荷 q がある．この閉曲面Sを通り抜ける全電束はいくらか．

1.5　電荷 q が原点Oにある．半径 a の z 軸を中心軸とする長い円柱面を考える．以下のヒントを参照し，この円柱面を通り抜ける電束の量の合計を求めよ．⇨1.3 節

[ヒント]　ガウスの法則を学んだ後では，この問の答えは計算せずとも q であることになる．なぜなら，電荷 q から出る電束の総量は q であるからである．この問の趣旨は，どんな面でもガウスの法則が成り立つことを実際に体験してもらうためのものなので，直接電束を計算してもらいたい．図 1.57 を用いて考えよ．円柱面の一部の微小な幅 Δz の部分を考えると，この微小な幅の面で電束密度の法線成分 D_n は一定と見なせるので，そこを通り抜ける電束は $D_n(2\pi a\Delta z)$ である．これを全円柱面で合計すればよい．また，次の積分公式を使ってよい．

$$\int \frac{dx}{(x^2+c)^{3/2}} = \frac{x}{c\sqrt{x^2+c}}$$

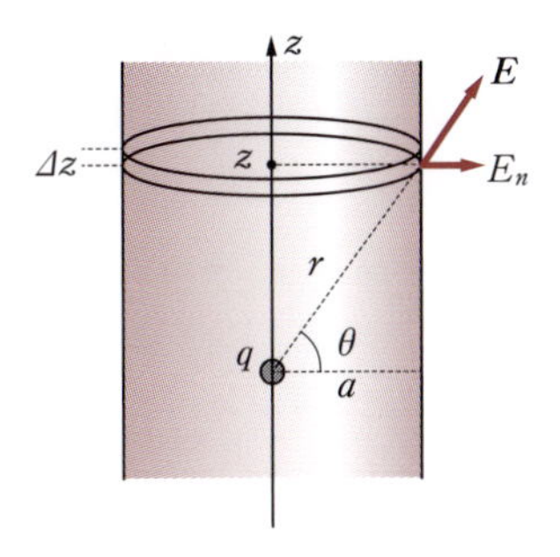

図 1.57　半径 a で z 軸を中心とする長い円柱面

1.6　非常に長い中心軸の一致した円柱面2つを考える．円柱の半径は a, b である（$a < b$）．この2つの円柱面に電荷が一様に分布しており，長さ l 当りの電荷は，内側の円柱に q，外側の円柱に $-q$ である．このとき，円柱の中心軸からの距離が R の位置の電場を求めよ．⇨1.4 節

この問は，図 1.58 に示す同軸ケーブルのモデルに関するものである．

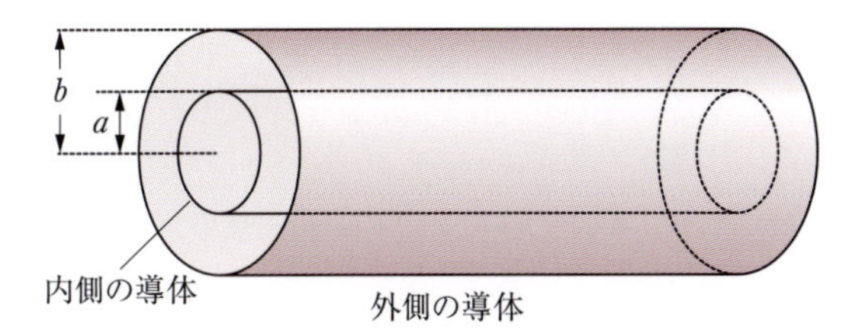

図 1.58　同軸ケーブルのモデル

1.7　(1.104) を (1.83) に代入して，点電荷の電場の (1.26) が得られることを示せ．⇨1.5 節

1.8　点電荷 q が点 O(0, 0, 0) に，点電荷 $-q$ が点 A(a, 0, 0) にある（$a, q > 0$）．点電荷の電位は無限遠方で 0 となるものとする．以下の問に答えよ．⇨1.5 節

(1) 電位が 0 となる空間内の位置はどこか答えよ．（ただし，無限遠方は除く．）

(2) (1) で求めた位置での電場ベクトルの方向を答えよ．

(3) もし，点 O(0, 0, 0) にあるのが点電荷 $2q$ であった場合，電位が 0 となる空間内の位置はどこか答えよ．（ただし，無限遠方は除く．）

1.9　非常に長い中心軸の一致した円柱面2つを考える．円柱の半径は a, b である（$a < b$）．（図 1.58 の同軸ケーブルのモデル．）この2つの円柱面に電荷が一様に分布しており，長さ l 当りの電荷は，内側の円柱に q，外側の円柱に $-q$ である．このとき，円柱面の中心軸からの距離が R の位置の電位を求めよ．電位は内側の円柱面で 0 となるように定める．⇨1.5 節

1.10　平面（xy 平面）上の電荷の運動を考える．2つの点電荷 q が (0, 0) と (0, 2a) にある．第3の電荷 Q が点 A(0, a) から点 B(b, a) まで動く（$a > 0$, $b > 0$, $q > 0$, $Q > 0$）．以下の問に答えよ．⇨1.5 節

(1) 点Aから点Bまで電荷 Q を移動させた．電場のなした仕事 W を電位を使って求めよ．

(2) 電荷 Q が点 P(x, a) ($0 < x < b$) にあるとき，

電荷 Q にはたらく力を求めよ.

(3) 点Aから点Bまで電荷 Q を移動させた. 電場のなした仕事 W を (2) の力を使って直接計算し, (1) の結果と一致することを示せ.

1.11 非常に長い中心軸の一致した円柱面2つを考える. 円柱の半径は a, b である ($a < b$). (図1.58の同軸ケーブルのモデル.) この2重円柱の長さ l の部分の電気容量を求めよ. つまり円柱は十分長いが, その一部の長さ l の部分を考えている. ⇨ 1.8 節

1.12 面積 S, 間隔 d の平行平板コンデンサーの金属平板が, q と $-q$ に帯電しているとする. 異符号の電荷なのでお互いに引き合うはずである. そのときの力の大きさを求めよ. ⇨ 1.8 節

[ヒント] 平板が引き合っている力を F とし, 平板を微小な距離 Δd だけ力 F で押したときの仕事は $\Delta W = F\Delta d$ となる. この関係から力 F を求める.

雷のパワー

私たちの身の回りでの大規模な電気現象というと雷であろうか. アメリカ合衆国の建国の父の1人として有名なフランクリンは科学者でもあり, 凧を雷雲の中に揚げて糸に接続したライデン瓶に電気が誘導されたので, 雷雲が電荷をもっていることを実証したとされている. ただ, この実験は, 今から考えればとんでもなく危険で, 実際に当時フランクリンの実験を追試しようとして死者が出たこともあったと伝えられている. 皆さんも, 悪天候のときに凧を揚げたりしないでいただきたい.

地表付近では, 経年変化や気候により変化するが, 大体100 V/m程度の大気電場がある. 地球を電気的に見ると, 地表が負に, 数十から数百km上空にある電離層が正に帯電しており, その間の電位差は300 kV程度ある. この電位差は, 大気中を流れる電流や雷によって巨大な電気的循環が生まれ, それによって維持されていると考えられている. この意味で, 雷は地球全体の電気的な環境の一翼を担う存在である.

雷雲の中の電位差発生のメカニズムはまだはっきりしない部分もあるが, おおよそは次のようなものである. 雷雲の中には微細な氷の粒がたくさんあり, それが猛烈な上昇気流により相互に衝突して電荷をやりとりしている. 電子を失った小さな氷晶は上昇気流で雲の上のほうに溜まっていく. 電子を受け取った比較的大きな粒 (霰(あられ)) は重いので雲の下のほうに溜まる. 結果として, 雲の上部に正の電荷分布が, 雲の下部に負の電荷分布が出現する. 下部の負電荷は静電誘導により地上付近に正の電荷を誘導する. これらの電荷の間の電位差が巨大になると, その間の放電現象, つまり雷が起こるのである.

雷のパワーは資料によりいろいろな値が書いてあるが, ある本 (*) のデータを引用すると, 典型的なもので, 持続時間が80 μs, 電流が100 kA, 電位差が100 MVだそうである. これから, 電力は10 TW (!), 電気的エネルギーは800 MJとなる. 雷1発で800 MJあれば, 普通の家庭1世帯の1ヶ月分の電力需要をまかなえるであろう. 雷さんもなかなかやるものである.

(*) 岡野大祐 著:「カミナリはここに落ちる」(オーム社, 1998年)

第2章

定常な電流

学習目標

・オームの法則，電力の式を理解する．

・電気回路の記号やその理解の仕方を，直流回路の場合に学ぶ．

・電気抵抗の合成の計算法を学ぶ．

・キルヒホッフの法則を学び，一般的な直流回路の分析方法を理解する．

キーワード

電流（I [A]），電位差（電圧）（V [V]），起電力（$\mathscr{E}$ [V]），電気抵抗（R [Ω]），数密度（n [1/m^3]），抵抗率（ρ [Ω·m]），導電率（σ [S/m]），電流密度（j [A/m^2]），電力（P [W]），仕事（W [J]），エネルギー（W [J]），ジュール熱（W [J]），電気素量（e [C]）

2.1 電　流

2.1.1 電流と電荷

電流は**電荷**の流れである．図 2.1 のように，電荷がパイプの中を連続的に流れているとする．このパイプは，実際には導線と見てもらいたい．ある時間 t の間に，q だけの量の電荷がある地点を通り抜ける場合

$$I = \frac{q}{t} \quad [\mathrm{A}] \tag{2.1}$$

を電流とよぶ．その単位はアンペア A である[†1]．

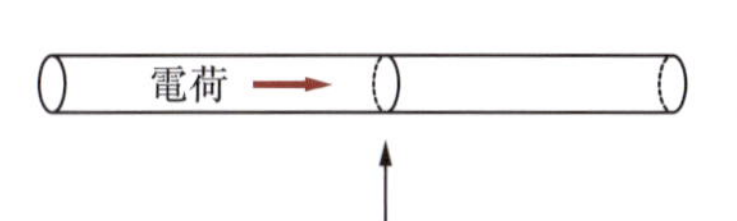

図 2.1　電流のイメージ

†1　単位 A は SI の基本単位の 1 つである．だから，電荷の単位 C は C = A·s と SI 基本単位で表される．

この I が一定である場合を**直流電流**とよぶ．一般には，時間的に変動する電流もある．微小な時間 Δt の間に微小な電荷 Δq が通り抜けたとして，

$$I = \frac{\Delta q}{\Delta t} \quad [\mathrm{A}] \tag{2.2}$$

を電流とすれば，一般的な場合にも適用できる．さらに，微小な時間 Δt をゼロにした極限では微分の考え方（1.5 節）により，

$$I = \frac{dq}{dt} \quad [\mathrm{A}] \tag{2.3}$$

となる．この章では，直流電流に関する事柄を扱う．時間的に変化する電流に関わる現象は第 4 章で扱う．

電流の実体にはいろいろなものがあるが，ここでは金属の導線の中を

流れる電流について考えよう．この場合の電流として，移動するものは**自由電子**（1.6節参照）である[†2]．この移動は電荷にはたらく電気力によって引き起こされるが，**電場** E があるとき電荷 q にはたらく力は $F = qE$ なので，電荷は等加速度運動をすることになる．すると，電荷の速度は時間と共に速くなり電流は無限に増大することになるが，実際にはそうはならない．物質は多数の原子からなり，それらは熱的に振動している．このため，振動している多数の電荷から電子は電気的な力を受け，その結果を平均的に見ると電子は速度に比例する抵抗力を受けていると考えられる．抵抗力と電気力がつり合い，合計の力がゼロとなると，自由電子の速度 v は一定となり，結果として一定の大きさの直流電流が流れる[†3]．抵抗力の比例定数を b [N·s/m] とすると，抵抗力の大きさは bv である．電子の電荷の大きさは**電気素量** e であるので，

$$eE = bv \quad \Rightarrow \quad v = \frac{eE}{b} \tag{2.4}$$

から自由電子の速度の大きさが決まる．

†2　歴史的に電子の電荷の符号を負としてしまったので，実際に動く自由電子の向きは電流と逆向きである．

†3　これは，空気中を落下する小さな粒子に重力と空気からの抵抗力がはたらき，十分時間が経つと粒子が一定の速度（終端速度）で運動する現象と同じものである．

図2.2に示すように，導線の断面積を S，長さを l とする．また，自由電子の数密度（単位体積当りの自由電子の個数）を n とする．すべての自由電子が速度の大きさ v で運動しているとすると，時間 t の間に電子は vt だけ進む．電子の電荷は実際は負なので，図2.2に示すように電流と逆向きに運動している．ここでは，正電荷 e をもつ粒子が電流の向きに速度 v で動いていると見なして議論しており，結果的に同じこととなる．導線の任意の位置で見ていると，時間 t の間に長さが vt で面積が S の円柱の中にある電子がすべてその断面を通過する．通り抜ける電子の個数は $n \cdot Svt$ であるので，電荷の量は個数に電荷 e を乗じた $q = e(nSvt)$ となり，電流は (2.1) から

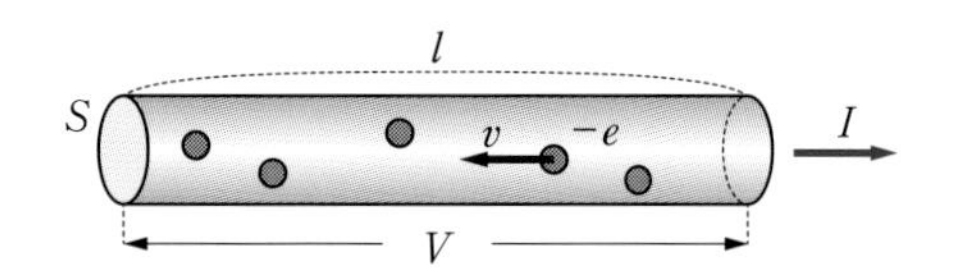

図2.2　導線中での自由電子の運動

$$I = \frac{q}{t} = enSv \quad \text{[A]} \tag{2.5}$$

となる．この導線の両端に**電位差** V がかかっているとすると，(2.4) と $E = V/l$ から

$$I = \frac{e^2 n}{b}\frac{S}{l}V \quad \text{[A]} \tag{2.6}$$

となる．この結果から，電位差は電流に比例することがわかる．その比例係数が**電気抵抗** R である．これを**オームの法則**とよび，

$$V = RI \quad \text{[V]} \tag{2.7}$$

と表される．

(2.6) と (2.7) から

$$\frac{1}{R} = \frac{e^2 n}{b}\frac{S}{l} \quad [\Omega^{-1} = \text{S}] \tag{2.8}$$

となる．この式の第1の因子 e^2n/b は物質の性質による係数であり，**導電率** σ とよばれる．その逆数は**抵抗率**（体積抵抗率）ρ とよばれる．

$$\frac{e^2n}{b} = \sigma = \frac{1}{\rho} \tag{2.9}$$

(2.8) により，電気抵抗 R は

$$R = \rho\frac{l}{S} \quad [\Omega] \tag{2.10}$$

となる．幾何学的形状について，電気抵抗 R は長さ l に比例し断面積 S に逆比例するという自然な結果となる．

電気抵抗 R の単位は Ω（オーム）である．抵抗の逆数を**コンダクタンス**とよび，記号 G で表すことが多い．この量の単位は Ω^{-1} になるが，それを S（ジーメンス）という単位記号で表す[†4]．抵抗率の単位は Ω·m である．そして，導電率 σ の単位は $\Omega^{-1}\cdot\mathrm{m}^{-1}$ となるが，この単位は S/m と書くこともできる．

†4 以前は，オーム（ohm）の逆の綴りのモー（mho）という単位が，Ω^{-1} を表すものとして使われていた．モーを表す単位記号は，Ω を上下反転させた文字 ℧ である．

2.1.2 抵 抗 器

以下で学ぶ電気回路では，電気抵抗をもつ素子である**抵抗器**を図 2.3 のように表現する．この長方形が抵抗器を表す記号である．両側の直線は導線を表すが，回路の場合，導線の部分は電気抵抗はゼロと見なすことにし，抵抗器の箇所だけに電気抵抗があるとする．このとき，電流 I，抵抗器の両端の電位差 V，電気抵抗 R の間に成り立つ関係式が (2.7) の $V = RI$ である．なお，以下では，誤解の恐れのない場合，抵抗器のことを単に「抵抗」とよぶ．

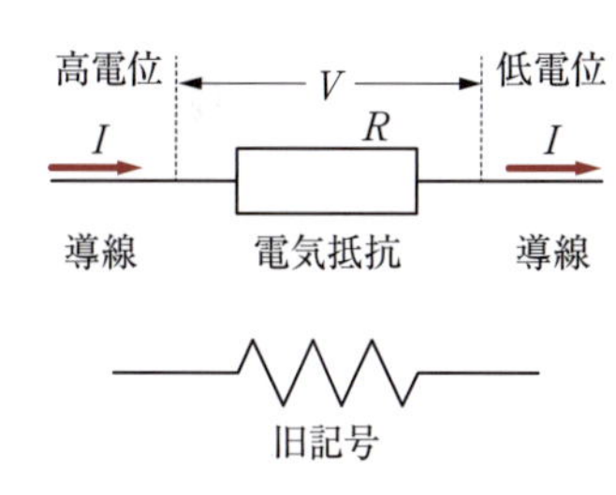

図 2.3　抵抗

図 2.3 に関する補足であるが，電流 I は入る電流と出る電流は同じであり，途中で増減することはない．また，川の流れのように，電流は高い電位の地点から低い電位の地点の方向に流れる．それから，古い規格では抵抗は図 2.3 の下側のように表されていた．現在でもまだ使われている場合があるので，留意してもらいたい．

2.1.3 電流密度

単位断面積当りの電流を**電流密度** j とよぶ．電流 I の流れている断面積が S のとき，

$$j = \frac{I}{S} \quad [\mathrm{A/m^2}] \tag{2.11}$$

である．この定義と，(2.7)，(2.10) および $E = V/l$ から

$$j = \sigma E \quad [\mathrm{A/m^2}] \tag{2.12}$$

となる．正確には，電流密度および電場をベクトルとして

$$\boldsymbol{j} = \sigma\boldsymbol{E} \quad [\mathrm{A/m^2}] \tag{2.13}$$

と書く．$\boldsymbol{j}$ は大きさが j で，向きが電流の方向のベクトルである．

2.1.4 抵抗率

表 2.1　各種の物質の抵抗率 ρ (0℃での値)

	物質	抵抗率 [Ω·m]
導体	銀	1.47×10^{-8}
	銅	1.53×10^{-8}
	アルミニウム	2.50×10^{-8}
	タングステン	4.90×10^{-8}
	鉄	8.90×10^{-8}
	ニクロム合金	1.07×10^{-6}
半導体	ゲルマニウム	0.4
	ケイ素	6.0×10^{2}
不導体	大理石	10^{8} 程度
	ソーダガラス	10^{10} 程度
	雲母	10^{13} 程度
	天然ゴム	10^{14} 程度

抵抗率 ρ の大小が電流の流れにくさ，流れやすさを決めている．1.6 節で，物質は電気的に**導体**と**不導体**（**誘電体**）に分類されることを述べたが，表 2.1 に見る通り，その違いは極めて大きいことを理解してもらいたい．両者のグループの中間的なものは**半導体**とよばれる．

抵抗率は温度により変化し，金属では，一般に温度が高いと，抵抗率も大きくなる．この現象は，温度上昇により，物質内の原子の振動運動がより激しくなり，自由電子に対する抵抗力が大きくなる（(2.4)，(2.8) の係数 b が大きくなる）ためだと理解される．半導体では別の効果（温度上昇により電子の束縛から離れる電子が増えるなど）もあって，温度が高くなると抵抗率は減少する．温度依存性を，通常

$$\rho = \rho_0(1 + \alpha t) \quad [\Omega\cdot\mathrm{m}] \tag{2.14}$$

と表現する．t は摂氏温度（℃単位），ρ_0 は 0 ℃での抵抗率の値，α は抵抗率の**温度係数**である．金属の α は，おおよそ 4×10^{-3} ℃$^{-1}$ 程度である．

電気抵抗が温度により変化するという現象は，その振舞が正確にわかっていれば，逆に抵抗値を測定することにより温度を決める，つまり温度計に利用できるということにも気づいてもらいたい．その動作原理による抵抗温度計がある．

例題 2.1　断面が円形で直径が 1.0 mm，長さが 50 cm の銅線がある．温度 0 ℃のとき，この銅線の電気抵抗はいくらか．

解法のポイント　単位に注意しながら，表の数値を利用する．通常，回路では導線の電気抵抗をゼロと見なすが，この結果から，このくらいの小さな，しかし有限の抵抗はあるということも知っておいてほしい．

解　断面積は，

$$S = \pi r^2 = 3.14\times(0.5\times10^{-3})^2 = 0.79\times10^{-6}\ \mathrm{m}^2$$

である．電気抵抗は以下となる．

$$R = \rho\frac{l}{S} = (1.53\times10^{-8})\times\frac{0.5}{0.79\times10^{-6}} = 1.0\times10^{-2}\ \Omega$$

◆

類題 2.1　断面が正方形で辺が 1.0 mm，長さが 40 cm のアルミニウム線がある．

(1) 温度 0 ℃で，このアルミニウム線の電気抵抗はいくらか．

(2) アルミニウムの温度係数を $\alpha = 4.2\times10^{-3}$ ℃$^{-1}$ とするとき，温度 100 ℃では，このアルミニウム線の電気抵抗はいくらか．

2.1.5 電子と電流

導線内の自由電子の速度は極めて遅い[†5]．(2.5) から自由電子の速さ v を計算してみよう．まず，自由電子の数密度 n を求める．銅を例とし，銅原子1個当り1個の自由電子があると仮定する．(中性の銅原子は29個の電子をもつ．) 銅の密度と原子量は $\rho = 8.93\,\mathrm{g/cm^3}$ および $M = 63.5\,\mathrm{g/mol}$ なので，

$$n = \frac{\rho N_\mathrm{A}}{M} = 8.47 \times 10^{28}\ 個/\mathrm{m}^3 \tag{2.15}$$

である．また，電気素量は $e = 1.6 \times 10^{-19}\,\mathrm{C}$ である．電流を $I = 1\,\mathrm{A}$，導線の断面積を $S = 1\,\mathrm{mm}^2$ という値としてみると

$$v = \frac{I}{enS} = 7.4 \times 10^{-5}\,\mathrm{m/s} \tag{2.16}$$

となる[†6]．

スイッチを入れると電位差によって瞬間的に (光速程度の伝播速度で) 導線に沿って電場が生じ，その電場からそれぞれの場所の自由電子が力を受けて，それぞれの場所で電流が流れるのである (4.2.3 項参照)．

ところで，静止していた電子が，電気力によって加速され始めてから抵抗力により一定速度になるまでの時間はどの程度であるか，これも推定してみよう．質量 m の粒子が運動するときに大きさ bv の抵抗力がはたらくと，一定速度になるまでの時間のスケールは

$$\tau = \frac{m}{b} \quad [\mathrm{s}] \tag{2.17}$$

である．この結果は電子の運動方程式を解くことにより導かれるが，定性的な説明をしておこう．速度が時間 τ の間にゼロから v まで変化したとすると，そのときの加速度 a は $a \sim v/\tau$ である[†7]．はたらく力は bv あるいは eE でどちらも同程度の大きさであるから，運動方程式 $F = ma$ は近似的に $bv \sim m(v/\tau)$ となるので $\tau \sim m/b$ となる．さて，(2.17) は (2.9) から

$$\tau = \frac{m}{e^2 n\rho} \quad [\mathrm{s}] \tag{2.18}$$

となる．これに前述した e, n の値，電子の質量 $m = 9.1 \times 10^{-31}\,\mathrm{kg}$，表にある銅の ρ の値を代入すると，おおよそ $10^{-13}\,\mathrm{s}$ 程度の値となる．これから，スイッチを入れるとほぼ瞬時に一定の大きさの電流が流れることがわかる．

2.1.6 電　力

1.5節で電荷を移動させるときの仕事は，$W = qV$ であることを学

†5 壁のスイッチを入れると天井の照明が点く現象を，スイッチでせき止められていた電子が動いて照明器具まで移動すると誤解している人がいないだろうか．

†6 この値は，断面積や電流により変わるが，人の歩く速さなどよりずっと遅いことはわかるであろう．

†7 この～は，大体等しいという意味で使う「等号」である．

んだ（(1.108) 参照）. 電流は電荷の移動であるから，電気的な仕事がなされていることになる．図 2.3 で時間 t だけ電流 I が流れたとしよう．すると，電位差 V の間を電荷 $q = It$ が移動したことになる．このときの仕事は

$$W = qV = VIt \quad [\mathrm{J}] \tag{2.19}$$

である．この W だけのエネルギーが消費されたことになる．電気ヒーターのように，主として電気的エネルギーが熱に変換された場合，W を**ジュール熱**とよぶ．仕事やジュール熱の単位は J（ジュール）である．ただし，熱については cal（カロリー）とよばれる単位が使われる場合もある[†8].

†8　1 cal は，およそ 4.2 J で，水 1 g の温度を 1℃変化させるのに必要な熱量である．

仕事率とは単位時間になされる仕事であり，単位が W（ワット）である．電流のする仕事率のことを**電力**とよび P で表す．

$$P = \frac{W}{t} \quad [\mathrm{W}] \quad \Rightarrow \quad P = VI \quad [\mathrm{W}] \tag{2.20}$$

電気器具には通常，その機器の性能として，消費電力が表示してある．例えば 500 W の電子レンジであれば，それが，1 秒間に 500 J のエネルギーを消費することを表している．そのエネルギーが食品を温めるのに消費されている[†9]. 家庭の電気料金などを定める場合，消費電力は，通常 kWh（キロワット時）で表現される．これは

$$1\,\mathrm{kWh} = 1 \times 10^3 \times 60 \times 60 = 3.6{\times}10^6\,\mathrm{J} = 3.6\,\mathrm{MJ} \tag{2.21}$$

の大きさのエネルギーである．

†9　500 J のエネルギーといわれてもぴんと来ないかもしれないが，重力の位置エネルギーに直すと，およそ 50 kg の物体を高さ 1 m まで持ち上げるエネルギーである．もし，あなたが体重 50 kg だったとして電子レンジと同じだけはたらこうとすると，1 秒に 1 回，高さ 1 m のジャンプを跳び続けることになる．

この電力の式 $P = VI$ とオームの法則 $V = RI$ を組み合わせると，電力の式は次のように変形できる．

$$P = VI = RI^2 = \frac{V^2}{R} \quad [\mathrm{W}] \tag{2.22}$$

例題 2.2　ある抵抗に電位差 10 V をかけたところ，電流 5.0 mA が流れた．この抵抗の電気抵抗は何 Ω か．また，この抵抗で消費される電力は何 W か．

解法のポイント　電力の式 $P = VI$ と，オームの法則 $V = RI$ の簡単な確認の問である．SI 接頭語にも注意すること．

解　電気抵抗

$$V = RI \ \rightarrow \ R = \frac{V}{I} \ \rightarrow$$

$$R = \frac{10}{5.0{\times}10^{-3}} = 2.0 \times 10^3\,\Omega = 2.0\,\mathrm{k}\Omega$$

電力

$$P = VI \ \rightarrow$$
$$P = 10 \times 5.0 \times 10^{-3} = 5.0 \times 10^{-2}\,\mathrm{W} = 50\,\mathrm{mW}$$

◆

類題 2.2　ある抵抗に電流 4 mA を流したところ，80 mW の電力が消費された．この抵抗にかけられた電位差は何 V か．また，この抵抗の電気抵抗は何 Ω か．

2.1.7 非線形抵抗

電気抵抗の値が一定であれば，オームの法則 $V = RI$ により，電位差と電流の関係は図 2.4(a) に示すように直線となる．しかし，電球などで実際に電位差と電流の関係を測定すると図 2.4(b) のようになる．このようなものを**非線形抵抗**とよぶ．(2.14) に示すように電気抵抗の値には温度依存性があり，流れる電流が増えると，ジュール熱 ((2.19)) により抵抗の温度が上昇し電気抵抗が増えるため，このような依存性が生じる．

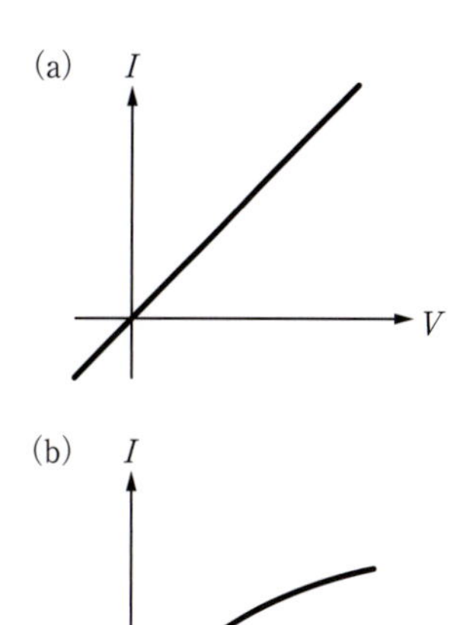

図 2.4　電位差と電流の関係．
(a) 線形抵抗，(b) 非線形抵抗．

2.2 直流回路

2.2.1 回路の基本と回路図

回路は**回路図**で表現される．この節では直流回路を考える．出てくる回路素子は，**抵抗**（図 2.3），**直流電源**（図 2.6 の(b)），導線，スイッチ，**アース**などであり，回路図では対応する図記号で表される．回路図は実在の回路のモデルに過ぎないことに注意していただきたい．例えば，導線には本当は微小な電気抵抗がある，絶縁物は非常に大きいが有限の抵抗をもつ，2 つの導線の間に電気容量が生じる，電流が流れ磁場ができて回路の部分同士が結合を起こす．こういった，現実の回路で起きることはこのモデルには通常含まれていない．

電場は電気現象の基本量であるが，ベクトル量であり，導線に沿って考える回路では扱いが面倒である．このため回路の分析では，スカラー量である**電位** V が主役となる．

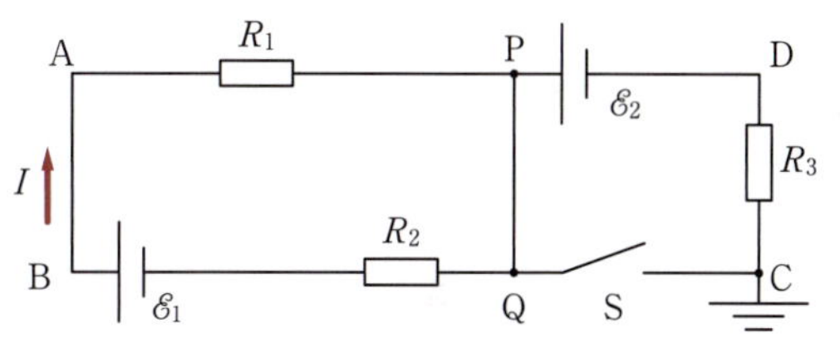

図 2.5　直流回路の例

図 2.5 は，直流回路の回路図の 1 つの例である．これを用いて，回路の基本的なことを説明しよう．

（1）　この回路には，2 つの直流電源，3 つの抵抗，1 つのスイッチがあり，導線で結合されている．図中に書き込まれている $\mathcal{E}_1, \mathcal{E}_2$ はそれぞれの電源の起電力，R_1, R_2, R_3 はそれぞれの抵抗の電気抵抗の値である．

（2）　スイッチについては，日常では，入れる／切るという言葉を使うが，回路について述べるときは，閉じる／開くと表現するので注意されたい．現在，スイッチは開いている．

（3）　導線と導線が分岐・結合する箇所は黒丸がつく．図では点 P，点 Q がそうである．

（4）　回路図のあらゆる地点では，その点での電位 V が定義できる．

点 A の電位は $\mathcal{V}_A$，点 B の電位は $\mathcal{V}_B, \cdots$ などと任意の位置で電位がある値をもつ．1.5 節で説明したように，電位にはどこを基準とするかの不定性がある．しかし，2 点間の**電位差**は不定性をもたない．電位差のことを回路では**電圧**とよぶことも多い．

（5） 前に述べたように，導線は電気抵抗をもたないと考える．オームの法則 $V = RI$ からわかるように，導線では電位差は生じない．したがって，図でいうと，点 A と点 B の電位は同じ値で $\mathcal{V}_A - \mathcal{V}_B = 0$，つまり，点 A と点 B の間の電位差はゼロである．これに対して，例えば，点 A と点 P の間には有限の電位差がある．オームの法則から $\mathcal{V}_A - \mathcal{V}_P = V = R_1 I$ である．

（6） 回路の特定の箇所を接地する（アースする）ことがある．この図で点 C の下に示されている図記号がそれであり，点 C で接地していることを表す．その場合，接地した箇所の電位はゼロとするので，他の地点の電位はそれを基準として考える．

（7） 回路の導線を電流が流れる．図では点 B から点 A に向かう電流 I が記入されているが，他の箇所もそれぞれ電流が流れている．図に電流を記入する際には矢印の向きがあるので，その向きに流れていると考える．ただし，実際に数値で計算した結果，I の値が負になった場合は，電流の向きは矢印で設定した向きと逆だったと解釈すればよい．

（8） 電気抵抗に電流が流れれば，前の節の (2.20) の電力が消費される．

以上，基本的な点について解説したので，回路に関するしっかりしたイメージをもってもらいたい．回路を分析する目的は，それぞれの地点間の電位差や，それぞれの導線を流れる電流を明らかにすることにある．電流や電位差がわかれば，消費電力もわかる．

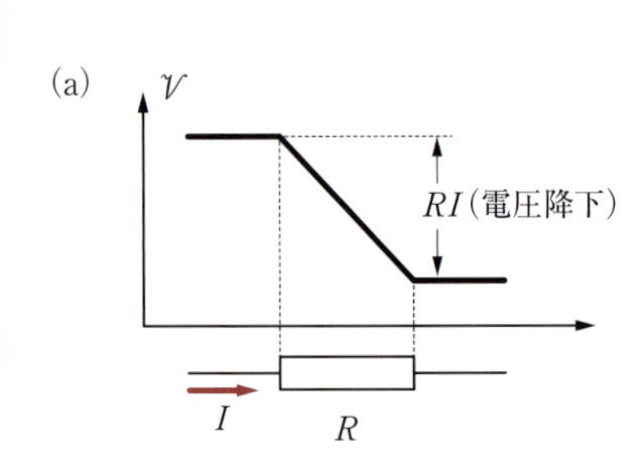

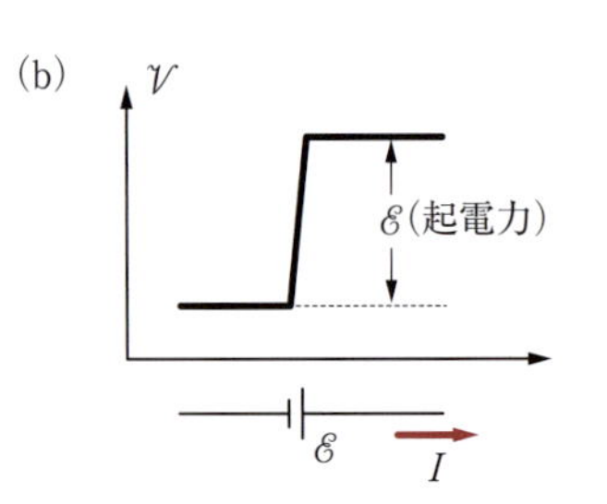

図 2.6　(a) 電圧降下，(b) 起電力．

2.2.2 電圧降下と起電力

電流と電位差の関係はオームの法則 $V = RI$ で表現されるが，回路における意味を考えよう．

図 2.6(a) のように，電流が電気抵抗を通ると，その前後で電位 $\mathcal{V}$ が下がる．この下がった電位差が RI になるというのがオームの法則の意味である．この下がった電位差を**電圧降下**ともよぶ．

回路は周回しており，電位が下がるだけでは閉じない．図 2.6(b) のように，電源はその能力に応じて電位を上昇させる．この電位の変化 $\mathcal{E}$ を**起電力**とよぶ．起電力の単位は，当然，電位差と同じく V（ボルト）である．この図 2.6(b) にあるのが直流電源を表す記号である．直流電源は極性をもち，長い線のほうが正極（プラス），短い線のほうが負極

（マイナス）である．電流は図のように正極から出て，負極に戻る．

まとめると次のようになる．回路では，導線に沿って電源で電位が上がったり抵抗で下がったりする．ある点の電位は決まっているのだから，回路に沿って一周すれば元の電位に戻る．これが回路で起きていることである．

電源はそれ自身が抵抗をもっていると見なすことができ，それを**内部抵抗**とよぶ．図 2.7 で $\mathcal{E}_0$ が電源の起電力で，r を内部抵抗とすると，実際に電源から取り出される電位差（**端子電圧**）$\mathcal{E}$ は

$$\mathcal{E} = \mathcal{E}_0 - rI \quad [\mathrm{V}] \tag{2.23}$$

と表される．内部抵抗を無視して議論する場合が多いが，一般には，この式のように取り出す電流に応じて端子電圧は変化する．

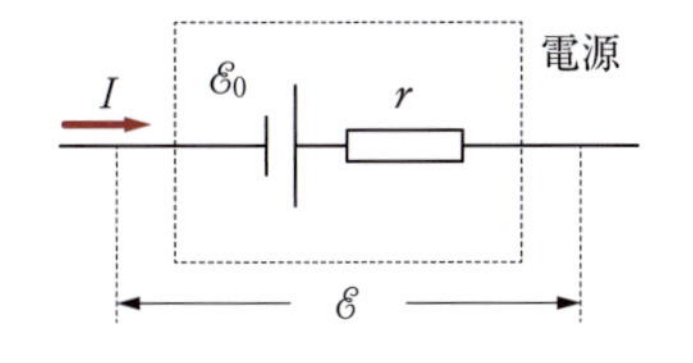

図 2.7 電源の模式図．r は内部抵抗を表す．

2.2.3 合成抵抗

複数の抵抗があったとき，それら全体をまとめて 1 つの抵抗とおきかえることができたとしよう．そのまとめた抵抗の値を**合成抵抗**とよぶ．

図 2.8(a) では 3 つの抵抗が直列に接続されている．一般に，抵抗 $R_1, R_2, \cdots, R_n$ が直列に結合された場合の合成抵抗 R は，

$$R = R_1 + R_2 + \cdots + R_n \quad [\Omega] \tag{2.24}$$

である．

図 2.8(b) では 3 つの抵抗が並列に接続されている．一般に，抵抗 $R_1, R_2, \cdots, R_n$ が並列に結合された場合の合成抵抗 R は

$$\frac{1}{R} = \frac{1}{R_1} + \frac{1}{R_2} + \cdots + \frac{1}{R_n} \quad [\Omega^{-1}] \tag{2.25}$$

となる．（この 2 つの式の導出は章末問題とした．）並列の場合，(2.25) のように逆数の和で考えるが，2 個の抵抗の場合

$$\text{並列 2 個} \quad R = \frac{R_1 R_2}{R_1 + R_2} \quad [\Omega] \tag{2.26}$$

で計算するのが簡便である．

この抵抗の合成を使うと図 2.9 のように，複数の抵抗を 1 つの抵抗でおきかえることができる．

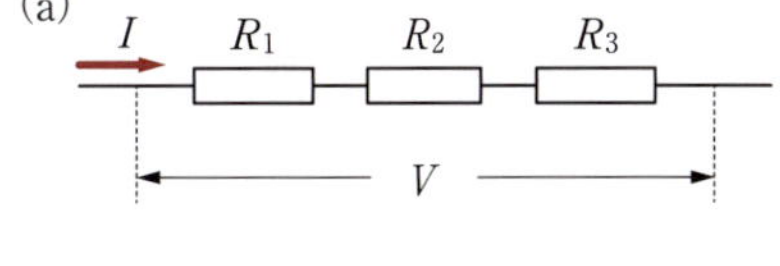

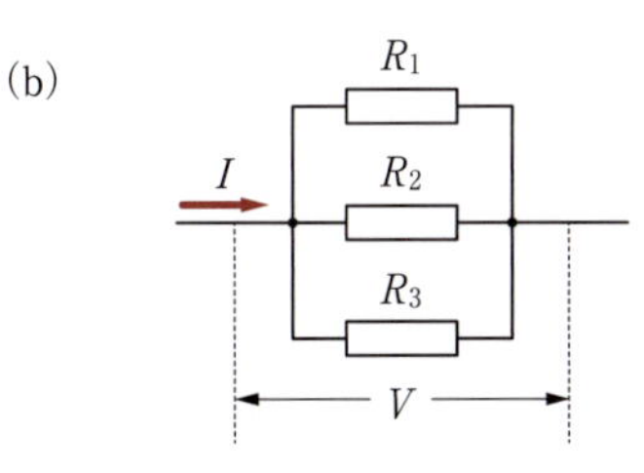

図 2.8 抵抗の直列接続と並列接続

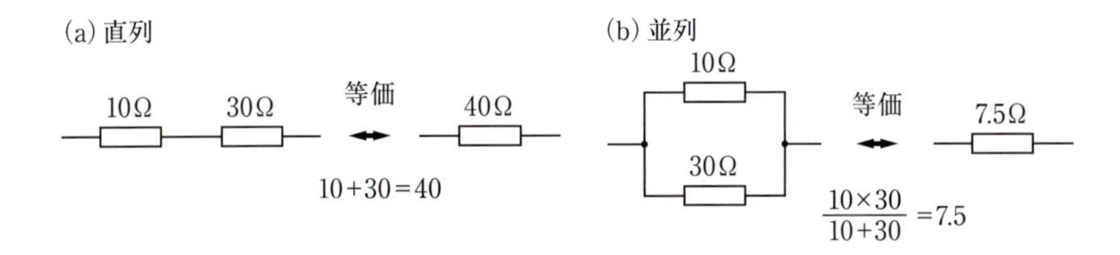

図 2.9 抵抗の直列接続と並列接続の例

例題 2.3　4 Ω の抵抗が多数ある．これらを組み合わせて 7 Ω の抵抗を作れ．

解法のポイント　電気抵抗の直列，並列接続を活用して，合成抵抗が 7 Ω となるように工夫する．答えは無数にある．

解　図 2.10 に 2 つほど例を示す．
(a) は中央の 2 つの並列接続の抵抗が 2 Ω，右の 4 つの並列接続の抵抗が 1 Ω である．全体が直列に接続されているので，4 + 2 + 1 = 7 Ω となる．
(b) ではまず，上部の 3 つの抵抗を見てもらいたい．これら全体で 6 Ω となる．それをもう 1 組作って並列にしたので 3 Ω となる．それに抵抗を 1 つ直列につないだので全体が 7 Ω となる．

上の例では 7 つの抵抗を用いたが，より少ない数の抵抗でも 7 Ω を作ることができる．これについては類題 2.3 で考えてもらいたい．また逆に，多数の抵抗を使うとどのようなものが考えられるか練習のため検討してもらいたい．

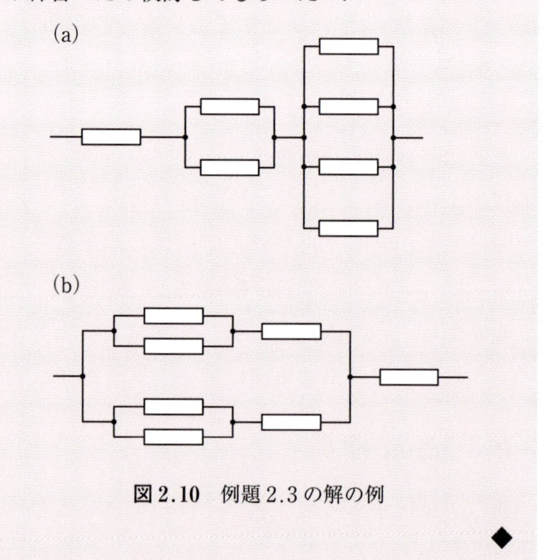

図 2.10　例題 2.3 の解の例

◆

類題 2.3　4 Ω の抵抗が 5 個ある．これらを組み合わせて 7 Ω の抵抗を作れ．

2.2.4　回路と電位

回路を分析する技法はいろいろあるが，1 つだけ簡単な原則を紹介しておこう．回路上で 2 つの点が等電位であったときは，そこを接続しても何も変化しないということである．図 2.11 に例を示す．

単純に直列，並列の合成公式だけでは解決できない場合でも，この考え方が有効な場合がある．

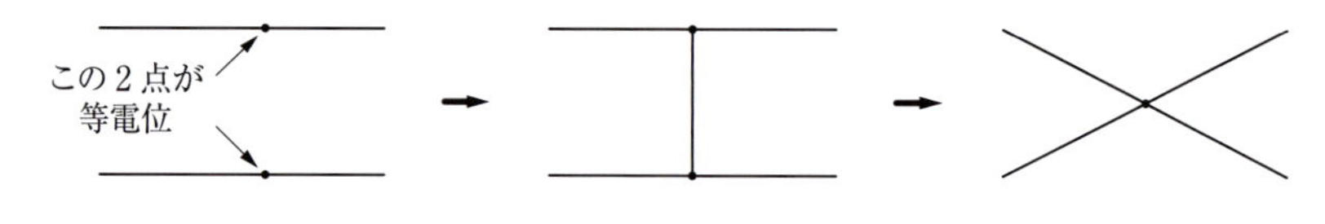

図 2.11　等電位を利用した変形

例題 2.4　図 2.12 (a)，(b) の左に示す回路の点 A と点 B の間の合成抵抗を求めよ．

解法のポイント　上記の手法で回路を変形して，考えやすくする実例である．

解　(a) では点 A と A′，点 B と B′ が等電位なので，変形すると実は単純な並列接続であることがわかる．

$$\frac{1}{R} = \frac{1}{R_1} + \frac{1}{R_2} + \frac{1}{R_3} \quad \rightarrow$$

$$R = \frac{R_1R_2R_3}{R_1R_2 + R_1R_3 + R_2R_3}$$

(b) では点 P と Q が等電位であり，間をつないでいる導線を流れる電流がゼロなので，その導線を除去してもよいことを示している．

$$R = \frac{1}{2}(R + R')$$

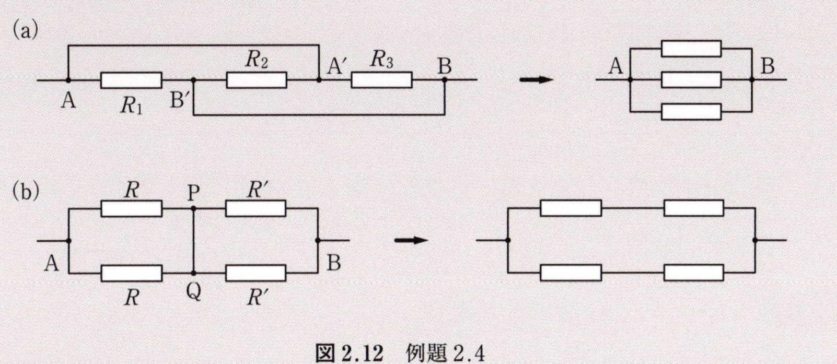

図 2.12　例題 2.4 ◆

2.2.5 キルヒホッフの法則

今までの事例でわかるように，回路では，電流は増えたり消滅することはなく，電位が上昇したり下降したりする．回路を扱う際の基本は，次の**キルヒホッフの法則**である．この 2 つの法則を駆使することにより，各種の回路が分析できる．

(1) 電流の保存

回路の任意の点において，流入する電流の和は流出する電流の和に等しい（例：図 2.13 (a)）．

(2) 電位の一意性

回路の任意の 2 点について，その間の電位の差は経路によらず一定である（例：図 2.13 (b)）．この 2 点を同一の点にとった場合について述べると，「任意の閉じた経路に沿って，各部分の電圧降下や起電力を合計すればゼロとなる」と表現できる．電圧降下については，既に説明してあるが，再度確認しておく．点 A から点 B に向かって電流 I が流れその間に抵抗 R があるとき，点 A から点 B に向かっての電圧降下は RI である[†10]．

†10　回路の回り方によっては，点 B から点 A に向かっての電圧降下を計算することになるが，このときは電流（$-I$）が流れていると考え，電圧降下は（$-RI$）であるとする．

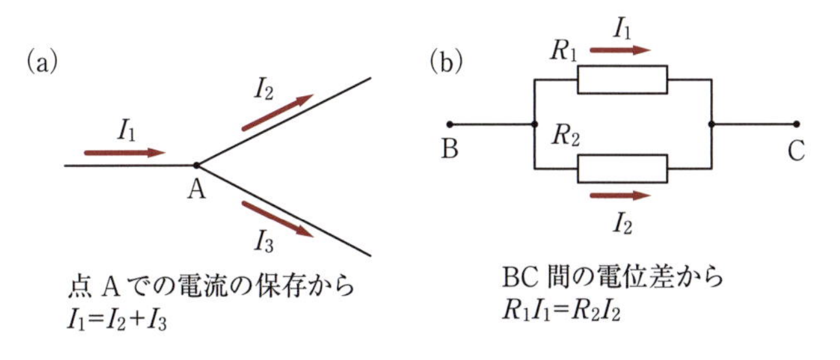

図 2.13　キルヒホッフの法則の例

例題 2.5 図 2.14 で各抵抗を流れる電流を求めよ．

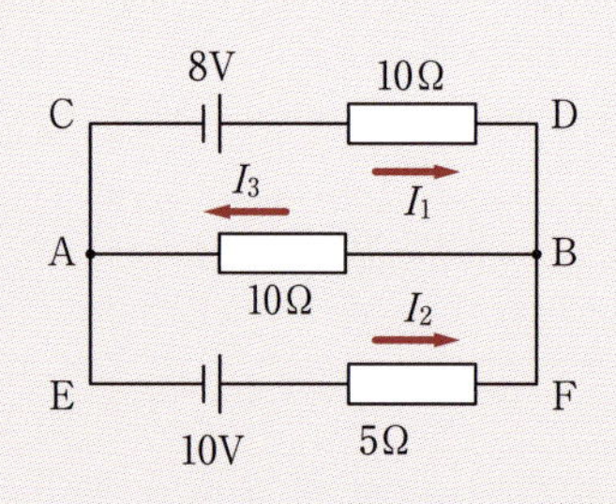

図 2.14　例題 2.5

解法のポイント キルヒホッフの法則を活用する．

解 まず，点 A でキルヒホッフの第 1 法則を活用することにより

$$I_1 + I_2 = I_3$$

を得る．次に，点 A と点 B の間の電位差をそれぞれの経路について求め，キルヒホッフの第 2 法則から，それらが等しいとおく．

$$\mathcal{V}_B - \mathcal{V}_A = \underset{A\to B}{10I_3} = \underset{A\to C\to D\to B}{8 - 10I_1}$$
$$= \underset{A\to E\to F\to B}{10 - 5I_2}$$

後は，これらの式を連立方程式として解いてやればよい．結果は以下である．

$$I_1 = 0.1\text{A},\quad I_2 = 0.6\text{A},\quad I_3 = 0.7\text{A}$$

◆

2.2.6 回路の一般的解法

キルヒホッフの法則を使えば，任意の抵抗を組み合わせた回路を解くことができる．方針は以下の通りである．

ステップ 1

回路にループ（環状に閉じた部分）がなければ，電流の保存（第 1 法則）だけですべての電流が計算できる．今，独立なループの数を L とする．回路をいくつかの線が結合されたグラフと見なすと，その独立なループの数は，

$$L = r - v - e + 1 \tag{2.27}$$

である．ここで，r は辺の数，v は頂点の数，e は外端の数である．頂点とは 3 つ以上の導線が結合した箇所，外端は 1 つの導線が接続している点，辺は頂点あるいは外端を接続している要素で途中に抵抗などの素子が含まれていてもよい．（次ページの具体例を参照．）

ステップ 2

独立なループから，それに属する電流（代表電流）を 1 つずつ選び $I_1, I_2, \cdots, I_L$ とする．キルヒホッフの第 1 法則を利用して，残りの電流を外部からの電流とこれらの電流で表す．

ステップ 3

それぞれのループに対して，キルヒホッフの第 2 法則（電位の一意性）からループを 1 周したときの電圧降下がゼロという式を書く．

ステップ 4

ステップ 3 で得られた L 個の式を L 元連立方程式として解くことにより，$I_1, I_2, \cdots, I_L$ が決まる．

ステップ 5

ステップ 4 で求めた電流から，ステップ 2 の式を使い，残りの電流をすべて決定する．さらにオームの法則から電位差が決まる．これで，回路の各部分の電流や電圧がすべて決定される．

上に示した方針で，図 2.15 のブリッジ回路を解いてみる．

ステップ 1

以下をループとして選ぶ．

ループ 1：A → B → C → A

ループ 2：D → B → C → D

3 種類のループがあるが，2 つが独立であることはすぐわかる．3 番目のループ A → B → D → C → A はループ 1,2 から合成できる．なお，一般的な（2.27）に当てはめ，$L = 7 - 4 - 2 + 1$ から独立なループは 2 個と確認できる[†11]．

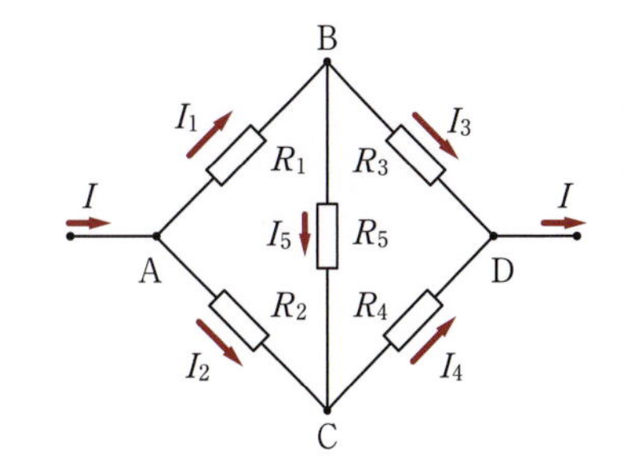

図 2.15　ブリッジ回路

†11　この式は（2.27）から L を計算している．7 は辺（図 2.15）の数（r），4 は頂点（図 2.15 の点 A，B，C，D）の数（v），2 は外端（図 2.15 の左右の端の黒丸）の数（e）である．

ステップ 2

独立な電流として，ループ 1 から I_1，ループ 2 から I_3 を選ぶ．すると，それ以外の電流はキルヒホッフの第 1 法則から次のように決まる．

$$\left.\begin{aligned} I_2 &= I - I_1 \quad [\mathrm{A}] \\ I_4 &= I - I_3 \quad [\mathrm{A}] \\ I_5 &= I_1 - I_3 \quad [\mathrm{A}] \end{aligned}\right\} \tag{2.28}$$

ステップ 3

キルヒホッフの第 2 法則から以下を得る．

$$\left.\begin{aligned} &\text{ループ 1} \quad I_1R_1 + (I_1 - I_3)R_5 + \{-(I - I_1)\}R_2 = 0\,[\mathrm{V}] \\ &\text{ループ 2} \quad (-I_3)R_3 + (I_1 - I_3)R_5 + (I_1 - I_3)R_4 = 0\,[\mathrm{V}] \end{aligned}\right\} \tag{2.29}$$

ステップ 4

この連立方程式を解くことにより，I_1, I_3 が決まる．

$$\left.\begin{aligned} I_1 &= \frac{R_2(R_3 + R_4) + (R_2 + R_4)R_5}{(R_1 + R_2)(R_3 + R_4) + (R_1 + R_2 + R_3 + R_4)R_5} I \quad [\mathrm{A}] \\ I_3 &= \frac{R_4(R_1 + R_2) + (R_2 + R_4)R_5}{(R_1 + R_2)(R_3 + R_4) + (R_1 + R_2 + R_3 + R_4)R_5} I \quad [\mathrm{A}] \end{aligned}\right\} \tag{2.30}$$

ステップ 5

（2.28）から他の電流の式も得られる．特に，

$$I_5 = I_1 - I_3 = \frac{R_2R_3 - R_1R_4}{(R_1 + R_2)(R_3 + R_4) + (R_1 + R_2 + R_3 + R_4)R_5} I \quad [\mathrm{A}] \tag{2.31}$$

となる．ブリッジ回路では $R_2R_3 = R_1R_4$ が成り立つと $I_5 = 0$ となるという，よく知られた結果もこれから得られる．

ブリッジ回路を応用して，未知の抵抗の抵抗値を求める方法がある．

未知抵抗を R_4 とし，R_5 の代わりに検流計を置き，R_1, R_2 を既知の値の抵抗，R_3 を可変抵抗として，検流計を流れる電流がゼロとなるように R_3 を調整すれば，関係式 $R_2R_3 = R_1R_4$ から R_4 の値が求められる．

●まとめ●

1. 電力の式は $P = VI$，オームの法則は $V = RI$ である．
2. 回路はモデルとして回路図で表される．素子を表す図記号が用いられる．
3. 電源は起電力 $\mathcal{E}$ をもち，その値だけ電位を高くすることができる．
4. 電気抵抗の合成の法則を学んだ．直列合成は和で，並列合成は逆数の和となる．
5. 回路では電流は保存され，電位が上下する．キルヒホッフの第1法則は電流の保存を記述し，第2法則は電位の一意性を表す．

章末問題

2.1　断面が円で直径が a，長さが l の銅線 A がある．また，断面が正方形で辺の長さが a の銅線 B がある．銅線 A と銅線 B の電気抵抗が等しいとすると，銅線 B の長さはいくらか．⇨ **2.1 節**

2.2　日本のように家庭での電源電圧が 100 V の地域で使っている電気器具を，海外の 200 V の地域に持って行って使用するのはよくないといわれている．その理由を，(2.22) を使って説明せよ．⇨ **2.1 節**

2.3　ある豆電球について，その両端の電位差 V とそれを流れる電流 I の関係を測定したところ，以下の表のような結果が得られた．以下の問に答えよ．⇨ **2.1 節**

I [A]	0.10	0.20	0.30	0.40	0.50	0.60	0.70
V [V]	0.07	0.16	0.30	0.60	1.20	2.10	2.90

なお，Excel のような表計算ソフトを使うと，本問のような問では数値の処理やグラフ作成が容易なので利用することを勧める．

(1) この電球の電位差と電流の関係，電位差と抵抗の関係をグラフで表せ．

(2) この電球を用いて図 2.16 の回路を構成した．図 2.16 の回路で $\mathcal{E} = 0.6$ V，$R = 1.0\,\Omega$ とする．このとき，電球を流れる電流を，(1) で作った電位差と電流の関係のグラフを活用して求めよ．

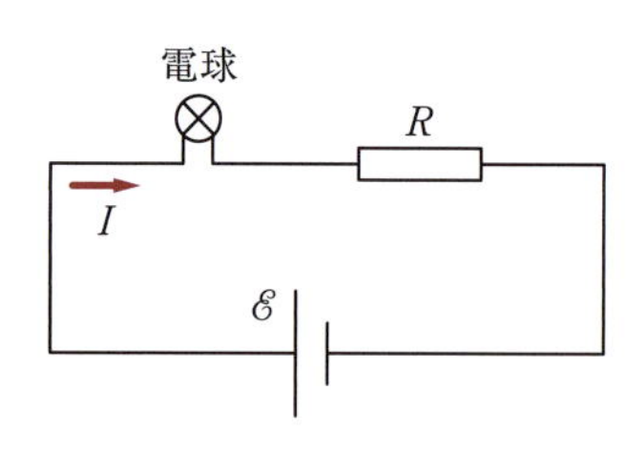

図 2.16　問 2.3

2.4　抵抗の合成の法則の (2.24)，(2.25) を，キルヒホッフの法則を活用して証明せよ．⇨ **2.2 節**

2.5　図 2.17 ですべての抵抗の電気抵抗は 60 Ω である．電流 I を求めよ．⇨ **2.2 節**

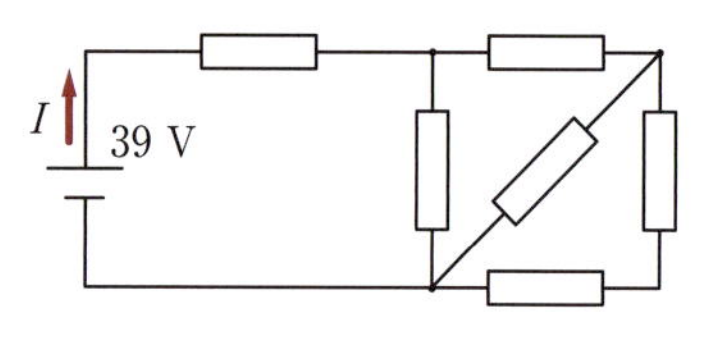

図 2.17　問 2.5

2.6　図 2.18 の点 A と点 B の間の合成抵抗を求めよ．各抵抗の電気抵抗は R あるいは r で，回路図中に示している．⇨ **2.2 節**

［ヒント］ 例題 2.4 の箇所で説明した，等電位点を調

べて接続する技法が使える.

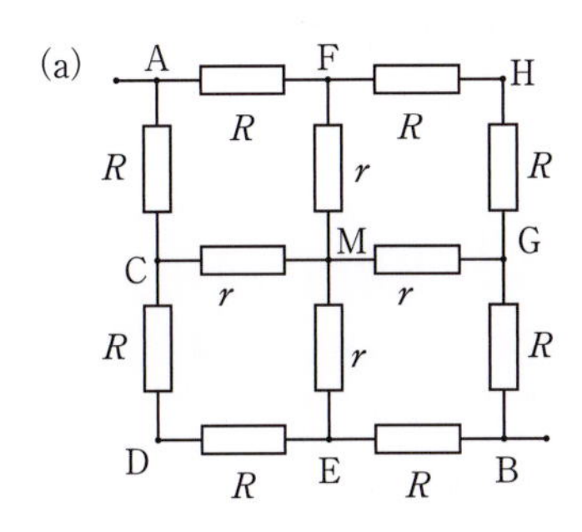

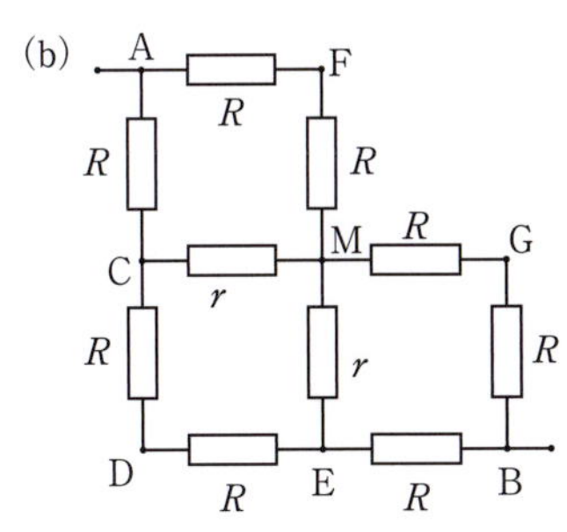

図 2.18　問 2.6

(1) 8 つの R の抵抗と 4 つの r の抵抗の組み合わせ（点 A から電流を流したとき，点 C，点 D，点 E と等電位の点を考えよ.）

(2) 8 つの R の抵抗と 2 つの r の抵抗の組み合わせ（点 A から電流を流したとき，点 D と等電位の点を考えよ.）

2.7　図 2.15 のブリッジ回路について，本文での説明とは異なる代表電流を選び，同じ結果が得られることを確かめよ. **⇨ 2.2 節**

2.8　図 2.19 の (a) と (b) の同等性の条件を調べる. これは Δ-Y（デルタ・ワイ）変換とよばれる. この 3 端子回路には，3 つの電流 I_A, I_B, I_C と 3 つの電位差 V_{AB}, V_{AC}, V_{BC} があるが，I_A と V_{BC} は他の量から計算できる（$I_A = I_B + I_C$，$V_{BC} = V_{AC} - V_{AB}$）ので，残りの 4 つの量についてこの (a) と (b) が同等になる条件を考える. **⇨ 2.2 節**

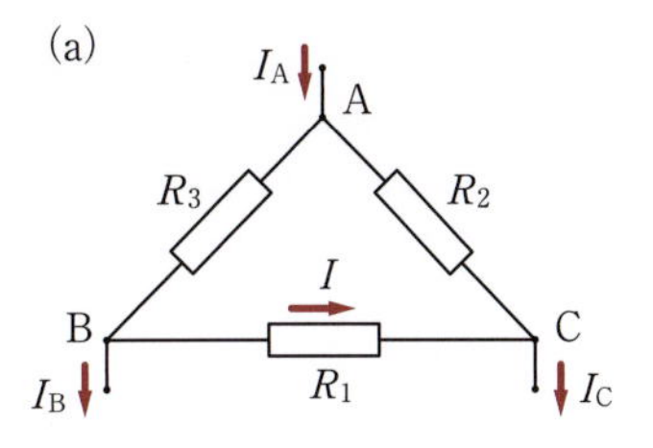

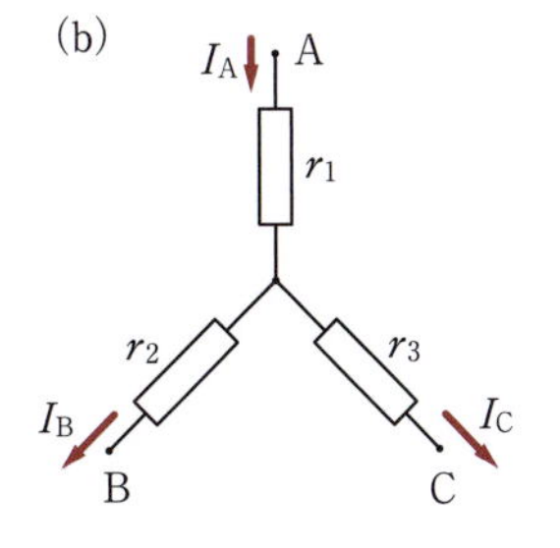

図 2.19　問 2.8

(1) 図 2.19(a) の点 B から点 C に流れる電流 I を，I_B, I_C, R_1, R_2, R_3 で表せ. 三角形 ABC を 1 周すると，電圧降下の合計はゼロとなるというキルヒホッフの第 2 法則を使えばよい.

(2) 図 2.19(a) で電位差 V_{AB}, V_{AC} を，I_B, I_C, R_1, R_2, R_3 で表せ.

(3) 図 2.19(b) で電位差 V_{AB}, V_{AC} を，I_B, I_C, r_1, r_2, r_3 で表せ.

(4) 上の問 (2) と (3) の結果を比較し，2 つの回路が同等であるとした場合，r_1, r_2, r_3 を R_1, R_2, R_3 で表せ.

原子とニュートリノ

原子が原子核と電子から構成されていることは，本文にもある通りで，ご存知であると思う．原子自体の大きさは大体 10^{-10} m（1 Å）である．その構成要素の大きさはどのようにイメージされているだろうか．原子をおにぎりとすると，中心の梅干が原子核，といったように思ってはいないだろうか．例えば，原子核を10円玉としよう．このとき，電子は10円玉からどの程度離れた位置にあるだろうか，答えていただきたい．

答えは，約1 km先である．そんな位置にある電子が，どうやって原子につなぎとめられているかというと，両者の間に電気的な力がはたらいて引き合っているからなのである．このように電気力は強力なものである．そして，原子核と電子の間には何もない．文字通り，原子は「スカスカ」なのである．我々の体も壁も地球も原子の集団であるが，スカスカだからといって体が壁を通り抜けたり，地球にめりこんだりはしない．それは，それぞれの構成要素が電荷をもっていて，お互いに電気的な力でがっしりと組み合わされているからである．

2015年のノーベル物理学賞を覚えているだろうか．梶田，マクドナルド両博士がニュートリノ振動の発見で受賞している．そのとき，素粒子ニュートリノについての説明で，ニュートリノは地球も容易に通り抜けると聞いて，ニュートリノは危なくないのかと疑問をもった方が結構いたそうである．

「通り抜ける」という言葉を，銃弾が壁を貫通したり，銛が魚を貫いたりという意味で考えると確かに危険に思える．こう考えてもらいたい．人ごみの中をある人が通り抜けたいとする．そのとき2つやり方がある．1つは，乱暴に人をつきとばして通り抜けるものであり，もう1つは，人を避けて隙間をスイスイと通り抜けていくやり方である．ニュートリノが物質を通り抜けるのは，この後者のやり方である．

なぜ，それができるかというと，ニュートリノの基本的な特徴は，それが電荷をもたない素粒子であるということである．ニュートリノは電気力を感じないので，ニュートリノにとって物質はスカスカである．だから，地球でも容易に通り抜けてしまうと表現されるのである．実際，体の大きさにもよるが，1秒当り大体10兆個くらいのニュートリノが我々の体を通り抜けている．でも，上に説明したように，何も危ないことはないので，安心してもらいたい．

第3章
電流と静磁場

学習目標

- 電流の作る磁束密度が電流の周りにできる渦であることを学ぶ．磁束線とそれが構成する磁束について学び，電場のときと対応させながら，磁場のガウスの法則を理解する．
- 磁束密度が電荷に及ぼす力を学び，次に磁束密度が電流に及ぼす力，電流間の力を理解する．
- 電流がどのように磁束密度を作るかを記述する法則，ビオ - サバールの法則とアンペールの法則を学ぶ．そして直線電流だけでなく，円形電流やソレノイドの作る磁束密度について知る．
- 電場と磁束密度が両方ある場合の電荷の運動を学ぶ．
- 物質を磁気的な性質から分類し，それぞれの場合の特性について学ぶ．
- コイルとその自己インダクタンスについて学ぶ．

キーワード

磁束密度（$\boldsymbol{B}$ [T]），磁束（Φ [Wb]），電流（I [A]），磁気定数（μ_0 [H/m]），磁場（$\boldsymbol{H}$ [A/m]），電場（$\boldsymbol{E}$ [V/m]），磁荷（q_{m} [Wb]），磁気クーロン力の比例定数（k_{m} [N・m^2/Wb^2]），磁化（$\boldsymbol{M}$ [A/m]），透磁率（μ [H/m]），比透磁率（μ_{r}，無次元量），磁化率（χ_{m}，無次元量），磁気モーメント（$\boldsymbol{m}$ [A・m^2]），自己インダクタンス（L [H]），電荷（q [C]），力（$\boldsymbol{F}$ [N]），数密度（n [1/m^3]），巻き数（N，無次元量），単位長さ当り巻き数（n [m^{-1}]），右ねじルール，常磁性体，反磁性体，強磁性体

3.1 電流の作る磁場

3.1.1 電流と磁束密度

電流は磁気的な力を生み出す．このことは，導線を巻いてコイルとし，それに電池をつなぐと，電磁石として磁石と同じように鉄などを吸いつけるという理科の実験で経験しているであろう．電流として一番単純なのは直線電流である．十分に長い直線電流の周りに，その磁気作用がどう広がっているか調べてみよう．磁気的な力を調べるには，磁針（方位磁石）を使うことができる．直線電流の周りで磁針の向きを調べると，図3.1のようになることがわかった．図3.1では電流は紙面に垂直に裏から表向きに流れている．

図から，直線電流の周りには渦を描くように磁気的な力の作用が生じていることがわかる．この磁気的な力の場を**磁束密度**とよび，$\boldsymbol{B}$ で表す．磁束密度はベクトル量である．磁束密度の単位は T（テスラ）である[†1]．

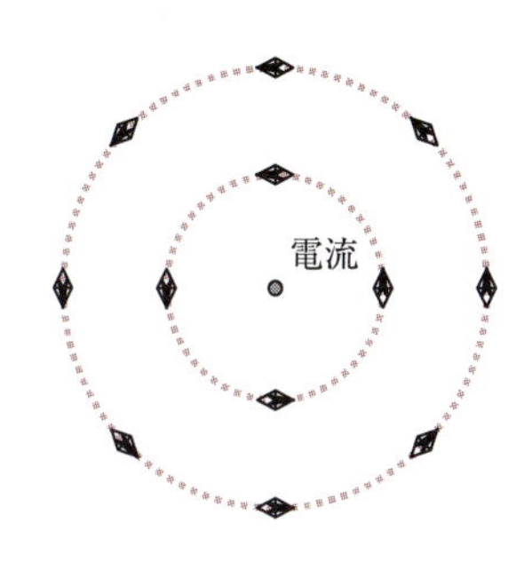

図3.1　直線電流と磁針．電流は紙面の裏から表向きに流れている．

†1　以前は，Wb/m^2（ウェーバ毎平方メートル）であった．いまだ，この単位で表記されている資料もあるので注意されたい．

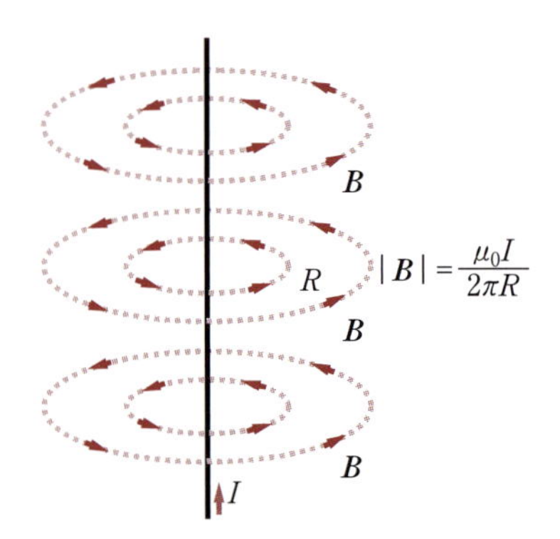

図 3.2　直線電流の周りの磁束密度

また，SI ではないが，G（ガウス）という単位もあり，$1\mathrm{T}=10^4\,\mathrm{G}$ である．地磁気を表すには γ（ガンマ）という単位が使われる場合もあり，$1\mathrm{T}=10^9\,\gamma$ である．

図 3.1 は電流方向から見ているが，同じ直線電流を横のほうから少し斜めに見たのが図 3.2 で，ここではこの磁束密度ベクトルを矢印の分布で表している．

電場ベクトルを流れのように見なして電気力線という概念を定義したように，この磁束密度ベクトルの流れを**磁束線**とよぶ．

3.1.2　直線電流の周りの磁束密度

電流により磁束密度 $\boldsymbol{B}$ が生み出される．以下での具体的な議論を展開するため，最も単純な電流である直線電流の場合の磁束密度を与えておく．ここで与える式は，「無限に長い」直線電流に対してのものである．実際には電流は有限の長さであるが，端の影響のほとんどない位置でのものと了解してもらいたい．磁束密度の向きと強さは，磁針の動きや，以下で説明する力から測定することができる．直線電流のときの磁束密度ベクトルの向きは図 3.1，図 3.2 に示されている．磁束密度の大きさを測定すると，電流からの距離に逆比例することがわかった．そして，磁束密度の源である電流の強さ I に磁束密度の大きさは比例する．

比例乗数を明示して書くと，図 3.2 にあるように，R を電流から磁束密度をはかった位置までの距離として

$$\text{直線電流 } I \text{ の作る磁束密度} = \boldsymbol{B} = \begin{cases} \text{大きさ} \quad \dfrac{\mu_0 I}{2\pi R} \ [\mathrm{T}] \\ \text{向き} \quad \text{電流の周りに渦状,} \\ \qquad\quad \text{右ねじの向き} \end{cases} \tag{3.1}$$

となる．この大きさの式は，本来は，電場のときのように単純に比例定数 K を導入して $B=K(I/R)$ とでも表記すべきものだが，電場のときに結局 $k=1/4\pi\varepsilon_0$ とおきかえた手順と類似のことを，あらかじめ行った結果であると理解してもらいたい．この式にある μ_0 を**磁気定数**（**真空の透磁率**）とよぶ．値は

$$\mu_0 = 4\pi\times10^{-7}\,\mathrm{H/m} \tag{3.2}$$

である[†2]．この式は真空中（空気中でもほぼ同じ）のもので，物質中では 3.6 節で示すように別の μ の値となる．

†2　まだ，T（テスラ）の単位の定義をしていなかったが，直線電流の作る磁束密度が (3.1) の大きさになるように，T が定められていると考えてもよい．また，H（ヘンリー）という単位はこの章の最後の辺りで出てくる．

例題 3.1　地磁気の強さを 4.6×10^{-5} T とし，水平方向と仮定する．点 P に磁針（方位磁石）を置き，この磁針が全く磁気を感じなくなるように，鉛直上向きで 5.0 A の直線電流 I を点 A に置く．AP の距離と点 P に対する点 A の方向を答えよ．

解法のポイント　直線電流の周りの磁束密度は，右ねじのルールに従い分布している．地球では北

極がS極で南極がN極なので，地磁気の磁束密度は北向きである．電流の作る磁束密度は南向きとし，大きさを同じにすれば，この地磁気を打ち消すことができる．

解　APの距離をRとして，電流の作る磁束密度の強さを地磁気と同じとすると，(3.2) も使って

$$\frac{\mu_0 I}{2\pi R} = 2 \times 10^{-7}\frac{I}{R} = 4.6 \times 10^{-5} \quad \rightarrow$$

$$R = \frac{2 \times 10^{-7} \times 5.0}{4.6 \times 10^{-5}} = 2.2 \times 10^{-2}\ \mathrm{m}$$

となる．この距離は2 cmくらいで磁針のサイズと同じ程度である．だから，よほど強い電流に近接させない限り，磁針が電流で狂うことはない．

向きは図3.3に示すように，磁針の東側に置く．

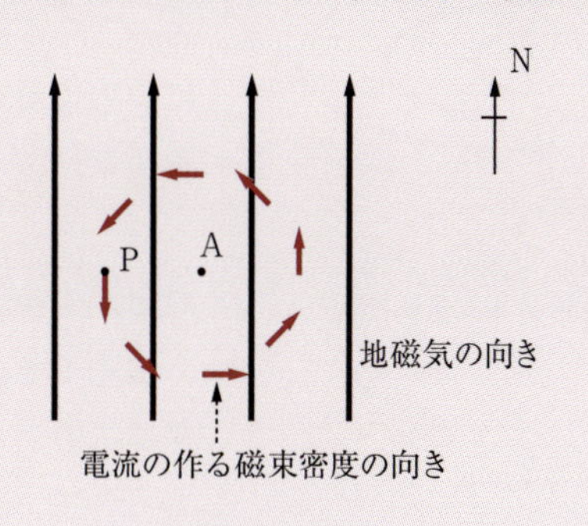

図3.3　例題3.1

◆

類題3.1　図3.4に示すように，間隔が20 cmの平行な電流が2つあり，5.0 mAと8.0 mAの電流が同じ向きに流れている．電流と同一の平面上にある点A, C, Dは，上の電流からそれぞれ5 cm, 10 cm, 15 cm離れている．各点での磁束密度の大きさと向きを答えよ．

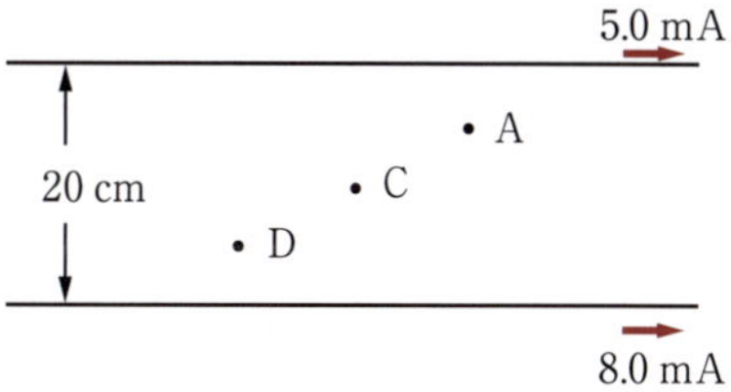

図3.4　類題3.1

3.1.3　一般の場合の電流と磁束密度

直線電流ではない一般的な電流の場合について調べると，このときも図3.5のように，磁束密度は電流の周りに渦を巻くように分布していることがわかった．各種の現象を詳しく調べた結果わかった磁束密度（磁束線）の性質をまとめる．

（1）　磁束密度は，電流の周りに渦のように分布している．

（2）　その向きは**右ねじルール**に従う．右ねじは図3.6を見よ．電流の進む向きに右ねじを回すと，その方向が磁束密度ベクトルの向きとなる．

（3）　磁束密度の源は電流であり，電流の大きさを変化させれば，その強さは電流に比例して変化する．

（4）　磁束線は輪になっており端点がない．これは，電気力線が電荷から出たり吸い込まれたりしていることと対照的な性質である．

（5）　複数の電流が作る磁束密度は，ベクトルとして重ね合わされる（電場の（1.23）と同様）．

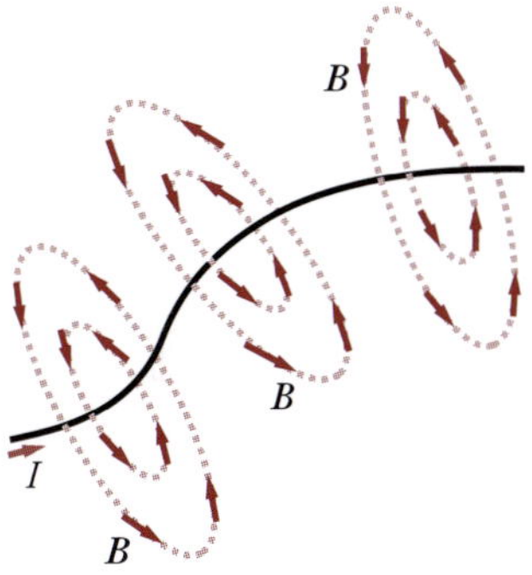

図3.5　電流の周りの磁束密度

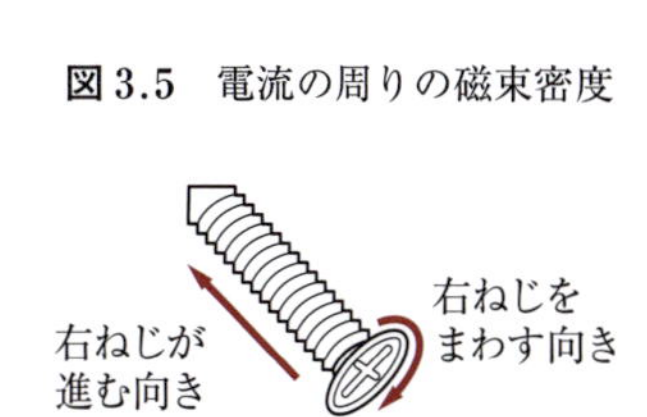

図3.6　右ねじ

3.1.4　磁場に対するガウスの法則

1.3節で，電場に対して基本的な法則であるガウスの法則を導いた．磁束密度についても同様の法則を立てることができる．磁束線には端点がないという性質から，電場の場合よりも単純に記述できる．図3.7の

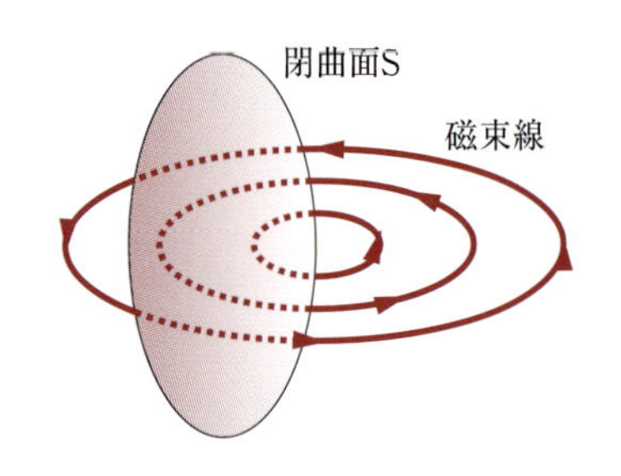

図 3.7　磁場のガウスの法則

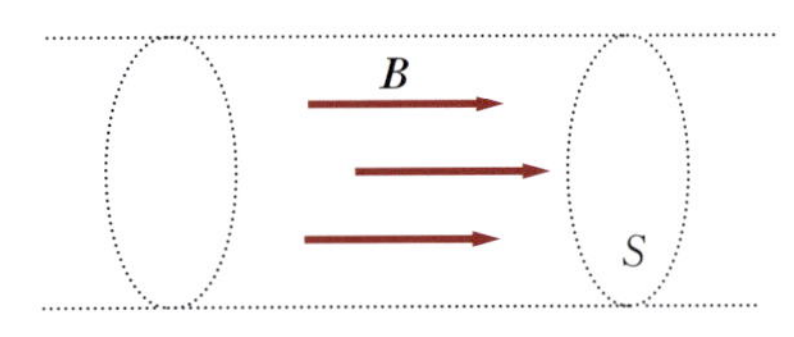

このパイプを通り抜ける
磁束線の量$=BS\,(B=|\boldsymbol{B}|)$

図 3.8　磁束の素朴な定義

ように，磁束線の分布と閉曲面Sを考える．磁束線の性質から，磁束線は閉曲面Sに入ったら必ず面Sの他の点から出ていく．つまり，入ってくる磁束線と出ていく磁束線は等量である．第1章では電気力線についてその量を図1.17で導入したが，同じように，磁束線の量である磁束 Φ を定義する．1.3節と同様，図3.8で面を通る磁束 Φ を

$$\text{磁束}\quad \Phi = BS \quad [\mathrm{Wb}] \tag{3.3}$$

と定義する．ここで，S は面の面積である．

磁束 Φ の単位は Wb（ウェーバ）である．**ガウスの法則**を考えるときは，中から外に出て行く磁束線を正，外から中に入る磁束線を負と考えるので，任意の電流分布，任意の閉曲面Sに関して，図3.7の例からもわかるように，

$$\begin{pmatrix}\text{閉曲面Sの表面を}\\\text{横切る磁束の総量}\end{pmatrix} = 0$$

が成立する．これが，磁場についてのガウスの法則の基本的な意味である．

1.3節で使った考え方を用いると，上の関係式をより正確な数式で表すことができる．(3.3) の磁束の定義を1.3節の場合と同様に一般化する．

ある面Sを通る磁束を定義する．ガウスの法則の場合は面Sは閉曲面だが，ここでは任意の曲面である．まず，磁束密度ベクトルの成分としては，面に対して垂直な成分に意味があるので，図3.9のように法線成分 B_n を使う．また，面に沿って磁束密度が一定でない場合は，面Sを多数の微小部分に分解する．図3.9のように1つの微小部分の面積を ΔS，そこでの磁束密度の法線成分を B_n とすると，その微小部分での磁束は $B_n\Delta S$ となる．これを面全体に合計したものが磁束となる．

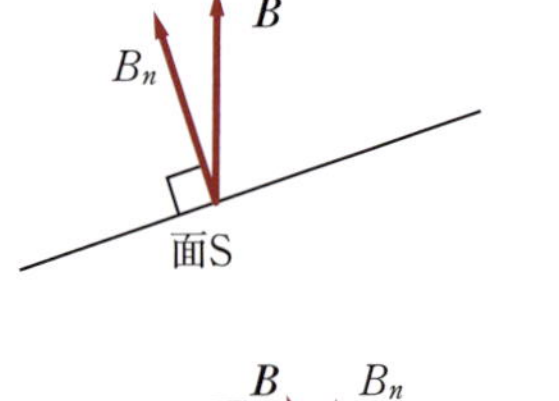

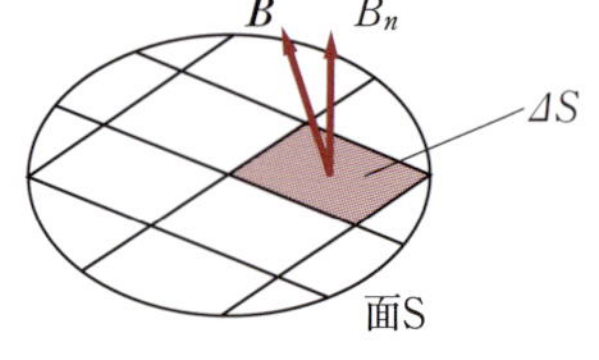

図 3.9　磁束の数学的表現

$$\Phi = \sum_{\mathrm{S}} B_n \Delta S \quad [\mathrm{Wb}] \tag{3.4}$$

この式を，積分で表すと

$$\Phi = \int_{\mathrm{S}} B_n\, dS \quad [\mathrm{Wb}] \tag{3.5}$$

となる．

すると，任意の電流分布および任意の閉曲面Sに関して次の関係式が成り立つ[†3]．

†3 「磁場のガウスの法則」とよぶが，磁気的な場についてのガウスの法則という意味である．

磁場のガウスの法則：和記号による表現

$$\sum_{\substack{\text{閉曲面S}\\\text{の表面}}} B_n \Delta S = 0 \tag{3.6}$$

左辺の和は，閉曲面Sをいくつかの部分に分けて計算した合計である．

磁場のガウスの法則：積分による表現

$$\int_{\mathrm{S}} B_n\, dS = 0 \tag{3.7}$$

左辺は，閉曲面Sについての面積分である．

3.2 荷電粒子と磁束密度

3.2.1 磁束密度が電荷に及ぼす力

電場のときには，荷電粒子 q に対して力 $\boldsymbol{F} = q\boldsymbol{E}$ がはたらくものとされた（(1.20)）．また，この式は $\boldsymbol{E} = \boldsymbol{F}/q$ からある位置の電場を測定することにも使えた．同じように磁束密度 $\boldsymbol{B}$ があるときに，荷電粒子にどのような力がはたらくか調べてみよう．これから示す図では，ベクトルを3次元的に表現する必要上，図3.10に示す記号を使うことに注意してもらいたい．

図3.10 紙面に垂直なベクトルの表現．「ベクトル＝矢」を先端と末尾から見たイメージ．

電場のときと異なる点は，まず，荷電粒子が静止していると磁束密度から力ははたらかないということである．荷電粒子の速度を $\boldsymbol{v}$ で表す．磁束密度が荷電粒子に及ぼす力は $\boldsymbol{v}$ と $\boldsymbol{B}$ の双方に依存する．3.1.2項で解説した，直線電流のときの磁束密度ベクトルの向きは図3.1，図3.2のようになっているので，電流からの距離を固定して荷電粒子にはたらく力を調べると，図3.11のようになっていることがわかった．

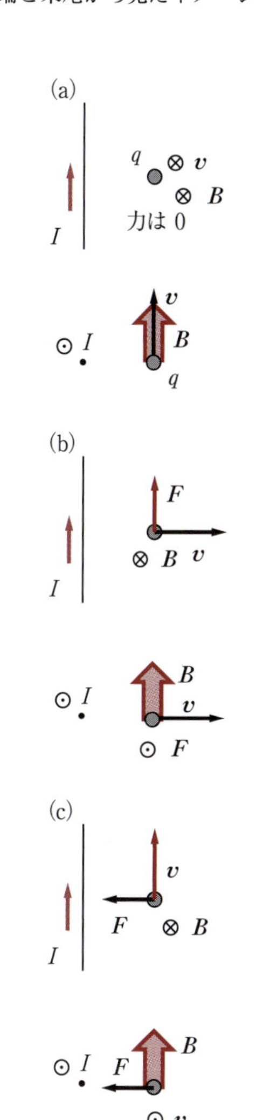

図3.11 直線電流と荷電粒子．いずれも上が電流を横から，下が電流を軸方向から見た図．

この結果を見ると，速度 $\boldsymbol{v}$ と磁束密度 $\boldsymbol{B}$ が同じ向きのときは力ははたらかず，力 $\boldsymbol{F}$ は速度 $\boldsymbol{v}$ と磁束密度 $\boldsymbol{B}$ の両方に垂直な向きであることがわかった．この結果を式で表現するために，ベクトルの外積を利用する．磁束密度が電荷に及ぼす力は

$$\boldsymbol{F} = q\boldsymbol{v} \times \boldsymbol{B} \quad [\mathrm{N}] \tag{3.8}$$

である．この力は**ローレンツ力**とよばれる．力の向きは外積で表現できたが，この式に比例係数が発生しないということは電場のときと同様に規約であり，逆に磁束密度の定義になっているともいえる．

ベクトルの外積

ベクトルの外積はベクトル積ともよばれる．ベクトルの内積が2つのベクトルから1つの数（スカラー）を与える演算であったのに対し，ベクトルの外積は2つのベクトルから第3のベクトルを与える演算である．2つのベクトルとそのなす角を以下のようにとる．

$$\boldsymbol{a} = (a_x, a_y, a_z), \qquad \boldsymbol{b} = (b_x, b_y, b_z), \qquad \theta = \boldsymbol{a}\text{と}\boldsymbol{b}\text{のなす角} \tag{3.9}$$

以下で定義されるのがベクトルの外積である[†4]．

$$\boldsymbol{a} \times \boldsymbol{b} = \begin{cases} \begin{pmatrix} \text{大きさ} \quad ab\sin\theta \quad (a = |\boldsymbol{a}|, b = |\boldsymbol{b}|) \\ \text{向き} \quad \boldsymbol{a}\text{から}\boldsymbol{b}\text{に右ネジを回した向き} \end{pmatrix} \cdots\text{図形的定義} \\ (a_y b_z - a_z b_y,\ a_z b_x - a_x b_z,\ a_x b_y - a_y b_x) \quad \cdots\text{成分による定義} \end{cases} \tag{3.10}$$

†4 速度ベクトルと磁束密度ベクトルを用いて力のベクトルを表現するためには，この種の演算が必要である．

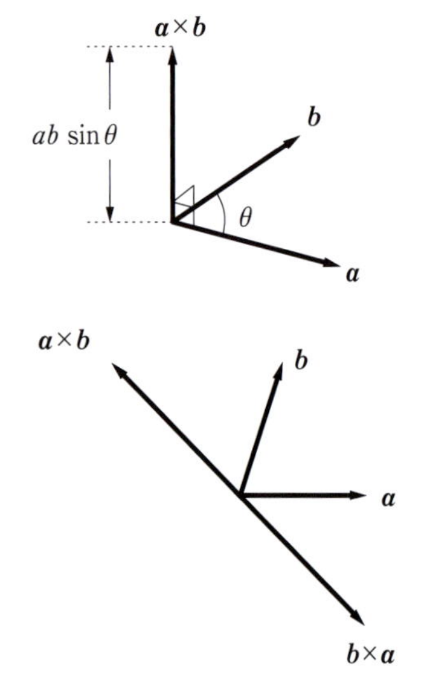

図 3.12　ベクトルの外積

図 3.12 には図形的定義を示している．右ねじの定義でわかるように，この積は交換法則が成り立たない．図の下に示すように，$\boldsymbol{a} \times \boldsymbol{b} = -\boldsymbol{b} \times \boldsymbol{a}$ となる．つまり，積の順序を入れかえると結果のベクトルは逆向きとなる．また，外積の大きさが $\sin\theta$ に比例することから，$\boldsymbol{a}$ と $\boldsymbol{b}$ が平行（反平行）の場合，外積は 0 となる．

外積の成分による定義が覚えられないと思うかもしれないが，これは覚えるのではなく，x, y, z が輪のようにつながっていると理解してもらいたい．次の図式のようになる．

$$\left(\begin{matrix} x\text{成分} \\ x \to y \to z \end{matrix}, \begin{matrix} y\text{成分} \\ y \to z \to x \end{matrix}, \begin{matrix} z\text{成分} \\ z \to x \to y \end{matrix} \right)$$

$$\Downarrow$$

$$(\quad {}_y \; {}_z \quad , \quad {}_z \; {}_x \quad , \quad {}_x \; {}_y \quad)$$

$$\Downarrow$$

$$(\quad {}_y \; {}_z - \; {}_z \; {}_y \; , \quad {}_z \; {}_x - \; {}_x \; {}_z, \quad {}_x \; {}_y - \; {}_y \; {}_x \;)$$

$$\Downarrow$$

$$(a_y b_z - a_z b_y \;, \; a_z b_x - a_x b_z, \; a_x b_y - a_y b_x)$$

例題 3.2　z 軸に沿って直線電流 I がある．原点を $\mathrm{O}(0, 0, 0)$ とする．点 $\mathrm{P}(x, y, 0)$ における磁束密度を $\boldsymbol{B}_{\mathrm{P}}$ とする．

(1)　$\boldsymbol{B}_{\mathrm{P}}$ を成分で表せ．

(2)　$\boldsymbol{B}_{\mathrm{P}}$ を $\boldsymbol{R} = \overrightarrow{\mathrm{OP}}$ と $\boldsymbol{n}$ を用いて表せ．ここで $\boldsymbol{n} = (0, 0, 1)$ は，電流の方向を向く単位ベクトルである．

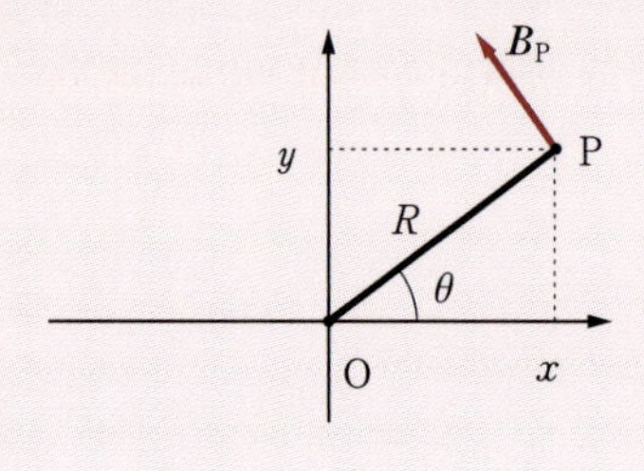

図 3.13　例題 3.2

解法のポイント　図 3.13 を見て考える．(2) は外積の概念を理解していれば容易である．

解　(1) 次の式となる．図 3.13 で，$\mathrm{OP} = R = \sqrt{x^2 + y^2}$，$\cos\theta = x/R$，$\sin\theta = y/R$ である．

$$\boldsymbol{B}_{\mathrm{P}} = \frac{\mu_0 I}{2\pi R}(-\sin\theta, \cos\theta, 0)$$

$$= \left(\frac{\mu_0 I(-y)}{2\pi R^2}, \frac{\mu_0 I x}{2\pi R^2}, 0 \right) \quad [\mathrm{T}] \qquad (3.11)$$

(2) $\boldsymbol{B}_{\mathrm{P}}$ の向きが z 軸つまり $\boldsymbol{n}$ に対しても，$\boldsymbol{R}$ に対しても垂直なことに気づけば，外積が使えることがわかる．

$$\boldsymbol{B}_{\mathrm{P}} = \frac{\mu_0 I}{2\pi R^2} \boldsymbol{n} \times \boldsymbol{R} \quad [\mathrm{T}] \qquad (3.12)$$

◆

類題 3.2　x 軸に沿って直線電流 I がある．点 $\mathrm{P}(x, y, z)$ における磁束密度を $\boldsymbol{B}_{\mathrm{P}}$ とする．$\boldsymbol{B}_{\mathrm{P}}$ を成分で表せ．

類題 3.3　空間に直線電流 I がある．（位置，方向は任意である．）点 P における磁束密度を $\boldsymbol{B}_{\mathrm{P}}$ とする．点 P から電流に下ろした垂線の足を点 H とする．また，$\boldsymbol{n}$ は，電流の方向を向く単位ベクトルである．$\boldsymbol{B}_{\mathrm{P}}$ を $\boldsymbol{R} = \overrightarrow{\mathrm{HP}}$ と $\boldsymbol{n}$ を用いて表せ．

3.2.2　磁束密度が電流に及ぼす力

2.1 節で議論したように電流は電荷の流れなので，電流も磁束密度から力を受ける．(2.5) によれば，電流の大きさは $I = enSv$ と表現される．ここで e は電子の電荷の大きさ，n は電子の密度，S は導線の断面積，v が電子の速度であった．実際の電子の電荷は負であり，その運動の方向は電流の方向とは逆なのであるが，簡単のため，図 3.14 のように，正の電荷 e が電流と同じ方向に流れているとして議論する．

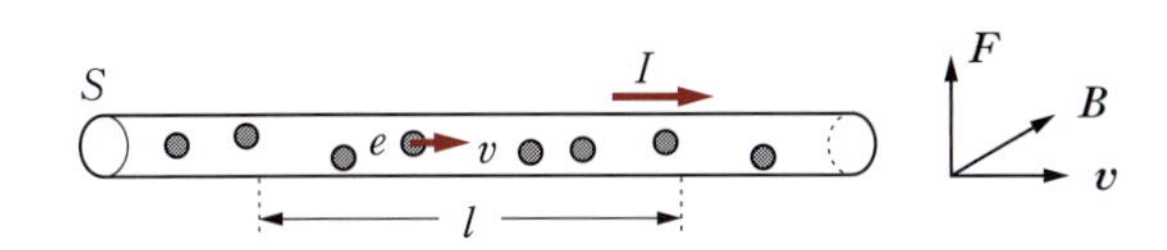

図 3.14　直線電流と電荷の流れ

電流の長さ l の部分には，電荷 e が $n\cdot(Sl)$ 個ある．この部分にはたらく力の大きさは，電荷の速度ベクトルがすべて $\boldsymbol{v}$ であるとすれば，(3.8) から

$$\boldsymbol{F} = (e\boldsymbol{v} \times \boldsymbol{B})nSl \quad [\mathrm{N}] \tag{3.13}$$

である．電流の大きさが $I = enSv$ であるので，長さ l の直線電流にはたらく力として，

$$\boldsymbol{F} = l\boldsymbol{I} \times \boldsymbol{B} \quad [\mathrm{N}] \tag{3.14}$$

を得る[†5]．ここで，$\boldsymbol{I}$ は電流 I の大きさをもち向きが電流の向きと同じベクトルである．この式では，上述の電子の符号の問題は関係なくなる．

†5　電荷と電場の場合と同様，このときの $\boldsymbol{B}$ はその電流自身が作る磁束密度は含まない．

また，図 3.15 に示すように，電流と磁束密度ベクトルのなす角度を θ として力の大きさを表すと，

$$F = lIB \sin\theta \quad [\mathrm{N}] \tag{3.15}$$

である．特に，電流と磁束密度の向きが直交しているときは $\sin\theta = 1$ なので $F = lIB$ である．

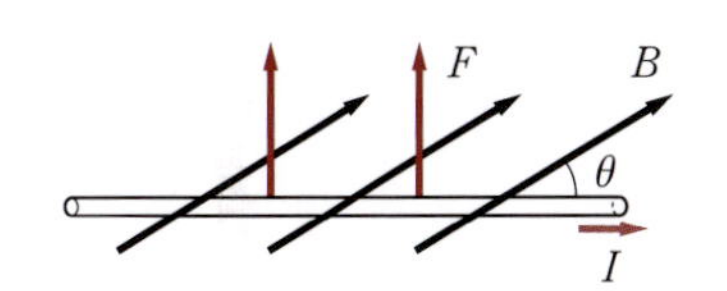

図 3.15　直線電流にはたらく磁場の力

3.2.3　電流の間にはたらく力

電流は磁束密度を作りだし，また電流は磁束密度から力を受ける．ということは，電流同士の間に力がはたらくことになる．では，平行な直線電流同士の場合を考えよう．図 3.16 のように，平行な電流 I_1, I_2 が距離 R だけ離れている．左の I_1 が磁場を生み出し，それによって右の I_2 が力を受けると考える．もちろん，両者は対等だから，逆に議論すれば，同じ力を I_1 が受けるはずである．I_1 が I_2 の位置に作る磁束密度の大きさは (3.1) より

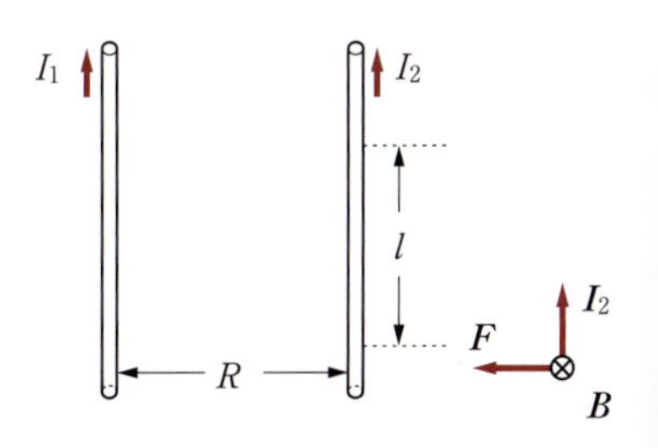

図 3.16　平行電流とその間の力

$$B = \frac{\mu_0 I_1}{2\pi R} \quad [\mathrm{T}] \tag{3.16}$$

である．電流の受ける力は（3.14）であり，磁束密度ベクトルと電流は垂直なので，電流 I_2 の長さ l の部分にはたらく力の大きさは

$$F = l\frac{\mu_0 I_1 I_2}{2\pi R} \quad [\mathrm{N}] \tag{3.17}$$

となる．

この力は，電流の単位長さ当りにはたらく力（の大きさ）として表記する場合も多く，

$$\frac{F}{l} = \frac{\mu_0 I_1 I_2}{2\pi R} = 2\times 10^{-7}\frac{I_1 I_2}{R} \quad [\mathrm{N/m}] \tag{3.18}$$

と表す．上の式では μ_0 の数値（(3.2)）を最後に代入した．

この（3.18）が，電流の単位 A（アンペア）を決める式になっている．表式通りに読めば，「2 つの等量の電流が平行で 1 m 離れているとき，1 A の電流とは，その間にはたらく力が 1 m 当り 2×10^{-7} N となる電流のことである」となるからである．

平行電流の間にはたらく力の向きは，電流が同じ向きなら引力，逆向きならば反発力となる．

3.2.4　モーター

電磁気力を利用して力学的仕事を発生させることは，応用として重要である．一般に，電気エネルギーを力学的エネルギーに変換する装置を**モーター**（電動機）とよぶ．モーターには直流モーターや交流モーター（単相，三相），あるいはリニアモーターなど各種のものがある．

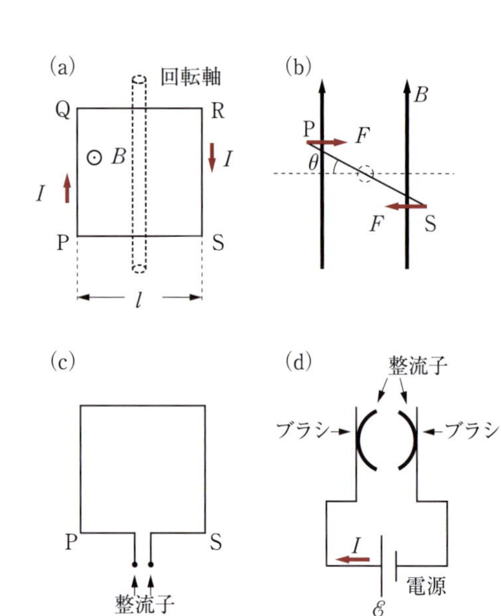

図 3.17　直流モーター

この節で説明した磁束密度が電流に及ぼす力を利用する事例として，以下で単純な直流モーターの原理を説明する．図 3.17(a) のように，1 辺の長さが l の正方形の導線 PQRS があり，そこを時計回りに電流 I が流れている．図で点線が回転軸を示している．一様な磁束密度 B が図 3.17(a) で紙面の裏から表を向く方向にあるとする．図 3.17(b) は同じものを回転軸の方向から見た図だが，この導線の正方形が，磁束密度に直交する面に対して角度 θ をなすと，導線の PQ と RS に対して図の向きに $F = lIB$ の力がはたらく．また，導線の QR と SP にはたらく力の向きは回転軸の方向で互いに相殺する．このため，この正方形の導線は回転軸の周りに時計回りに回転する[†6]．ただ，このままだと角度が $\theta = 90^\circ$ を超えたところで逆方向の回転となるように力がはたらく．このため少しだけ機械的な工夫をする．まず，導線の SP 部分は図 3.17(c) のように引き出し，その先端を整流子とする．図 3.17(d) は (b) と

†6　力学の言葉で表現すると $N = l^2 IB\sin\theta$ の力のモーメントがはたらく．

同様回転軸のほうから見ているが，少し拡大した図である．この図の2つある半円状のものが整流子であり，これがブラシとよばれる導体と接触しており，起電力 $\mathcal{E}$ の直流電源に接続されている．最初のうちは左のブラシから左の整流子を通してPに向かって電流が流れる．そして $\theta = 90°$ を超えると，今度は左のブラシに点Sにつながる整流子が接触し，Pにつながる整流子は右のブラシに接触するので，電流はSからRに向かう方向に流れる．つまり，この回路を上から見ていると，常に時計回りに電流が流れるので，一定の方向の回転が保たれるのである．

例題 3.3 図3.18のような，家庭で使用される電源ケーブルの導線の間にはたらく力の大きさと向きを推定せよ．

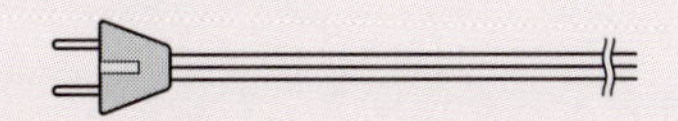

図3.18 例題3.3

解法のポイント ケーブルの導線は絶縁体で囲まれており，図3.18のようなケーブルは平行導線と考えることができる．まず，身の回りにあるケーブルを見て，物差しで導線の間の距離を測定しよう．また，本当は μ_0 は絶縁物の透磁率でおきかえなければいけないが，3.6節で見るように，鉄などの強磁性体以外の物質の透磁率はほぼ μ_0 に近いので，これを使う．

この力が大きければ，ケーブルが破損して危険であるが，計算結果の数値が小さいので，安心してケーブルを使っていただきたい．

解 導線の間の距離を2 mm，流れる電流を1 Aとする．ケーブル1 m当りにかかる力は

$$\frac{F}{l} = \frac{\mu_0 I_1 I_2}{2\pi R} = 2 \times 10^{-7}\frac{1.0 \times 1.0}{2.0 \times 10^{-3}}$$
$$= 1.0 \times 10^{-4}\,\mathrm{N/m}$$

である．電流は逆向きに流れているので，導線に対して外向き（反発力）である． ◆

3.3 ビオ－サバールの法則

3.3.1 ビオ－サバールの法則による磁束密度の決定

この節では，一般的な電流がある場合に磁束密度を求める方法である**ビオ－サバールの法則**について述べる．磁束密度を電流から求める方法としてはベクトルポテンシャルを使う手法があるが，定常電流と静磁場の場合はビオ－サバールの法則と同一であるので，本書では扱わない．もう1つの方法であるアンペールの法則は次の節で扱う．

この法則を使って，ある場所（点Pとする）の磁束密度 $\boldsymbol{B}$ を求めるとする．その考え方は，電流を多数の部分に分解し，各部分からの寄与を合計するというものである．この法則は，さまざまな形の電流が作る磁束密度を空間のいろいろな点で測定する一連の研究により見出された．計算する手順は次の通りである．

- 電流を多数の小さな部分（電流素片とよぶ）に分割する．
- それぞれの電流素片が点Pに作る磁束密度 $\varDelta\boldsymbol{B}$ を（3.19）に従い

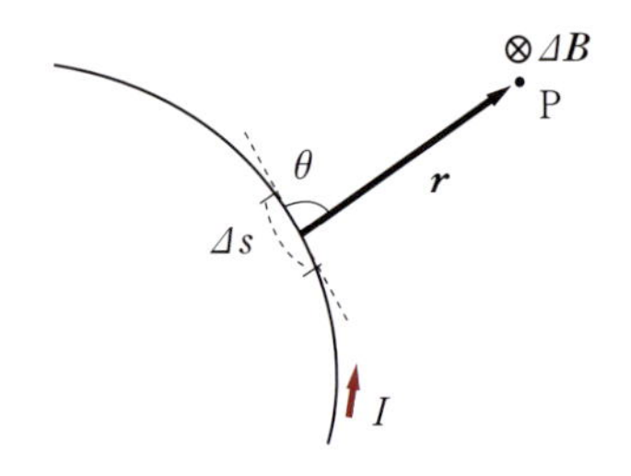

図 3.19 ビオ-サバールの法則. 電流素片の1つと，それが点Pに作る磁束密度.

計算する.

- それをすべて合計すると，点Pでの磁束密度 $\boldsymbol{B} = \sum \varDelta \boldsymbol{B}$ が求められる. 右辺の和の計算は，一般には積分計算（線積分）となる.

長さ $\varDelta s$ の短い電流の断片が電流素片であり，それを表す電流素片ベクトル $I\varDelta \boldsymbol{s}$ とは，大きさが $I\varDelta s$，向きがその電流の断片の向きであるベクトルである. ここで，電流素片が，そこから位置ベクトル $\boldsymbol{r}$ の場所に作る磁束密度 $\varDelta \boldsymbol{B}$ は

$$\varDelta \boldsymbol{B} = \frac{\mu_0 I\varDelta \boldsymbol{s} \times \boldsymbol{r}}{4\pi r^3} \quad [\mathrm{T}] \quad (r = |\boldsymbol{r}|) \tag{3.19}$$

のようになる（図 3.19）. 同じことを，ベクトルの大きさと向きで書けば，外積の定義（(3.10)）から

$$\varDelta \boldsymbol{B} = \begin{cases} \text{大きさ} \quad \dfrac{\mu_0 I \sin\theta \ \varDelta s}{4\pi r^2} \ [\mathrm{T}] \\ \text{向き} \quad \text{電流素片と } \boldsymbol{r} \text{ に垂直向き（右ねじルール）} \end{cases} \tag{3.20}$$

となる. ここで，θ は電流素片ベクトル $I\varDelta \boldsymbol{s}$ と $\boldsymbol{r}$ のなす角である.

3.3.2 円形電流

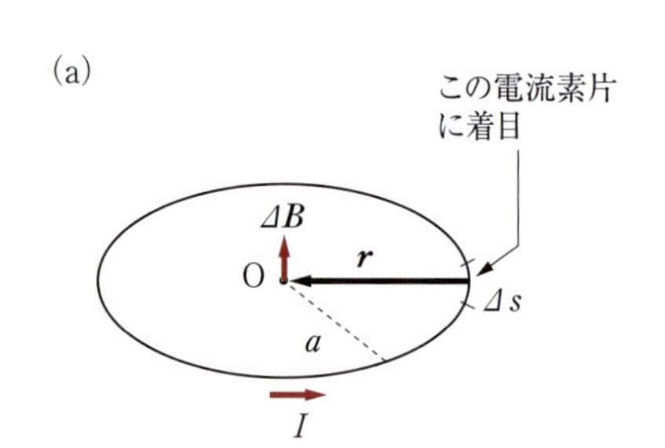

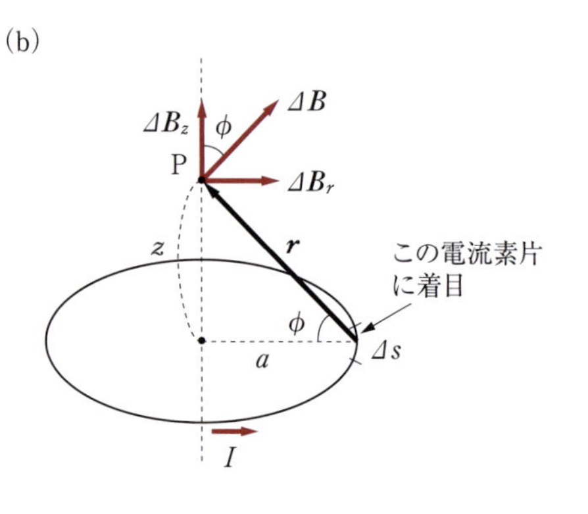

図 3.20 円形電流の中心軸上の磁束密度

半径が a の円形電流 I の中心軸上における磁束密度を，ビオ-サバールの法則で求めてみる.

まず，図 3.20(a) に示す円の中心の点Oでの磁束密度を求める. 図には1つの電流素片が示されているが，いずれの位置でも $|\boldsymbol{r}| = r = a$ であり，電流素片と $\boldsymbol{r}$ のなす角度は $\theta = \pi/2$ なので $\sin\theta = 1$ である. また，$\varDelta \boldsymbol{B}$ の向きは円に垂直な方向である. どの電流素片の作る磁束密度も同じ向きなので，各電流素片の寄与の和は単純に合計できる.（3.20）の磁束密度の大きさを，円周全体にわたって合計することになる.

$$B = \sum \varDelta B = \sum \frac{\mu_0 I \sin\theta}{4\pi r^2} \varDelta s = \frac{\mu_0 I}{4\pi a^2} \sum \varDelta s$$
$$= \frac{\mu_0 I}{4\pi a^2} \times 2\pi a = \frac{\mu_0 I}{2a} \quad [\mathrm{T}] \tag{3.21}$$

より，

$$B = \frac{\mu_0 I}{2a} \quad [\mathrm{T}] \tag{3.22}$$

を得る. ベクトルの向きは円の面に垂直で，電流の回る方向に対して右ねじが進む方向となる.

なお，円の中心でなくても，円を含む平面上での磁束密度ベクトルの向きは今と同じ議論により，この平面に垂直であることがわかる.

次に，図 3.20(b) に示す，円の中心の点Oから距離 z 離れた中心軸

上の点 P での磁束密度を求める．図には 1 つの電流素片が示されているが，いずれの位置でも $|\boldsymbol{r}| = r = \sqrt{a^2 + z^2}$ であり，電流素片と $\boldsymbol{r}$ のなす角度は $\theta = \pi/2$ なので $\sin\theta = 1$ である．$\Delta\boldsymbol{B}$ の向きは図に示す方向であり，これを中心軸方向の成分とそれに垂直な成分にベクトルとして分解する．すなわち，

$$\Delta\boldsymbol{B} = \Delta\boldsymbol{B}_z + \Delta\boldsymbol{B}_r \quad [\mathrm{T}] \tag{3.23}$$

とする．

円周上の電流素片を円周に沿って動かしていくと，どの位置でも $\Delta\boldsymbol{B}_z$ は同じであるが，$\Delta\boldsymbol{B}_r$ は中心軸の周りを一周する．このため，$\Delta\boldsymbol{B}_z$ は単純に加算されるが，$\Delta\boldsymbol{B}_r$ は相互に相殺して合計は 0 となる．よって，中心軸のほうを向く成分 $\Delta\boldsymbol{B}_z$ だけを円周全体にわたって合計すればよい．後は大きさだけを考えると，

$$\Delta B_z = |\Delta\boldsymbol{B}_z| = \Delta B\cos\phi = \frac{\mu_0 I\Delta s}{4\pi r^2}\,\frac{a}{r} \quad [\mathrm{T}] \tag{3.24}$$

$$B = \sum\Delta B_z = \sum\frac{\mu_0 Ia\Delta s}{4\pi r^3} = \frac{\mu_0 Ia}{4\pi r^3}\sum\Delta s$$

$$= \frac{\mu_0 Ia}{4\pi r^3} \times 2\pi a = \frac{\mu_0 Ia^2}{2(\sqrt{a^2 + z^2})^3} \tag{3.25}$$

より，

$$B = \frac{\mu_0 Ia^2}{2(\sqrt{a^2 + z^2})^3} \quad [\mathrm{T}] \tag{3.26}$$

が得られる．この式で $z = 0$ とすれば，もちろん，(3.22) となる．

3.3.3 ヘルムホルツコイル*

図 3.21 のように，半径が a の 2 つの円形電流を平行に距離 $2b$ だけ離して置いた．ここで，z 軸に沿った磁束密度は (3.26) から計算することができる．このとき，原点 $z = 0$ 付近での磁束密度 B をなるべく一様にするにはどうすればよいか，という問題は (3.26) から数学的に答えることができる．結果は，$a = 2b$ のとき，原点付近での磁束密度の一様性がよくなるというものである．z 軸に沿った磁束密度は

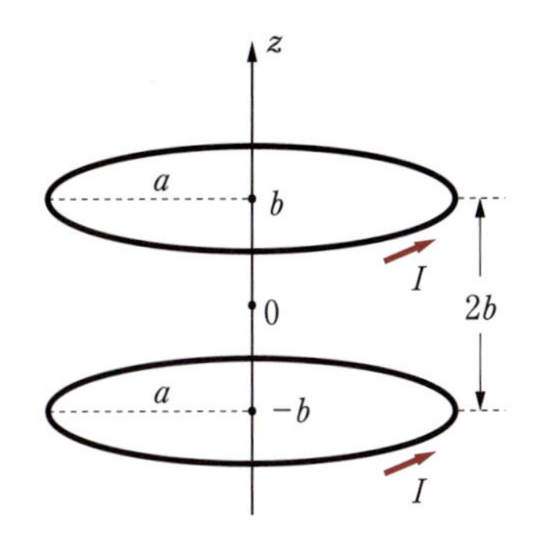

図 3.21 ヘルムホルツコイル

$$B = \frac{\mu_0 Ia^2}{2(\sqrt{a^2 + (z-b)^2})^3} + \frac{\mu_0 Ia^2}{2(\sqrt{a^2 + (z+b)^2})^3}$$

$$= \frac{8\sqrt{5}}{25}\,\frac{\mu_0 I}{a}\left[1 - \frac{144}{125}\left(\frac{z}{a}\right)^4 + \left\{\frac{z}{a}\text{ の高次項}\right\}\right] \quad [\mathrm{T}] \tag{3.27}$$

となる．この式の意味するところは，例えば，原点からコイルの半径の 10 分の 1 程度までの範囲であれば，一様性からのずれは 1 万分の 1 程度であるということである．

この条件を満たす円電流の対を**ヘルムホルツコイル**とよび，一様性のある磁場が必要なときにしばしば利用される．実用とされるものは，大

きい磁束密度を得るために，単純な円電流ではなく複数回巻いた円形のコイルを２組使う場合が多い．

3.3.4 直線電流

直線電流の周りの磁束密度を，ビオ－サバールの法則により求めよう．電流 I が図 3.22 のように z 軸に沿ってあるものとし，座標 $(R, 0, 0)$ の点 P での磁束密度の大きさを求める．

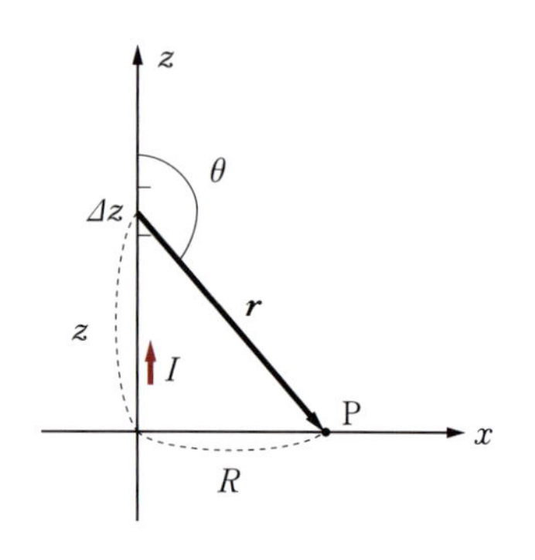

図 3.22　直線電流とビオ－サバールの法則

ビオ－サバールの法則を使うので，まず電流を多数の素片に分解する．このとき，(3.20) により，すべての素片が点 P に y 軸方向の磁束密度を作る．電流素片の z の位置に関係なく $\Delta\boldsymbol{B}$ の向きは同じ方向なので，単純に磁束密度の大きさ ΔB を加算してよいことになる．

電流に沿って z の位置から点 P までの距離を r とすると，

$$\left.\begin{aligned} z\text{ 付近の長さ }\Delta z\text{ の素片が作る磁束密度} &= \Delta B = \frac{\mu_0 I \sin\theta\,\Delta z}{4\pi r^2} \\ \sin\theta &= \frac{R}{r} \end{aligned}\right\} \tag{3.28}$$

となる．ここで，三角関数の性質 $\sin(\pi - \theta) = \sin\theta$ を使った．そして，$|\boldsymbol{r}| = r = \sqrt{z^2 + R^2}$ である．したがって点 P での磁束密度の大きさ B は，

$$\begin{aligned} B = \sum \Delta B \quad \to \quad B &= \int_{-\infty}^{\infty} \frac{\mu_0 I \sin\theta}{4\pi r^2}\,dz \\ &= \frac{\mu_0 I}{4\pi}\int_{-\infty}^{\infty} \frac{R}{(z^2 + R^2)^{3/2}}\,dz \quad [\mathrm{T}] \end{aligned} \tag{3.29}$$

となる．積分の公式

$$\int \frac{dx}{(x^2 + c)^{3/2}} = \frac{x}{c\sqrt{x^2 + c}}$$

を使って積分して

$$B = \frac{\mu_0 I}{4\pi}\left[\frac{z}{R(z^2 + R^2)^{1/2}}\right]_{-\infty}^{\infty} = \frac{\mu_0 I}{2\pi R} \quad [\mathrm{T}] \tag{3.30}$$

となり，(3.1) と同じ結果を得る．

3.3.5 ソレノイド

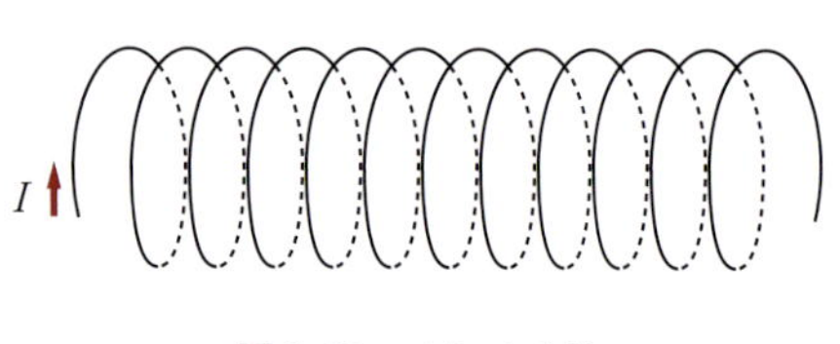

図 3.23　ソレノイド

一様に円柱面に巻きついたコイルを**ソレノイド**とよぶ（図 3.23）．ソレノイドが十分長く，均一で密に巻きついている場合，端点付近を除き，内部に均一でソレノイドの軸方向を向いた磁束密度が生じる．また，ソレノイドの外部の磁束密度は端点付近を除き，0 と見なしてよい．導線の巻き数を N，ソレノ

イドの長さを l としたとき，単位長さ当りの巻き数 n を

$$n = \frac{N}{l} \quad [1/\mathrm{m}] \tag{3.31}$$

で定義する[†7].

ソレノイドのモデルとして，円形電流の結果の（3.26）を活用して多数の円電流があるときの中心軸上の磁束密度を計算してみよう.

図 3.24 のように，円電流の中心軸が x 軸となるよう，x 軸に垂直に半径 a の円電流 I を間隔 d で多数並べる．円電流の中心の位置は $x = kd (k = \cdots, -2, -1, 0, 1, 2, \cdots)$ とする．$x = kd$ の位置の円電流が原点 $(x = 0)$ に作る磁束密度の大きさ B_k は，（3.26）より

$$B_k = \frac{\mu_0 I a^2}{2(\sqrt{a^2 + (kd)^2})^3} \quad [\mathrm{T}] \tag{3.32}$$

である．すべての円電流の寄与を加えると，原点での磁束密度の強さは

$$B = \sum_{k=-\infty}^{\infty} B_k = \sum_{k=-\infty}^{\infty} \frac{\mu_0 I a^2}{2(\sqrt{a^2 + (kd)^2})^3} \quad [\mathrm{T}] \tag{3.33}$$

となる．個々の磁束密度の向きはすべて x 軸に沿った方向なので，単純に大きさを加算した．どこを原点にとってもよいので，x 軸上の任意の位置での磁束密度の強さは一定でこの B となる.

†7　ソレノイドの内部で，一様な磁束密度が生じる理由を厳密に説明するのは，やや難しい．3.4.2 項も参照してもらいたい．この項では中心軸上の磁束密度を求める.

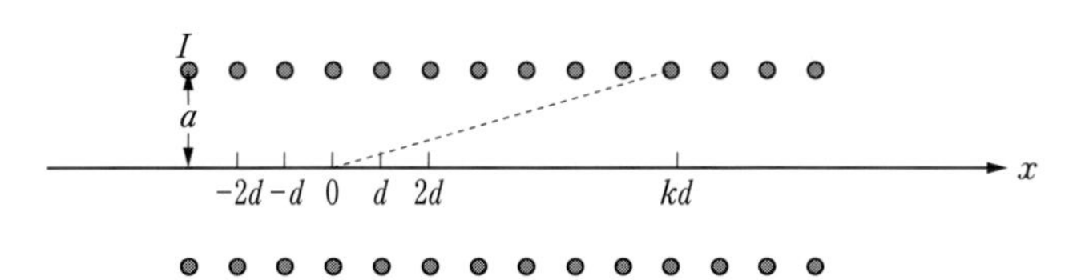

図 3.24　多数の円形電流．x 軸を含む平面で切った断面図.

単位長さ当りの巻き数 n（(3.31)）は今のモデルでは

$$n = \frac{1}{d} \quad [1/\mathrm{m}] \tag{3.34}$$

となる．よって

$$B = \sum_{k=-\infty}^{\infty} \frac{\mu_0 n I a^2}{2(\sqrt{a^2 + (kd)^2})^3} d \quad [\mathrm{T}] \tag{3.35}$$

となる．この表現で d を十分小さくとれば，積分に書きかえることができる．kd を x とおき，$d = \Delta x$ とすると，

$$B = \int_{-\infty}^{\infty} \frac{\mu_0 n I a^2}{2(\sqrt{a^2 + x^2})^3} dx \quad [\mathrm{T}] \tag{3.36}$$

のようになる．直線電流の（3.29）の計算に使ったのと同じ積分公式を用いると，

$$B = \mu_0 n I \quad [\mathrm{T}] \tag{3.37}$$

となる．これと同じ結果は，後の 3.4 節でもアンペールの法則により導かれる.

例題 3.4　図 3.25 の直線部分と半径が a の半円からなる形の電流 I を考える．半円の中心である点 O での，磁束密度の大きさと向きを求めよ．

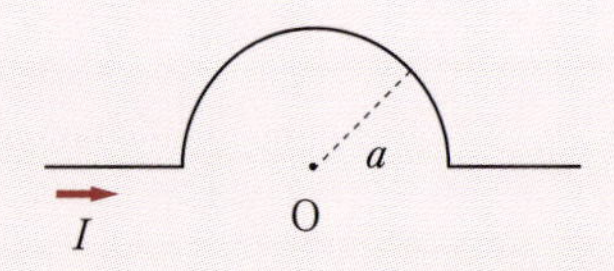

図 3.25　例題 3.4

解法のポイント　ビオ‐サバールの法則では，電流素片と磁束密度を求める点との間の $\sin\theta$ が出てくる．電流の直線部分の電流素片と点 O の間では，$\sin\theta = 0$ となる．

解　電流の直線部分が点 O に作る磁束密度の強さは 0 となる．半円の部分は，円形電流の中心点での磁束密度の求め方と同様で，電流の長さが半分になっただけである．

$$B = \frac{1}{2}\frac{\mu_0 I}{2a} = \frac{\mu_0 I}{4a} \quad [\mathrm{T}]$$

磁束密度ベクトルの向きは，紙面表から裏の向きである．◆

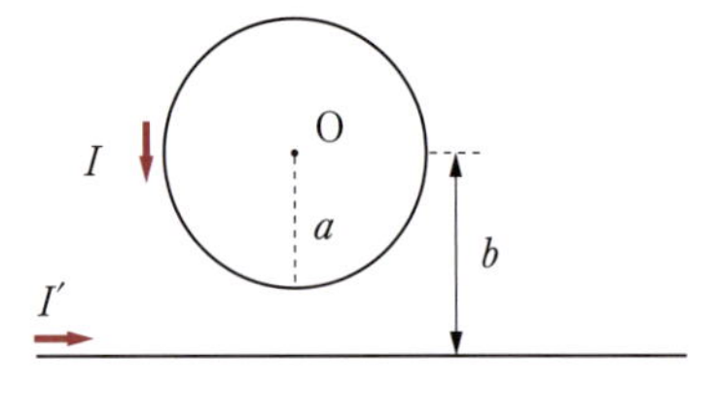

図 3.26　類題 3.4

類題 3.4　図 3.26 の円電流 I と（十分長い）直線電流 I' を考える．$I = 20\,\mathrm{mA}$，$I' = 40\,\mathrm{mA}$ であり，$a = 10\,\mathrm{cm}$，$b = 15\,\mathrm{cm}$とする．

(1) 円の中心点 O での磁束密度の大きさと向きを求めよ．

(2) I' を変えたところ，点 O での磁束密度が 0 となった．このときの I' の大きさと流れる向きを求めよ．

類題 3.5　長さが 40 cm，巻き数が 300 回のソレノイドに 50 mA の電流を流した．内部の磁束密度はいくらか．

3.4　磁場とアンペールの法則

3.4.1　アンペールの法則

定常電流と静磁場の場合に電流から磁束密度を求める方法としては，前節のビオ‐サバールの法則が便利であるが，時間変動も含めて考える場合には，ビオ‐サバールの法則では対応できなくなる．このため，より基本的な法則である**アンペールの法則**（アンペールの周回積分の法則とよばれることもある）について議論する．この法則は，第 5 章で時間変動を含む場合に拡張されることを予告しておく．煩雑なので本書では具体的に示さないが，定常電流と静磁場の場合にはアンペールの法則とビオ‐サバールの法則は同等であることが証明できる．

今まで磁気的な力を伝える場として磁束密度 $\boldsymbol{B}$ を使って議論してきたが，ここで**磁場** $\boldsymbol{H}$ を導入しておく．真空中では

$$\boldsymbol{H} = \frac{1}{\mu_0}\boldsymbol{B} \quad [\mathrm{A/m}] \tag{3.38}$$

である．空気中でも μ の値は真空中とほぼ同じなので，通常この関係を使ってよい．次の式からわかるように，磁場の単位は A/m である．

上の定義から，直線電流の作る磁場は（3.1）より

$$\text{直線電流}\, I\, \text{の作る磁場} = \boldsymbol{H} = \begin{cases} \text{大きさ} \quad \dfrac{I}{2\pi R}\ [\mathrm{A/m}] \\ \text{向き} \quad \text{電流の周りに渦状,} \\ \qquad\quad \text{右ねじの向き} \end{cases} \tag{3.39}$$

†8　磁束線と記してもよいが，磁場についてなので磁力線とよぶ．

となる．

直線電流の周りの**磁力線**[†8]は円を描いている．図3.27に示すように，直線電流を中心として，電流の方向に垂直な面内の半径 R の円を考えよう．この円の周長は $s = 2\pi R$ であるので，

$$H \times s = \frac{I}{2\pi R} \times 2\pi R = I \tag{3.40}$$

が成り立つ．この円をCとよぶことにする．そして以下がわかった．

$$\underset{\text{磁場}}{H} \times \underset{\text{Cの長さ}}{s} = \underset{\text{Cを通り抜ける電流}}{I} \tag{3.41}$$

この関係がアンペールの法則の原型である．これを一般化する．輪のような端のない曲線を閉曲線とよぶが（1.5.5項のベクトルの接線成分の項参照），この数学用語を使って，円に限らず一般的な閉曲線Cがあるとしよう．左辺の式 Hs を一般化するために，次のように考える．この考え方は第1章での，電位と電場の関係を一般化した1.5.5項の(1.98)，(1.99)の議論を参考にしてもらいたい．磁場はベクトルであり，図3.27の例では，磁場のなす渦に沿って円である閉曲線Cを考えたので，磁場ベクトルの閉曲線Cに対する接線成分に意味があると考える．よって，一般的には磁場ベクトルの接線成分 H_t を使うのが適切である．また，$H \times s$ と考えることができるのは閉曲線Cに沿って磁場が一定な場合である．（図3.27では，まさにそうであった．）もし，磁場が一様でなければ，図3.28(a)に示すように曲線を細かく分割して考える．分割した閉曲線の小部分が十分小さければ，その中では磁場を一定と考えて，それを全部加えればよいので，以下のようになる．

$$Hs \quad \to \quad H_{t1}\Delta s_1 + H_{t2}\Delta s_2 + \cdots + H_{tN}\Delta s_N = \sum H_t \Delta s \tag{3.42}$$

次に，右辺を考えよう．閉曲線Cがあると，それを境界とする面Sができる．この面Sを通り抜ける電流 I を扱うのだが，電流は一般に1本とは限らない．だから，右辺はこの面Sを通り抜ける電流の和 $\sum I$ とする．このとき，単純に足すのではなく向きを考える．閉曲線Cには向きがあり，その向きに沿って接線成分の正負の方向が決まる．このCを回る向きと，右ネジの規約により，面Sに表と裏が定義できる．符号の規約として裏から表に抜ける電流 I を $+I$，表から裏に抜ける電流を $-I$ と数える．例として，

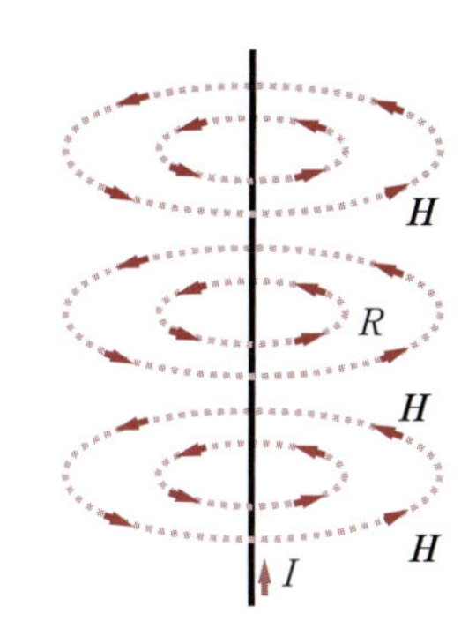

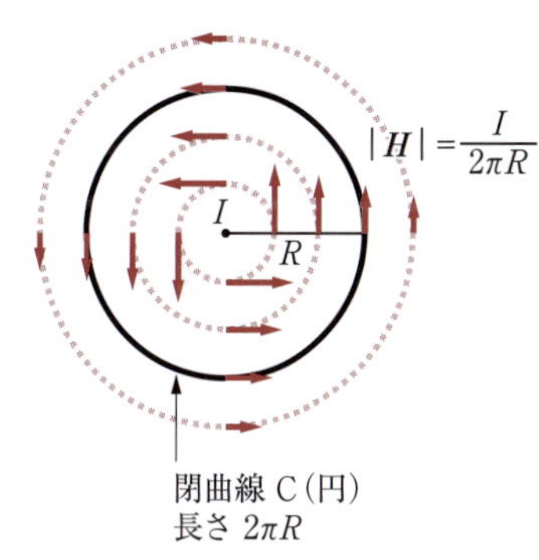

図3.27　直線電流とアンペールの法則

(a)

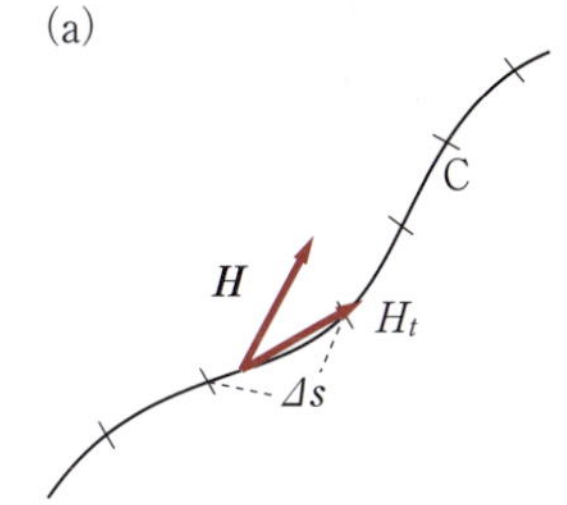

(b)

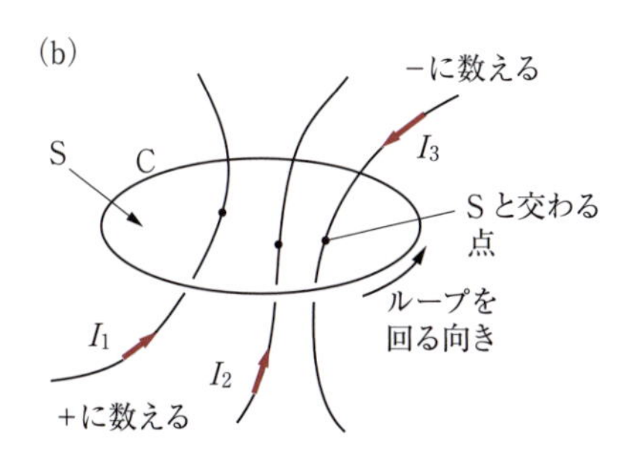

図3.28　アンペールの法則

図 3.28(b) では C の向きが反時計回りなので，面 S の下面が裏で面 S の上面が表となり，下から上に抜ける I_1, I_2 は正，I_3 は負と数えるので $\sum I = I_1 + I_2 - I_3$ とする．

任意の電流分布および任意の閉曲線 C とそれがなす面 S に関して，以下が法則として成り立つ．

アンペールの法則：和記号による表現

$$\sum_{\substack{\text{閉曲線C} \\ \text{に沿って}}} H_t \Delta s = \sum_{\substack{\text{曲面Sを} \\ \text{通り抜ける}}} I \tag{3.43}$$

ここで，左辺の和は閉曲線 C をいくつかの部分に分けて計算した合計での分割和，右辺は閉曲線 C が作る面 S を通り抜ける電流の和である（図 3.28）．一般化により

$$Hs = I \quad \Rightarrow \quad \sum H_t \Delta s = \sum I \tag{3.44}$$

となったことを理解してもらいたい．

アンペールの法則：積分による表現

$$\oint_{\mathrm{C}} H_t ds = \int_{\mathrm{S}} j_n \, dS \tag{3.45}$$

左辺は閉曲線 C についての線積分，右辺は C のなす曲面 S についての面積分である．$\boldsymbol{j}$ は電流密度とよばれる量で（(2.13)），右辺ではその面 S に対する法線成分 j_n が積分されている．

3.4.2 アンペールの法則とソレノイド

ソレノイドの内部にできる磁場は既に（3.37）で導いているが，これをアンペールの法則を応用して求めてみよう．（3.31）で定義したように，単位長さ当りの巻き数を n とする．

ソレノイドに電流 I を流すと，内部に一様な磁場ができる．磁場の向きはコイルの軸の方向である．またコイルが十分長ければ，その外側では磁場は 0 と見なせる．このことは，それほど自明ではないが，次のようなイメージで考えてもらいたい．円形電流で（3.22）を導いたときの議論を使うと，円形電流の円の面上での磁場は円の面に垂直である．ソレノイドは円電流が多数密に重なったものであり，磁束線は分岐したり融合したりしないので，全体の磁束線の分布は円の面に垂直になった方向のものがソレノイドに沿って連続的に続いていくことになる．このため仮想的に「無限に長い」ソレノイドでは軸方向の一様な磁場となり，外部に磁場の漏れがないことになる．

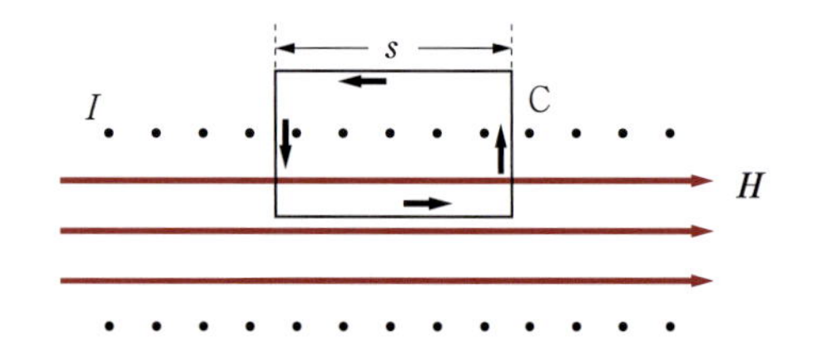

図 3.29　アンペールの法則とソレノイドの磁場（断面図）

アンペールの法則を適用するためには，閉曲線 C が必要である．ここでは，図 3.29 に示す軸方向の長さが s の長方形を閉曲線 C とする．図中の矢印は閉曲線 C を回る向きを示す．

まず，アンペールの法則の左辺 $\sum H_t \varDelta s$ を計算する．長方形なので4つの辺ごとに $H_t \varDelta s$ を計算する．図3.29で

上の辺…ここでは $\boldsymbol{H}=0$ なので，$H_t \varDelta s=0$

右の辺…ここでは $\boldsymbol{H}$ とCの向きが垂直なので $H_t=0$ より $H_t \varDelta s=0$

左の辺…ここでは $\boldsymbol{H}$ とCの向きが垂直なので $H_t=0$ より $H_t \varDelta s=0$

下の辺…ここでは $\boldsymbol{H}$ とCの向きが平行なので $H_t=H$ より $H_t \varDelta s=Hs$

となる．次に，アンペールの法則の右辺 $\sum I$ を計算する．単位長さ当りの巻き数 n （(3.31)）と長方形の横の長さが s なので，この閉曲線Cを電流は ns 回通り抜けるから，$\sum I=(ns)I$ である．よって

$$\left.\begin{aligned} \text{左辺}\cdots\sum H_t \varDelta s &= \underset{\text{下の辺}}{H\cdot s} \quad \underset{\text{右の辺}}{+0} \quad \underset{\text{上の辺}}{+0} \quad \underset{\text{左の辺}}{+0} \\ \text{右辺}\cdots\sum I &= nsI \end{aligned}\right\} \tag{3.46}$$

となる．

これから，この両辺を等しいとおくと $Hs=nsI$ となり，結果として(3.37)と同じ

$$H=nI \quad [\mathrm{A/m}] \tag{3.47}$$

を得る．なお，今の議論において，長方形の下辺の位置は特に決めていない．だから，ソレノイド内部の磁場は，どこでも（中心軸付近でもコイルの近くでも）(3.47)の一定の値であることがわかる．

例題 3.5　空間に図3.30のように，$z>0$ の領域に $\boldsymbol{H}=(-H_0,0,0)$ の磁場が，$z<0$ の領域に $\boldsymbol{H}=(H_0,0,0)$ の磁場が分布している（H_0 は正の定数）．

$\mathrm{P}(a,0,-c)$，$\mathrm{Q}(b,0,-c)$，$\mathrm{R}(b,0,c)$，$\mathrm{S}(a,0,c)$ とし $(b>a>0,\ c>0)$，長方形PQRSを閉曲線Cとしてアンペールの法則を適用し，xy 平面内に電流が分布していることを示せ．また，その電流の向きと単位長さ当りの大きさを答えよ．

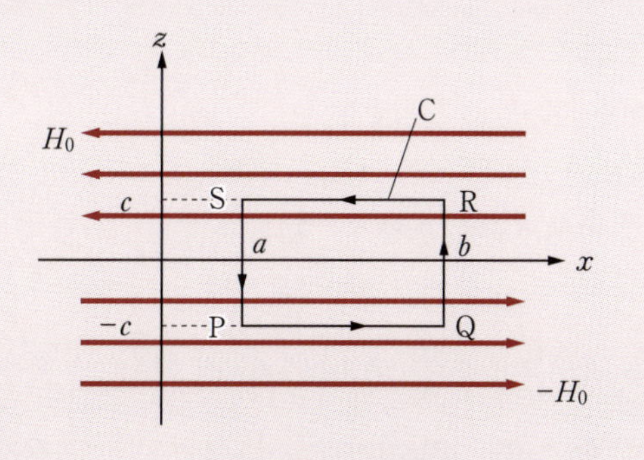

図3.30　例題3.5

解法のポイント　この問は，磁場が与えられていて，それから電流を求めるが，アンペールの法則を使ってソレノイドの例と同じように考察すればよい．

この例題のように，ある面に沿って電流が流れていると，その両側で磁場が不連続になる（飛びが生じる）ことに気づいてもらいたい．

解　アンペールの法則の左辺 $\sum H_t \varDelta s$ を計算する．長方形なので4つの辺ごとに $H_t \varDelta s$ を計算する．図3.30で

上の辺RS…ここでは $\boldsymbol{H}$ はCの向きに平行なので
$H_t=H_0$ より $H_t \varDelta s=H_0(b-a)$

右の辺QR…ここでは $\boldsymbol{H}$ とCの向きが垂直なので
$H_t=0$ より $H_t \varDelta s=0$

左の辺SP…ここでは $\boldsymbol{H}$ とCの向きが垂直なので
$H_t=0$ より $H_t \varDelta s=0$

下の辺PQ…ここでは $\boldsymbol{H}$ はCの向きに平行なので
$H_t=H_0$ より $H_t \varDelta s=H_0(b-a)$

よって，左辺は $\sum H_t \varDelta s=2H_0(b-a)$ となる．この結果は c の値によらない．つまり，閉曲線Cの

長方形の縦の長さに無関係だということになる．ということは，$z=0$ の位置にだけ電流が流れていることになる．電流は xy 平面上を流れており，右ねじのルールから，紙面に対して裏から表の方向に（y 軸の負の方向に）x 軸の単位長さ当り $2H_0$ の電流が流れている．長方形の横の長さが $b-a$ で，$2H_0(b-a)=$（単位長さ当りの電流）$\times(b-a)$ が成り立つからである．◆

類題 3.6　例題 3.5 と同じ磁場分布を考える．$\mathrm{T}(b,0,d)$，$\mathrm{U}(a,0,d)$ とし ($b>a>0$，$d>c>0$)，長方形 SRTU を閉曲線 C としてアンペールの法則を適用し，$z>0$ の領域には y 軸方向を向く電流は存在しないことを示せ．

3.5 荷電粒子と電磁場

3.5.1 荷電粒子の運動

3.2 節で荷電粒子と磁束密度の間にはたらく力を学んだが，既に第 1 章で学んだ電場からの力と合わせて荷電粒子の運動を調べる．電荷 q，質量 m をもつ粒子の運動は，ニュートンの運動方程式

$$\boldsymbol{F}=m\boldsymbol{a}\quad[\mathrm{N}],\quad \boldsymbol{a}=\frac{d\boldsymbol{v}}{dt}=\frac{d^2\boldsymbol{r}}{dt^2}\quad[\mathrm{m/s^2}] \tag{3.48}$$

により記述される．ここで $\boldsymbol{a},\boldsymbol{v},\boldsymbol{r}$ は荷電粒子の加速度，速度，位置を表す．荷電粒子の運動を扱う場合，粒子の電荷 q と質量 m が q/m の形で式の中に入ることが多い．この電荷 q と質量 m の比を比電荷とよぶ．例えば，電子の場合には $e/m=1.76\times10^{11}\,\mathrm{C/kg}$ である[†9]．電磁気的な力を表す式は第 1 章の (1.20) と，(3.8) である．これらの式を以下に再度記す．

†9　電子の電荷はマイナスなので正確には負号をつけるべきであるが，このように正で表す場合も多い．

$$\text{電場}\quad \boldsymbol{F}=q\boldsymbol{E}\ [\mathrm{N}] \tag{3.49}$$

$$\text{磁束密度}\quad \boldsymbol{F}=q\boldsymbol{v}\times\boldsymbol{B}\ [\mathrm{N}] \tag{3.50}$$

以下では，一定の向きと大きさの場が空間にある場合について考察する．

3.5.2 一定の電場

一定の電場が x 軸方向を向いているとする．

$$\boldsymbol{E}=(E,0,0)\quad[\mathrm{V/m}]\quad(E=\text{定数}) \tag{3.51}$$

このとき，荷電粒子は等加速度運動を行う．初期条件を $t=0$ で $\boldsymbol{v}=\boldsymbol{v}_0$，$\boldsymbol{r}=\boldsymbol{r}_0$ として

$$\left.\begin{aligned}&\text{加速度}\quad \boldsymbol{a}=\frac{q\boldsymbol{E}}{m}=\left(\frac{qE}{m},0,0\right)\quad[\mathrm{m/s^2}]\\&\text{速度}\quad \boldsymbol{v}=\boldsymbol{v}_0+\boldsymbol{a}t\quad[\mathrm{m/s}]\\&\text{位置}\quad \boldsymbol{r}=\boldsymbol{r}_0+\boldsymbol{v}_0t+\frac{1}{2}\boldsymbol{a}t^2\quad[\mathrm{m}]\end{aligned}\right\} \tag{3.52}$$

となる．

3.5.3　一定の磁束密度

一定の磁束密度が z 軸方向を向いているとする．

$$\boldsymbol{B} = (0, 0, B) \quad [\mathrm{T}] \quad (B = 定数) \tag{3.53}$$

このとき，荷電粒子にはたらく力は

$$\boldsymbol{F} = q\boldsymbol{v} \times \boldsymbol{B} = (qv_yB,\ -qv_xB,\ 0) \quad [\mathrm{N}] \tag{3.54}$$

となる．運動を xy 平面内で考えれば，これは等速円運動となる．なぜなら，(3.54) からわかるように，速度ベクトル $\boldsymbol{v}$ と力のベクトル $\boldsymbol{F}$ が直交しているが，これは円運動を引き起こす力の性質である．図 3.31 から，円運動となる理由を読み取ってもらいたい．

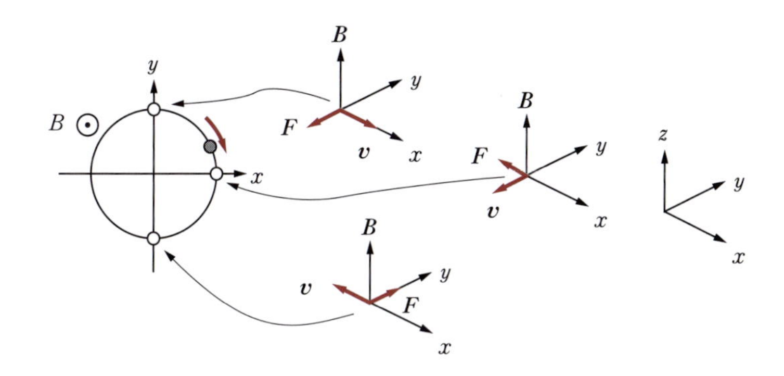

図 3.31　磁場による荷電粒子の運動

具体的に (3.54) を微分方程式として書いてみる．

$$\left.\begin{aligned} a_x &= \frac{dv_x}{dt} = \frac{qB}{m}v_y \quad [\mathrm{m/s^2}] \\ a_y &= \frac{dv_y}{dt} = -\frac{qB}{m}v_x \quad [\mathrm{m/s^2}] \\ a_z &= \frac{dv_z}{dt} = 0 \quad [\mathrm{m/s^2}] \end{aligned}\right\} \tag{3.55}$$

この方程式を初期条件[†10] $t = 0$ で，$\boldsymbol{v} = (0,\ -V, u)$ の下で解けば，

$$\left.\begin{aligned} v_x &= -V\sin(\omega t) \quad [\mathrm{m/s^2}] \\ v_y &= -V\cos(\omega t) \quad [\mathrm{m/s^2}] \\ v_z &= u \quad [\mathrm{m/s^2}] \\ \omega &= \frac{qB}{m} \quad [\mathrm{rad/s}] \end{aligned}\right\} \tag{3.56}$$

となる．次に，

$$V = r\omega \quad [\mathrm{m/s}] \tag{3.57}$$

で r を定義し，初期の位置が $t = 0$ で $\boldsymbol{r} = (r, 0, 0)$ とすると，(3.56) を時間で積分して，

†10　簡単のため，x 軸方向の初速度は 0 にしている．V, u は定数である．

$$\left.\begin{array}{l} x = r\cos\omega t \quad [\mathrm{m}] \\ y = -r\sin\omega t \quad [\mathrm{m}] \\ z = ut \quad [\mathrm{m}] \end{array}\right\} \qquad (3.58)$$

が荷電粒子の軌跡となる．

この（3.58）から荷電粒子の運動は，もし磁束密度の方向（z 軸方向）の初速度 u がなければ（$u = 0$ ならば），原点が中心で xy 面内の半径 r，角速度 ω の等速円運動であり，初速度 u が値をもてば，xy 面内で回転しながら z 軸方向へ進むらせん運動であることがわかった†11．このように，荷電粒子は磁束密度があると，磁束線に巻きつく運動をする．

†11　回転は時計回りである．

そして，速度の大きさ V と回転半径 r は $V = r\omega$ から $V = qBr/m$ であり，回転運動の周期 T と振動数 f の間には

$$T = \frac{2\pi m}{qB} \quad [\mathrm{s}], \qquad f = \frac{qB}{2\pi m} \quad [\mathrm{Hz}] \qquad (3.59)$$

が成り立っている．この振動数 f は**サイクロトロン振動数**とよばれる．

3.5.4　一定の電場と磁束密度

さらに，電場と磁束密度が両方あった場合を考える．運動は，電場ベクトルと磁束密度ベクトルの相対的向きに依存するが，ここでは，両者が直交している場合を考える．電場が x 軸方向，磁束密度が y 軸方向とすると，荷電粒子に対する微分方程式は

$$\left.\begin{array}{l} a_x = \dfrac{dv_x}{dt} = \dfrac{qE}{m} - \dfrac{qB}{m}v_z \quad [\mathrm{m/s^2}] \\ a_y = \dfrac{dv_y}{dt} = 0 \quad [\mathrm{m/s^2}] \\ a_z = \dfrac{dv_z}{dt} = \dfrac{qB}{m}v_x \quad [\mathrm{m/s^2}] \end{array}\right\} \qquad (3.60)$$

となる†12．この方程式を解くのだが，(3.55) と見比べると最初の式の右辺の 1 項目（電場 E を含む項）以外は，x, y, z の順序が異なるだけで同じだとわかる．(3.60) の最初の式の右辺は $-qB/m(v_z - E/B)$ となるので，この括弧の中を v_z' とする．(3.60) の 3 番目の式は v_z を時間で微分しているが，E/B は定数だから，v_z' でおきかえてもよい．だから，

†12　3.5.3 項の設定と比べて磁束密度ベクトルの方向が変わっていることに注意されたい．

$$v_z = v_z' + V_0 \quad [\mathrm{m/s}], \qquad V_0 = \frac{E}{B} \quad [\mathrm{m/s}] \qquad (3.61)$$

を代入すると，(3.60) は

$$\left.\begin{array}{l} \dfrac{dv_x}{dt} = -\dfrac{qB}{m}v_z' \quad [\mathrm{m/s^2}] \\ \dfrac{dv_y}{dt} = 0 \quad [\mathrm{m/s^2}] \\ \dfrac{dv'_z}{dt} = \dfrac{qB}{m}v_x \quad [\mathrm{m/s^2}] \end{array}\right\} \qquad (3.62)$$

となる．(3.61) が表している変換，つまり，z 軸の方向に速度 V_0 で運動している座標系で見ると，(3.55) との比較から xz 平面での反時計回りの円運動であることがわかる．簡単のため，初期条件として，$t=0$ で粒子が原点 $\boldsymbol{r}=(0,0,0)$ にあり，そこでの速度が $\boldsymbol{v}=(0,0,0)$ であるとすると，このとき粒子の位置を表す式は

$$\left.\begin{aligned} x &= r(1-\cos\omega t)\quad [\mathrm{m}] \\ y &= 0\quad [\mathrm{m}] \\ z &= r(\omega t-\sin\omega t)\quad [\mathrm{m}] \end{aligned}\right\} \tag{3.63}$$

となる．ここで r は $V_0=r\omega$ から決まり，ω は (3.56) のものと同じである．この軌道は図 3.32 に示すものとなる．この曲線はサイクロイドとよばれる．サイクロイドとは円を直線に沿って滑らずに転がすとき，その円周上の 1 点が描く曲線である．

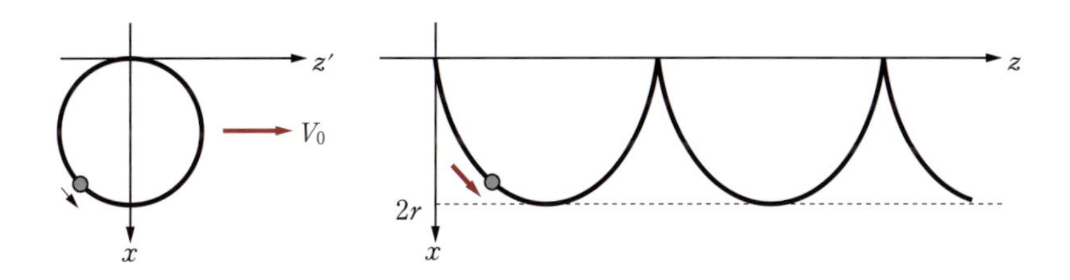

図 3.32　電場と磁束密度による荷電粒子の運動

結果として，荷電粒子は z 軸の方向へ速度 V_0 でドリフトすることになる[†13]．ドリフトという意味は (3.63) から

$$v_z=\frac{dz}{dt}=V_0-V_0\cos\omega t\quad [\mathrm{m/s}] \tag{3.64}$$

となるが，この式の第 2 項は時間的に平均すると 0 となる．同様に，v_x も時間的に平均すれば 0 となる．この意味で平均的に見れば，荷電粒子は，速度 V_0 で z 軸方向に進行していくと記述できるからである．

この結果を直観的に理解するためには，電磁場の運動量は 5.5 節で出てくるポインティング・ベクトル $\boldsymbol{S}=\boldsymbol{E}\times\boldsymbol{H}$ ((5.45)) の方向を向いていることに注意すればよい．今の例では，$\boldsymbol{S}$ は z 軸方向を向いているので，荷電粒子は電磁場の運動量に押されて z 軸方向にドリフトしていくと理解することができる．

†13　ドリフトとは「流れ漂うこと」という意味で，直進してはいないが，全体の動きを平均してみると，ある方向に進んでいるという状況を表す．自動車のドリフト走行はタイヤを滑らせて走る運転法だが，公道では危険なのでサーキットでしていただきたい．

3.5.5　ホール効果

一定の電場と磁束密度が空間にあるにも関わらず，荷電粒子が力を受けないという場合を考えよう．力を受けないのだから，荷電粒子は等速度運動をする．そのような状況は，図 3.33 に示すような向きに電場と磁束密度があり，両者からの力がつり合って 0 となる条件 $qE=qvB$

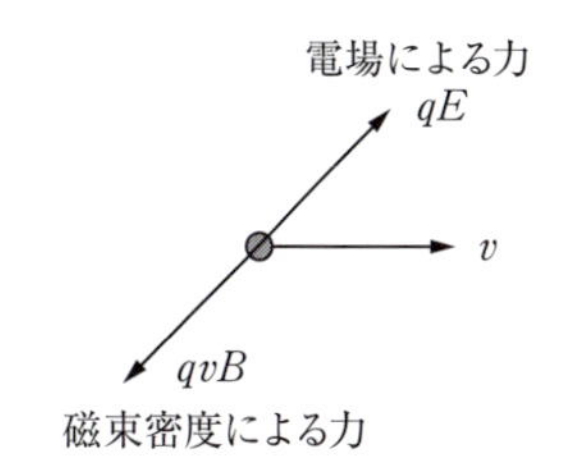

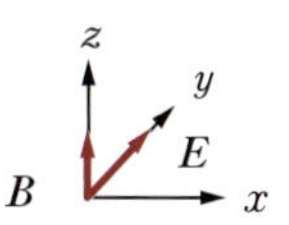

図 3.33　電荷と電場と磁束密度．力のつり合い．

から，荷電粒子の速度 v が

$$v = \frac{E}{B} \quad [\mathrm{m/s}] \tag{3.65}$$

を満たすときである．

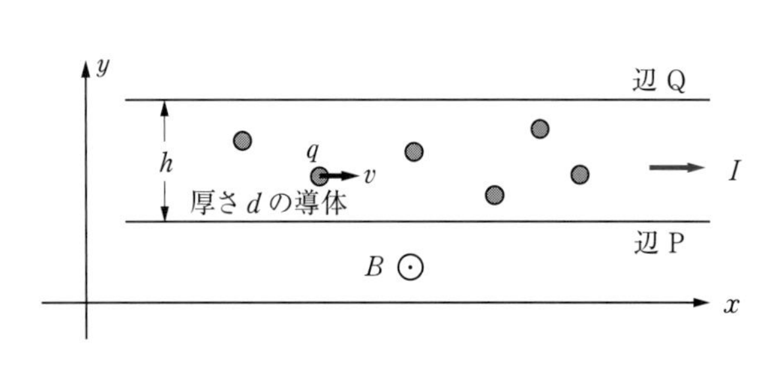

図 3.34　物体（導体，半導体）と電流，面に垂直な磁束密度 B.

さて，図 3.34 のように幅 h，厚さ d の物体（導体あるいは半導体）が xy 平面上にあり，一様な磁束密度が z 軸方向（図の紙面に垂直な方向）にあるとする．そして，電流 I が x 軸方向に流れているとする（$I > 0$）．電流 I が流れているということは，ある密度 n で電荷 q が物体中にあり，

（1）　正電荷 q が正の速度 v で x 軸方向に流れている

（2）　負電荷 q が負の速度 v で x 軸方向に流れている

のいずれかである．ここで説明する**ホール効果**は，電流を担っているものが正電荷か負電荷かを判定することができるという特徴がある[†14].

†14　1.6 節で半導体について，電子あるいは正孔（hole）が電流を担うことを説明した．なお，ホール効果のホールは人名である．

この (1), (2) いずれの場合でも，磁束密度から荷電粒子は力を受けるので図 3.35 のように曲がる．すると物体の幅の方向（y 軸方向）に電荷の分布が生じ，物体内に y 軸方向の電場ができる．それぞれの場合では，

（1）　正電荷が辺 P のほうに貯るので，辺 P →辺 Q の向きの電場が形成される

（2）　負電荷が辺 P のほうに貯るので，辺 Q →辺 P の向きの電場が形成される

ことになる．そして，

（1）　正電荷は，辺 P →辺 Q の向きの電場により辺 P →辺 Q 向きの力を受ける

（2）　負電荷は，辺 Q →辺 P の向きの電場により辺 P →辺 Q 向きの力を受ける

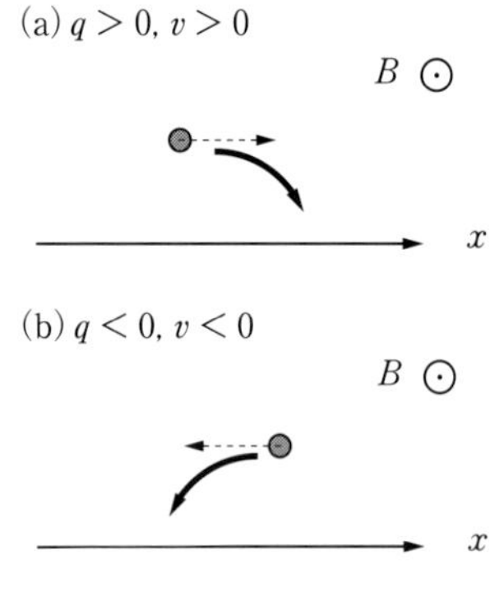

図 3.35　荷電粒子の動き

ので，やがて（3.65）の条件が満たされる強さの電場 E ができる．そこでは，電荷は等速度でまっすぐ x 軸の向きに流れるから，これ以上電荷が辺 P のほうに貯ることはなくなり，安定した電流 I が導体を流れることになる．

ここで，**ホール定数**（ホール係数）を

$$R_{\mathrm{H}} = \frac{E}{jB} \quad [\mathrm{m^3/C}] \tag{3.66}$$

で定義する．j は電流密度（第 2 章の（2.11））で，今の場合は $I = j(hd)$ である．辺 P と辺 Q の間の電位差を $V = \mathcal{V}_{\mathrm{P}} - \mathcal{V}_{\mathrm{Q}}$ とすると，$V = Ed$ なので

$$R_{\mathrm{H}} = \frac{Vh}{IB} \quad [\mathrm{m^3/C}] \tag{3.67}$$

となる．また，$I = qnv \cdot (hd)$（第2章の（2.5））であるから，

$$R_{\mathrm{H}} = \frac{1}{qn} \quad [\mathrm{m^3/C}] \tag{3.68}$$

と書くこともできる．

（3.67）では V, h, I, B は測定できる量なので，この式を使ってホール定数 R_{H} を実測できる．そして，それは（3.68）に等しいので，R_{H} の値の正負から，電流を担っているのが正電荷か負電荷かが判断でき，また，その電荷の物体内での密度を決めることもできる．逆に，ホール係数が既知の素材を用いて磁束密度 B の測定にも利用される．

3.5.6 電磁気力と座標系*

力学では，静止系とそれに対して一定の速度で運動している系は互いに同等で区別がつかなかった．電磁気力を考えるとどうなるか調べてみる．

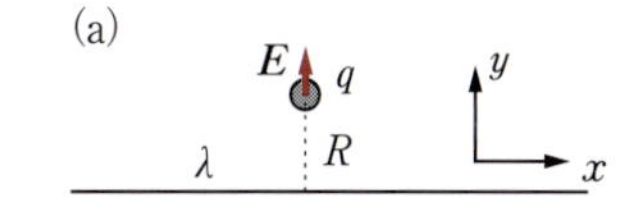

図 3.36 電荷と直線状電荷分布

例として図 3.36 の状況を考える．直線状に電荷が線密度 λ で分布しており，それから距離 R のところに電荷 q が静止しているとする（図 3.36(a)）．話を明確にするため，直線を x 軸，電荷 q の位置を $(0, R, 0)$ とする．すると，（1.67）から，この直線状の電荷分布が作る電場は電荷 q の図の位置では y 軸向きで大きさ $E = \lambda/2\pi\varepsilon_0 R$ なので，電荷 q は y 軸向きで，大きさ

$$F = q\frac{\lambda}{2\pi\varepsilon_0 R} \quad [\mathrm{N}] \tag{3.69}$$

の力を受ける．

次に，この系を x 軸に沿って速度 v で運動している系（x' 系，運動系）から観測してみよう（図 3.36(b)）．この系から見れば，電荷 q は速度 $-v$ で x 軸方向に運動しており，直線状の電荷分布は電荷分布であると同時に x 軸方向の $I = -\lambda v$ の電流であるとも見える．この電流は電荷の位置に $\boldsymbol{B} = (0, 0, \mu_0 I/2\pi R)$ の磁束密度を作る．したがって，運動系では，電荷 q が受ける y 軸向きの力は（3.8）を使い，

$$\begin{aligned} F' &= F(\text{電気}) + F(\text{磁気}) \\ &= q\frac{\lambda}{2\pi\varepsilon_0 R} - q\frac{\mu_0 \lambda v^2}{2\pi R} \quad [\mathrm{N}] \end{aligned} \tag{3.70}$$

となる．

結果として，はたらく力 F と F' は等しくない．（3.69），（3.70）を比べると，

$$F' = q\frac{\lambda}{2\pi\varepsilon_0 R}(1 - \varepsilon_0\mu_0 v^2) = F\left(1 - \frac{v^2}{c^2}\right) \quad [\mathrm{N}] \tag{3.71}$$

となる．ここで第5章の光速の式（5.52）を使った．通常の運動では，速度 v は光速 c に比べて非常に小さく，この差の検出は難しいが，とに

かく力が変化する．

また，もう1つ注目すべきことは，座標系によって磁束密度が現れたり消えたりするのだから，電場・磁場という区別は見かけ上のものではないのだろうかという点である．こういった状況を正確に理解するには，相対性理論が必要である．電場と磁場は実は電磁場という1つの存在の2つの側面であるのだが，その事情は**相対性理論**により，すっきりと理解することができる．相対性理論では，上の（3.71）にも含まれる $\gamma = 1/\sqrt{1-(v^2/c^2)}$ という因子がよく出てくる．相対性理論で光の速度が出てくることに疑問をもつ読者もいると思うが，上の（3.71）を導く経緯を見ればわかる通り，電気と磁気の力を計算すると γ が出てくるのである．

相対性理論では，運動系の時間が静止系に対して $t \to t/\gamma$ と遅くなる．時間が遅れるというと奇妙に感じるかもしれないが，これは現実に起きていることである．例えば，カーナビや携帯電話はGPS（Global Positioning Syetem）装置を使っている．GPSは，地球の軌道を回る多数の人工衛星からの時間情報を含む電波を受信して動作している．この人工衛星は，地球を周回しているのでその内部では時間が遅れる†15．その遅れを補正して送信しているから，地上ではGPSが正しく動作している．このようにして，現代では，多くの人が相対性理論の効果を意識せずに利用して暮らしているのである．

†15 ここでは，特殊相対性理論の効果について書いているが，実際には重力場の影響も同程度ある．

例題 3.6 図3.37に示すように，陽子（電荷 q，質量 m）が運動している．時刻 $t=0$ に陽子は点Oにあり，そこでの速度は右向きで大きさ u である．図の(a)では上向きの一様な電場が，(b)では紙面に垂直で手前から奥向きの一様な磁束密度がある．左右および上下に点Oから距離 s だけ離れた点Pを陽子が通った．$u = 2.0 \times 10^5$ m/s，$s = 20$ cm とするとき，それぞれの電場 E および磁束密度 B を求めよ．なお，陽子（水素の原子核，H^+ イオン）の比電荷は $q/m = 9.58 \times 10^7$ C/kg である．

解法のポイント この節で学んだように，一定電場では等加速度運動となり，一定磁束密度では円運動となる．それから軌道が点Pを通る条件を考える．

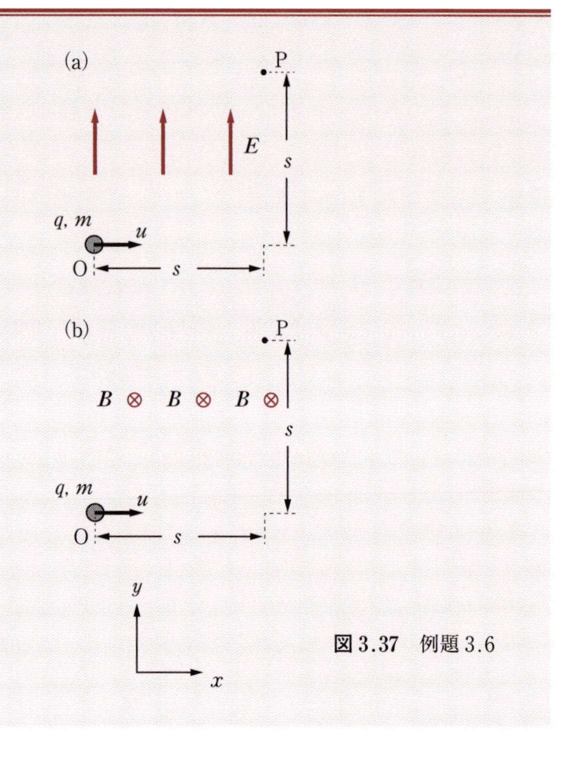

図3.37 例題3.6

解 (a) 図のように x, y 座標を設定し，点 O を原点とすると陽子の運動は

$$x = ut \text{ [m]}, \quad y = \frac{1}{2}at^2 \text{ [m]}, \quad a = \frac{qE}{m} \text{ [m/s}^2\text{]}$$

となる．点 P を通るのだから $x = s$，$y = s$ とおくと，時間 t を消去して

$$E = \frac{2mu^2}{qs} = \frac{2(2.0 \times 10^5)^2}{(9.58 \times 10^7) \times 0.2}$$
$$= 4.2 \times 10^3 \text{ V/m}$$

となる．

(b) 点 P を通るためには，半径が s の円運動をすればよいので，(3.57) から

$$u = s\left(\frac{qB}{m}\right) \rightarrow$$

$$B = \frac{mu}{qs}$$
$$= \frac{2.0 \times 10^5}{(9.58 \times 10^7) \times 0.2} = 1.0 \times 10^{-2} \text{ T}$$

の磁束密度があればよい． ◆

類題 3.7 例題 3.6 で陽子を α 粒子に変えると，電場 E および磁束密度 B の値はどう変化するか．α 粒子はヘリウムの原子核で，質量は陽子の 4 倍，電荷は陽子の 2 倍である．

類題 3.8 例題 3.6 で，陽子のエネルギーは点 O と点 P の間でどれだけ変化したかを m, u を用いて答えよ．

(1) 図 3.37(a) で考える．陽子の運動エネルギーから計算せよ．

(2) 図 3.37(a) で考える．電位差を用いて電荷に対する仕事 $W = qV$ から計算せよ．

(3) 図 3.37(b) で考える．陽子の運動エネルギーから計算せよ．

3.6 物質の磁気的性質

3.6.1 磁荷とクーロンの法則

物質の磁気的な性質に関する議論を進める前に，記号や単位の説明の関係もあり**磁石**について述べよう[†16]．電流と同じように磁石も磁気的な作用の源である．磁石の磁気的な力は，図 3.38 のように，その両端に源があり，そこから磁力線が出ている．磁力線が出てくるほうが N 極，磁力線が吸い込まれるほうが S 極とよばれる．両極から出入りする磁力線の量は同じである．そうでないと，3.1 節で述べた磁場に対するガウスの法則が成り立たなくなる[†17]．このことを磁石の両端には正と負の**磁荷**があると考える．正の磁荷が N 極，負の磁荷が S 極である．磁荷の記号は q_m とし，その単位は Wb（ウェーバ）である．

†16 3.6.4 項の強磁性体の説明も参照されたい．

†17 磁石（自発磁化した強磁性体）の内部では N 極から S 極の向きに $\boldsymbol{H}$ で表す磁力線があるが，$\boldsymbol{B}$ で表す磁束線は S 極から N 極の向きである．
　磁石の外側では，両者は同じ向きである．磁束線は輪になって端点をもたない．

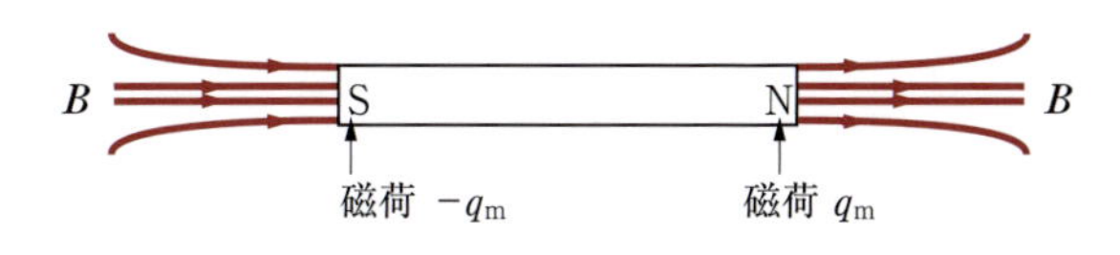

図 3.38 磁石

磁荷同士の間にはたらく力は，電荷同士の場合にはたらく力と同じように，**磁気クーロンの法則**で表される．大きさ q_{m1} と q_{m2} の磁荷が距離 r だけ離れているとき，両者の間にはたらく磁気力は次の式で表される．

$$\boldsymbol{F} = \begin{cases} \text{大きさ} \quad k_{\mathrm{m}}\dfrac{q_{\mathrm{m1}}q_{\mathrm{m2}}}{r^2} \ [\mathrm{N}] \\ \text{向き} \quad \text{磁荷と磁荷を結ぶ方向} \end{cases} \tag{3.72}$$

ここで，k_{m} は**磁気クーロン力の比例定数**で，

$$k_{\mathrm{m}} = \frac{1}{4\pi\mu_0} \tag{3.73}$$

である．(3.2) を用いると値は真空中で

$$k_{\mathrm{m}} = \frac{10^7}{(4\pi)^2}\ \mathrm{N \cdot m^2/Wb^2} \tag{3.74}$$

となる．(空気中でもほとんど同じ値である．)

第1章の電場の場合と同じように，磁荷にはたらく力は磁場 $\boldsymbol{H}$ を用いて

$$\text{磁荷 } q_{\mathrm{m}} \text{ にはたらく力} = \boldsymbol{F} = q_{\mathrm{m}}\boldsymbol{H} \quad [\mathrm{N}] \tag{3.75}$$

と表現され，点磁荷 q_{m} が作る磁場は

$$\text{点磁荷 } q_{\mathrm{m}} \text{ が作る磁場} = \boldsymbol{H} = \begin{cases} \text{大きさ} \quad k_{\mathrm{m}}\dfrac{q_{\mathrm{m}}}{r^2} \ [\mathrm{A/m}] \\ \text{向き} \quad \text{磁荷から放射状} \end{cases} \tag{3.76}$$

である．

3.6.2 磁　化

1.6節で物質の電気的な性質を考えたときは，まず，導体と誘電体に物質を分類した．電気現象の場合は電子や原子といった，電荷を担い独立に動く粒子が存在した．そして自由電子のあるなしが，導体か誘電体かを分けていたのであった．ところが，磁気現象の場合は，電子に該当するようなものはないので，そもそも導体に対応するような概念はない．上で説明した磁荷は磁石の両端に対になって存在し，独立に動くことはできない．このため，物質の磁気的性質に対してはすべて誘電体の議論に対応して考えることになる．

導体の特徴的な性質は1.6節で説明したように，自由電子があり内部で静電場が0という点にあった．自由電子に対応する磁気的な概念がないので，通常の物質で磁場に対してこのような性質をもつもの，つまり磁場を遮蔽してしまうものはない[†18]．

電気現象では外部からの電場によって誘電体の表面に分極電荷が生じ，これを分極で表現した（1.7節）．同じように，外部からの磁束密

†18　超伝導体は磁場を遮蔽する．スーパーマロイなどの素材も同様に機能する．

度によって，磁場中の物体の表面に磁荷が現れる．負の磁荷（S極）から正の磁荷（N極）を向くベクトルとして，**磁化 $\boldsymbol{M}$** を定義する．図3.39に示すように，電気のときとは異なり，磁化 $\boldsymbol{M}$ の向きは一定ではなく物質の種類により異なる．図3.39(a) のように外部の磁束密度と磁化の向きが同じ物質を**常磁性体**，図3.39(b) のように外部の磁束密度と磁化の向きが逆の物質を**反磁性体**とよぶ．この磁化 $\boldsymbol{M}$ は，磁場 $\boldsymbol{H}$ と同じく A/m の単位をもつ．

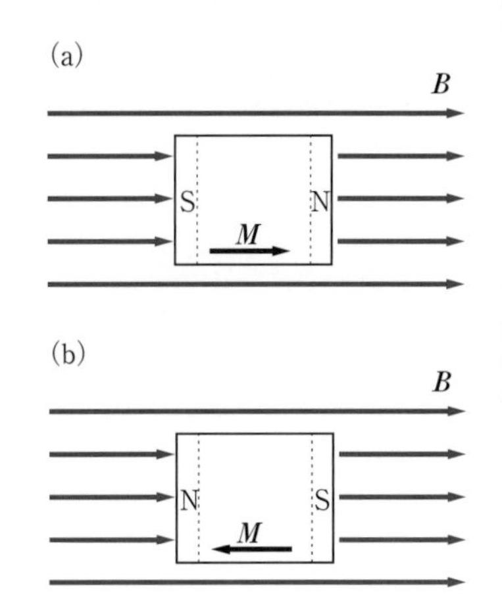

図3.39　磁化．(a) 常磁性体，(b) 反磁性体．

物体内の磁束密度は物質中では

$$\boldsymbol{B} = \mu_0(\boldsymbol{H} + \boldsymbol{M}) \quad [\mathrm{T}] \tag{3.77}$$

と表す．この関係式は，この節の後のほうで説明する．この式が物質内部の磁場 $\boldsymbol{H}$ の定義となる．磁化 $\boldsymbol{M}$ と磁場 $\boldsymbol{H}$ の関係が単純であれば，

$$\boldsymbol{M} = \chi_{\mathrm{m}}\boldsymbol{H} \quad [\mathrm{A/m}] \tag{3.78}$$

と表すことができる．この χ_{m} は無次元量であり，その物質に固有の量で**磁化率**とよばれる．(3.77)，(3.78) を組み合わせて

$$\boldsymbol{B} = \mu_0(1 + \chi_{\mathrm{m}})\boldsymbol{H} = \mu\boldsymbol{H} \quad [\mathrm{T}] \tag{3.79}$$

$$\mu = \mu_0(1 + \chi_{\mathrm{m}}) \quad [\mathrm{H/m}] \tag{3.80}$$

と表すこともできる．ここで μ は，その物質に固有の**透磁率**である．(3.2) で定義した磁気定数（真空の透磁率）μ_0 との関係は，

$$\mu = \mu_{\mathrm{r}}\mu_0, \qquad \mu_{\mathrm{r}} = 1 + \chi_{\mathrm{m}} \tag{3.81}$$

である．この μ_{r} を**比透磁率**とよぶ．μ と μ_0 は同じ単位（H/m）の量であるが，μ_{r} は無次元量である．

ここで，先ほど出た常磁性体と反磁性体について，具体的な性質を以下にまとめた．

（1）**常磁性体**

磁化率は $\chi_{\mathrm{m}} > 0$ であり，比透磁率は $\mu_{\mathrm{r}} > 1$ である．多くの金属がこれにあたる．χ_{m} の値が非常に大きいものは強磁性体とよばれ，これについては項を改めて説明する．普通の常磁性体は χ_{m} が1よりはるかに小さく，したがって μ と μ_0 はほとんど同じである．強い磁石を近づければ引力を受ける．アルミニウム，プラチナ，マンガン，硫酸銅，酸素などがこれに分類される．

（2）**反磁性体**

磁化率は $\chi_{\mathrm{m}} < 0$ であり，比透磁率は $\mu_{\mathrm{r}} < 1$ である．χ_{m} の絶対値は通常1よりはるかに小さく，したがって μ と μ_0 はほとんど同じである．この物質では磁化は外部の磁場と逆向きに生じるので，強い磁石を近づければ反発される．金，銀，銅，ガラス，水，大部分の有機物質などがこれに分類される．

表3.1　各種の物質の磁化率 χ_{m}（常温での値）

	物質	χ_{m}
常磁性体		$(\times 10^{-5})$
	アルミニウム	2.1
	プラチナ	26
	酸素	0.19
反磁性体		$(\times 10^{-5})$
	銅	−0.97
	食塩	−1.4
	水	−0.90

例題 3.7 磁束 Φ と磁荷 q_m の単位は，いずれも同じ Wb（ウェーバ）である．両者が同一の単位となる理由を説明せよ．

解法のポイント 電磁気の学習ではいろいろな単位が出てくるので難しく感じる場合があるが，それは片端から暗記しようとしているからである．単位は電磁気学の基本的な関係と整合性を保つように導入されている．単位は暗記するものではなく，電磁気学の量の関係から導くことのできるものである．

解 （3.76）から磁荷の作る磁場は $H = k_m(q_m/r^2)$ である．（3.73）を使うと，$B = \mu_0 H = q_m/4\pi r^2$ である．そして，磁束は $\Phi = BS$ である．S と r^2 の単位がいずれも m^2 であり，4π は単位をもたない比例係数なので，双方の単位を比較すると磁束 Φ と磁荷 q_m の単位は同一となる．◆

類題 3.9 電気定数 ε_0 の単位が F/m，磁気定数 μ_0 の単位が H/m である理由を説明せよ．（単位 H は（3.96）の個所を参照せよ．）

3.6.3 磁化と基本法則

前項で**磁化 $\boldsymbol{M}$** を導入したが，実は具体的には何も決めていないので少し詳しく議論する．1.7 節で誘電体を議論するときは，個々の分子を 1.2 節の図 1.18，（1.29）で定義される電気双極子と見なして，それの集まりが分極であるとした．これと同じように議論できればよいのだが，磁気の場合には，基本法則である磁場のガウスの法則やアンペールの法則は電流が作る磁場について述べられている．この辺りの整合性を確認する必要がある．

原子レベルで見ると磁荷というものは存在せず，磁気の源は，原子内での電子の運動が微小な電流となり，それから磁束密度が生じていると考えられる．また，電子や原子核はスピンとよばれる量をもち，それも磁気に寄与する．まず N 極と S 極をもつ微小な磁石を考え，図 3.40 に示す**磁気双極子**と見なす．そして，物質の磁気的な性質を考える際は，この磁気双極子が多数集まって物質を構成しているとする．この磁気双極子は（1.29）の電気双極子にならって定義される**磁気モーメント $\boldsymbol{m}$**

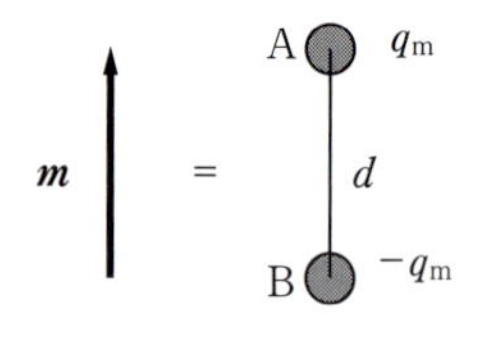

図 3.40　磁気双極子

$$\boldsymbol{m} = \frac{1}{\mu_0} q_m \overrightarrow{\mathrm{BA}} \quad [\mathrm{Am^2}] \tag{3.82}$$

をもつ．その大きさは $m = q_m d/\mu_0$ である．磁化 $\boldsymbol{M}$ はこの磁気モーメントの集まりである．位置 $\boldsymbol{r}$ における $\boldsymbol{M}$ は，位置 $\boldsymbol{r}$ を含む微小な体積 ΔV を考え，

$$\boldsymbol{M} = \frac{\Delta V \text{内にある} \boldsymbol{m} \text{の和}}{\Delta V} \quad [\mathrm{A/m}] \tag{3.83}$$

と定義される．この定義により，磁化 $\boldsymbol{M}$ の単位が磁場 $\boldsymbol{H}$ と同じ A/m になることを確認してもらいたい．この磁化 M により，図 3.39 のように物質の表面に誘導された磁極が現れる．

次に，この微小な磁気モーメントと等価な微小な電流を考える．第1章での電気双極子の結果である（1.38）を利用し，磁気双極子から十分遠方の位置の磁場を求めると，双極子からの距離を r として

$$H \simeq \frac{m}{2\pi r^3} \quad [\mathrm{A/m}] \tag{3.84}$$

が得られる．一方，半径 a の円形電流では（3.26）で z を r と見なし，a よりずっと大きいとすると

$$H \simeq \frac{Ia^2}{2r^3} \quad [\mathrm{A/m}] \tag{3.85}$$

となる．円形電流の面積は $S = \pi a^2$ なので両者を比較すると，

$$m = I_M S \quad [\mathrm{Am^2}] \tag{3.86}$$

という対応関係が成り立つことがわかる．このようにして，磁気モーメントを微小な電流でおきかえることができる．この電流を**磁化電流**とよび，上の式のように，通常の電流 I と区別するため I_M で表す．

極めて薄い（厚みが図3.40の双極子1個のサイズ d 程度の）板状の磁性体を考えよう．それは，多数の磁気モーメントが面状に並んだものである．その磁気モーメントを上の対応関係で小さな電流におきかえる．図3.41のように，微小な電流を並べたものは境界同士では打ち消し合うので，結局物体の縁に沿った電流があることになる．このようにして，薄い板状の磁性体は磁化電流 I_M でおきかえることができる．

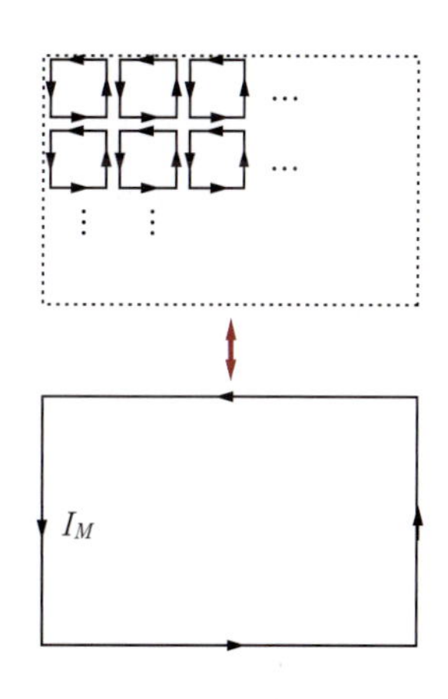

図3.41　微小な多数の電流

磁化した磁性体は図3.42(a) のように，両端に磁極があるが，これは図3.42(b) のように多数の薄い板状の磁性体を積み上げげたものと見なすことができる．そして，上で説明したように，この板状の磁性体を多数の磁気モーメントの集団と見なせば，結局，図3.42(c) のようにその周囲をめぐる磁化電流でおきかえることができる．その磁化電流を集めたもの（図3.42(d)）と元の磁性体が等価であることになる．なお，図3.42では表現の都合上，磁化電流を通常の電流のように曲線で表しているが，図3.42の (b), (c) の薄板は極めて薄く，(d) では側面に沿って面状の電流が流れていると考えてもらいたい．

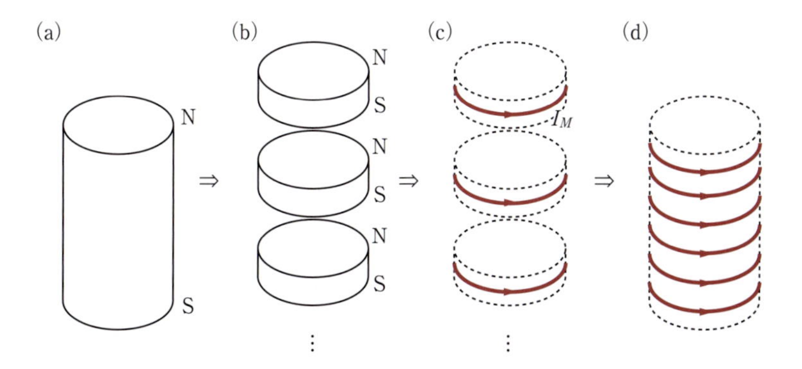

図3.42　磁性体を磁化電流でおきかえる．

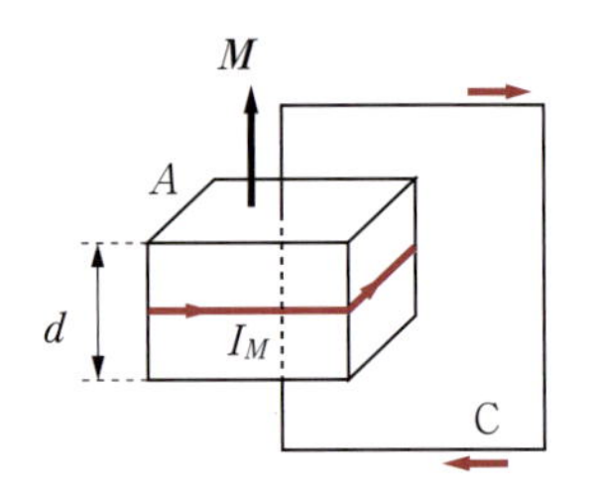

図 3.43　磁化と磁化電流の関係

このように見ると，電流系の作る磁束線は輪になっているので，磁場のガウスの法則は物質がある場合でも変更する必要はない．

アンペールの法則について考えよう．まず，(3.83) で定義された磁化 M を磁化電流と関係づけるため，図 3.43 で考えよう．ここで厚さ d，断面積 A の直方体の形をした微小な体積の磁性体を考える．微小体積なので d も十分小さい．すると，この面積 A に n 個の磁気モーメントがあるとして，定義 (3.83) から，磁化の大きさは

$$M = \frac{nm}{Ad} \quad [\mathrm{A/m}] \tag{3.87}$$

である．一方，磁化電流は (3.86) より，磁気モーメント 1 つ当りの面積は A/n になるから

$$m = I_M \frac{A}{n} \quad [\mathrm{Am^2}] \tag{3.88}$$

となる．これから

$$M = \frac{I_M}{d} \quad [\mathrm{A/m}] \tag{3.89}$$

となる．

さて，ここで図 3.43 に示す微小体積を貫く閉曲線 C（回る向きは図に示す）について，アンペールの法則に現れる式と類似の $\sum M_t \Delta s$ を計算してみると，$\boldsymbol{M}$ はこの微小体積内だけに存在するので，$\sum_{\mathrm{C}} M_t \Delta s = Md = I_M$ となることがわかる．このような微小な体積で成り立ったことは，これを多数組み合わせても同じなので一般的な閉曲線 C でも成立する．その場合，右辺はそれぞれの微小体積からの磁化電流の和なので

$$\sum_{\mathrm{C}} M_t \Delta s = \sum_{\mathrm{S}} I_M \tag{3.90}$$

となる．

アンペールの法則は，真空中では (3.43) にあるように一般的な閉曲線 C について，

$$(\text{真空中}) \quad \sum_{\mathrm{C}} \frac{B_t}{\mu_0} \Delta s = \sum_{\mathrm{S}} I \tag{3.91}$$

であった．磁性体があるとき，磁化電流も右辺に寄与するので

$$\sum_{\mathrm{C}} \frac{B_t}{\mu_0} \Delta s = \sum_{\mathrm{S}} I + \sum_{\mathrm{S}} I_M \tag{3.92}$$

となる．(3.90) を使うと，

$$\sum_{\mathrm{C}} \frac{B_t}{\mu_0} \Delta s = \sum_{\mathrm{S}} I + \sum_{\mathrm{C}} M_t \Delta s \tag{3.93}$$

となる．よって，

$$\boldsymbol{H} = \frac{\boldsymbol{B}}{\mu_0} - \boldsymbol{M} \quad [\mathrm{A/m}] \tag{3.94}$$

とすれば，アンペールの法則を使うときには通常の電流 I だけでよいことになる．つまり，以下に示すように磁化電流を含まない真空中と同じ表現となる．

$$\sum_{\mathrm{C}} H_t \Delta s = \sum_{\mathrm{S}} I \tag{3.95}$$

(3.77) で用いた関係は，前ページの (3.94) である．

3.6.4 強磁性体

磁化率 χ_{m} が正であるが，1 よりはるかに大きい物質である．したがって透磁率 μ は μ_0 よりはるかに大きい．鉄，ニッケル，コバルトなどの金属が該当する．**強磁性体**の特徴は，それが**履歴現象**（ヒステリシス）を示すことにある．強磁性体でない物質では，図 3.39 の磁化は外部からの場があるときのみ，それに誘導されて生じるのであって，外部の場が切られれば磁化も消えてしまう．しかしながら，強磁性体の場合は一般に外部からの場の影響が消えた後も，磁化が残るのでいわゆる永久磁石になることができる．

図 3.44 に示すのが，その様子を表す**磁化曲線**である．始めの状態では，強磁性体は点 O($H = M = 0$) にある．徐々に磁場 H を増やしていくと，点 P の状態へと変化していく．この点 P の付近では H を増やしても M はほとんど増えない飽和状態である．この点 P の状態から徐々に磁場 H を弱くしていくと，強磁性体は点 P→点 Q→点 R と状態変化していき，最初の点 O の状態へは戻らない．点 Q の状態は磁場 $H = 0$ であるが，磁化 M は有限の値であり，このときの磁化 $M = M_{\mathrm{r}}$ を残留磁化という．これが永久磁石の磁化となる．磁化を $M = 0$ にするには，磁場 H を 0 からさらに逆向きにかけてやる必要があり，$H = -H_{\mathrm{c}}$ である点 R で磁化が 0 となる．この H_{c} のことを保磁力とよぶ．

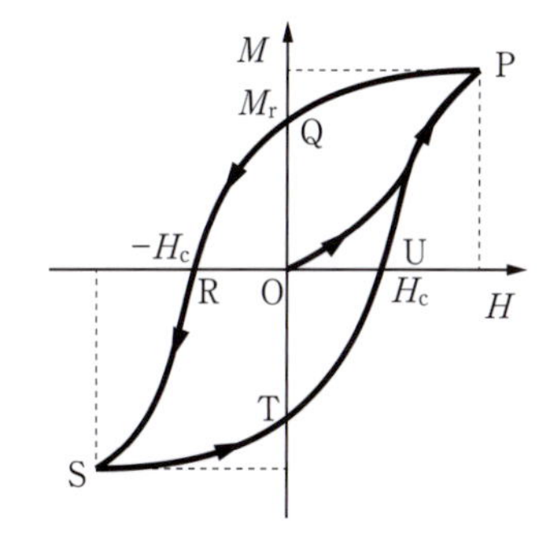

図 3.44 強磁性体の示す磁化曲線

この磁化曲線の幅が広い（H_{c} が大きい）強磁性体を「かたい」，幅が狭い（H_{c} が小さい）強磁性体を「やわらかい」と表現する．かたい強磁性体は磁化を消しにくいので，磁気的な記録装置（ハードディスクなど）に使われる．一方，この磁化曲線の囲む面積は，磁化曲線を 1 周する状態変化で発生する熱量に比例し，変圧器などでは，面積の小さいやわらかい強磁性体が使われる．強磁性体は一般に温度を上げると，ある温度で常磁性体に相転移する．この転移温度のことを**キュリー温度**（キュリー点）とよぶ．例えば，鉄は 770 ℃で強磁性から常磁性へと状態変化する．

強磁性体の透磁率 μ は μ_0 よりはるかに大きいが，その値の定義には注意を要する．例えば，$\boldsymbol{M} = \chi_{\mathrm{m}} \boldsymbol{H}$ という式を前に書いたが，図 3.44

表 3.2　各種の強磁性体の最大磁化率 μ_m（常温での値）

物質	μ_m
純鉄	$(6 \sim 8) \times 10^3$
珪素鋼	4×10^4
ミューメタル	1×10^6
スーパーマロイ	6×10^6

を見ると $\boldsymbol{H} = 0$ でも $\boldsymbol{M}$ が値をもつので χ_m の値を定められない．しかし，一応の基準となる値を挙げておかないと比較や計算ができないので，比透磁率 μ_r に対応する量として，表 3.2 に，最大透磁率 μ_m の値をいくつかの強磁性体について示しておく．透磁率はこの表の値を使って $\mu = \mu_m \mu_0$ とする．μ_m は B - H 磁化曲線に対して原点から引いた接線の傾きを μ_0 で割ったものと定義されている．いずれにしても強磁性体の物性値は，温度，熱処理過程，加工過程，履歴，添加物などにより変化するものである．

3.6.5　超伝導体*

1911 年カメリング - オネス（H. Kamerling - Onnes）は，超低温に冷やした金属の電気抵抗がある温度以下で突然 0 になることを発見した．これを**超伝導**とよぶ[†19]．

†19　超電導と訳す場合もある．

実用上，電気抵抗が 0 である超伝導体の性質は極めて重要である．医療機器やリニアモーターカーのように強い磁束密度を必要とする機器では，電磁石に加える電流を大きくする必要がある．ところが，電流を増やせばジュール熱（(2.19)）が増え，電磁石は破損してしまうので限界がある．このため，ジュール熱の発生しない超伝導体で作製した電磁石が重要となってくるのである．

今のところ，実用的に利用できる超伝導体は，かなりの低温（液体ヘリウム温度）にしないと超伝導状態とならない．このため，超伝導電磁石を使用するときは冷却系や高価な液体ヘリウムが必要であり，装置が複雑化しコストもかかる．仮に室温程度で動作する超伝導体が実用に供されることになれば，いろいろな場面で大きな技術革新が起こるであろう．

超伝導物質の重要な性質の 1 つとして**マイスナー効果**がある．それは，導体が電場を遮蔽するように，磁束線が超伝導体内部には侵入できないという性質である[†20]．このように超伝導は巨視的には物質の磁気的性質と考えられる[†21]．

†20　超伝導体は大きく分けて第 1 種と第 2 種がある．ここでは第 1 種超伝導体を念頭においている．

†21　3.6.2 項の分類でいえば，完全反磁性体となる．

環状の金属に電流を流すと，通常の金属では電池などで電流を維持しない限り，電気抵抗により電流は減衰し消滅してしまう．ところが，超伝導体の環では抵抗がないので電流は減衰せず永久電流が流れる．

ところで，電気力線や磁束線は弾性的な物質と同様な振舞をする．磁束線は端点をもたない輪ゴムのようなものである．金属の環に電流が流れていればアンペールの法則に従い，その周りに磁束線の輪ができる．通常の金属でできた環に流れる電流が消滅するときに，この磁束線はどのように消滅するかというと，この輪が縮まり 1 点に収縮して消える．

これが，超伝導体の場合，磁束線の輪が消滅しようとすると，輪は超伝導体の中に潜り込むか超伝導体を横切ることになる．ところが，それはマイスナー効果により禁止されている．したがって，環状の超伝導体の周りにある磁束線は一度生じたら消滅することは許されない．磁束線があるのだから，その源になっている電流もまた存在し続けているはずである．

永久電流があるときに電気抵抗があれば，それにより発熱の形でエネルギーを無限に取り出すことができ，エネルギー保存則に反する．したがって，電気抵抗は0である．これらの話をまとめると，マイスナー効果 ⇒ 磁束線が消滅しない ⇒ 永久電流 ⇒ 電気抵抗が 0，ということになる．

3.7 コイルと自己インダクタンス

3.7.1 自己インダクタンス

電場について第1章で学んだ際に1.8節でコンデンサーについて調べ，その特性を表す量として電気容量を導入した．同様にコイルについて，その特性を評価する量を導入する．

回路を電流 I が流れていると，その電流は磁束密度を作る．回路を通り抜ける磁束線の総量，すなわち，磁束を Φ とする（図3.45）．磁束は3.1節の（3.4），（3.5）で定義した．この両者は比例するはずであり，その比例係数を**自己インダクタンス**とよぶ．両者の間には，

$$\Phi = LI \quad [\mathrm{Wb}] \tag{3.96}$$

が成り立つ．インダクタンスは記号 L で表し，単位は H（ヘンリー）である．

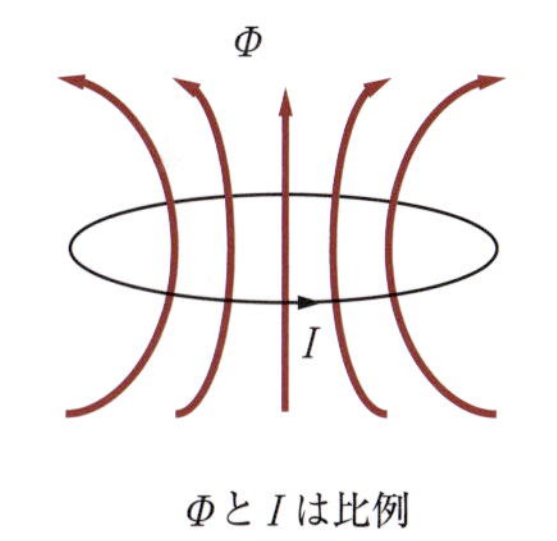

図3.45　自己インダクタンス

3.7.2 ソレノイド

簡単な形状の回路では，自己インダクタンスを計算できる．3.3節，3.4節で求めたソレノイドの場合，内部の磁束密度は一様で $B = \mu_0 nI$ である．ソレノイドを円柱形と見なし，断面積を S，長さを l とすると，

$$\Phi = \mu_0 nIS \times (nl) \quad [\mathrm{Wb}] \tag{3.97}$$

である．ここで nl は全巻き数を表している．全巻き数を乗じたのは，回路を磁束密度がその回数だけ通り抜けているからである．これから，ソレノイドの自己インダクタンスは

$$L = \mu_0 n^2 Sl \quad [\mathrm{H}] \tag{3.98}$$

である．上の式では空芯のソレノイドで計算したが，ソレノイドの中に透磁率 μ の物質が入っている場合には

$$L = \mu n^2 Sl \quad [\mathrm{H}] \tag{3.99}$$

となる.

例題 3.8　長さ 50 cm, 巻き数 400 回で, 断面が直径 2.0 cm の円形の空芯ソレノイドがある. このソレノイドの自己インダクタンスはいくらか.

解法のポイント　(3.98) に従って計算すればよい. 「空芯」とは内部に磁性体が入っていないという意味で (内部には空気のみ), 空気の透磁率は真空の場合とほぼ同じと考えればよい.

解　(3.98) に値を代入すればよい.

$$n = \frac{400}{0.5} = 800\ \mathrm{m}^{-1}, \quad S = \pi(1.0 \times 10^{-2})^2\ \mathrm{m}^2$$

$$\begin{aligned} L &= \mu_0 n^2 Sl \\ &= (4\pi \times 10^{-7}) \times 800^2 \times (\pi \times 1.0 \times 10^{-4}) \times 0.5 \\ &= 1.3 \times 10^{-4}\ \mathrm{H} \end{aligned}$$

◆

類題 3.10　例題 3.8 のソレノイドの内部に鉄心を入れた. この鉄の比透磁率は $\mu_r = 2000$ としてよい. このとき, 自己インダクタンスはいくらになるか.

●ま　と　め●

1. 直線電流 I の周りの磁束密度は大きさが $B = \mu_0 I/2\pi R$ であり, 右ねじのルールに従う渦状の向きをもつ.
2. 電荷 q, 速度 $\boldsymbol{v}$ の粒子が磁束密度 $\boldsymbol{B}$ から力を受けるとき, その力はベクトルの外積による表現を用いて $\boldsymbol{F} = q\boldsymbol{v} \times \boldsymbol{B}$ となる. そして長さが l の電流 I が受ける力は $\boldsymbol{F} = l\boldsymbol{I} \times \boldsymbol{B}$ となる. さらに, 電流と電流の間にも力がはたらく.
3. ある面を通る磁束密度の総量を磁束 Φ とよぶ. 磁束線は環状で端点をもたないので, 磁場に関するガウスの法則は, ある閉曲面を通る磁束の合計 ($\sum B_n \Delta S$) が 0 であると表現される.
4. ビオ - サバールの法則により磁束密度を求めるには, 電流素片の作る磁束密度を電流全体にわたって加える.
5. アンペールの法則では, まず任意の閉曲線を考える. この閉曲線 C に沿って磁場の接線成分を積分したもの ($\sum H_t \Delta s$) は, 閉曲線 C を通り抜ける電流の和 ($\sum I$) に等しい.
6. 荷電粒子が一定の電場内を運動する場合は等加速度運動となり, 一定の磁束密度内を運動する場合は円運動あるいはらせん運動となる. 一定の電場と磁束密度があるときの運動の軌道はいろいろなものがあるが, 例えばサイクロイドとなる場合がある.
7. 物質は磁気的性質により, 常磁性体, 反磁性体, 強磁性体に分類される. 強磁性体は磁石になる物質で, 透磁率は非常に大きく, 履歴現象 (ヒステリシス) を示す.
8. コイルを特徴づける量として自己インダクタンス L がある. コイルに電流 I が流れ, それを磁束 Φ が通り抜けるとすると, $\Phi = LI$ となる.

章　末　問　題

3.1　距離 d の平行な 2 本の導線があり，同じ方向に電流 I_1, I_2 が流れている．このとき，ある直線上で磁束密度が 0 となる．その直線の位置を答えよ．⇨ **3.1 節**

3.2　図 3.46(a) のように 4 本の平行な導線 C, D, E, F があり，それぞれに同じ大きさの電流 I が流れている．図 3.46(b) は 4 つの導線に垂直な断面を上から見た様子を示しており，導線 C, D, E, F はこの面上で辺の長さ d の正方形をなしている．この正方形の中心の点 O における磁束密度 $\boldsymbol{B}$ の大きさと向きを答えよ．⇨ **3.1 節**

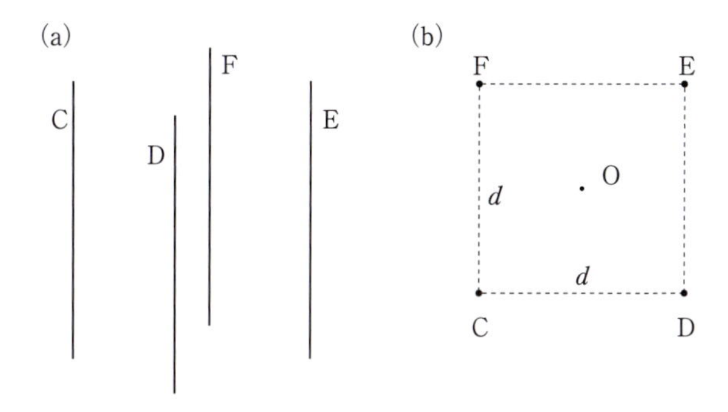

図 3.46　4 本の平行導線

(1) すべての電流が上向きの場合

(2) 導線 C, F の電流は上向き，導線 D, E の電流は下向きの場合

(3) 導線 C の電流のみが上向きで後は下向きだった場合

3.3　図 3.47 のように，十分長い直線電流 I_1 と辺の長さが b, c の長方形の形の電流 I_2 がある．両者の間は a 離れており，同一の平面上にある．長方形の電流にはたらく力の大きさと向きを答えよ．⇨ **3.2 節**

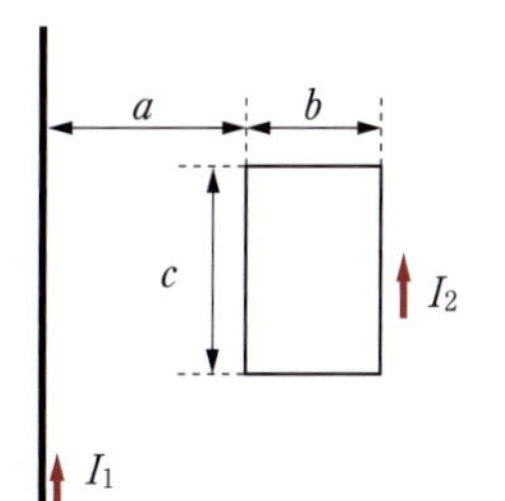

図 3.47　直線電流と長方形の電流

3.4　図 3.48(a) のように，1 辺が $2a$ の正方形の導線があり，これを時計回りに電流 I が流れている．この正方形の中心の点 O の磁束密度を求めよ．⇨ **3.3 節**

［ヒント］　図 3.48(b) のように，長さが $2a$ の電流 I を考え，これが距離 a の場所に作る磁束密度を求める．この計算は，直線電流の周りの磁束密度をビオ－サバールの法則を用いて求める場合と同様にできる．正方形は 4 つの辺からなるが，それぞれ同じ大きさで同じ向きの磁束密度を点 O に作るので，結果を 4 倍したものが解である．

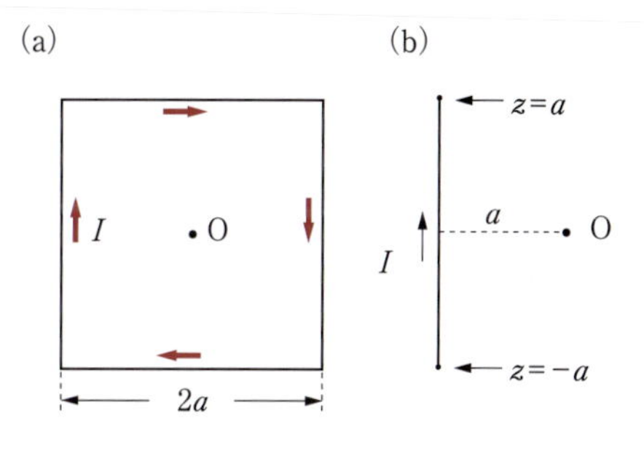

図 3.48　正方形の導線

3.5　図 3.49 のようなコの字型の導線に電流 I が流れている．点 O での磁束密度を求めよ．⇨ **3.3 節**

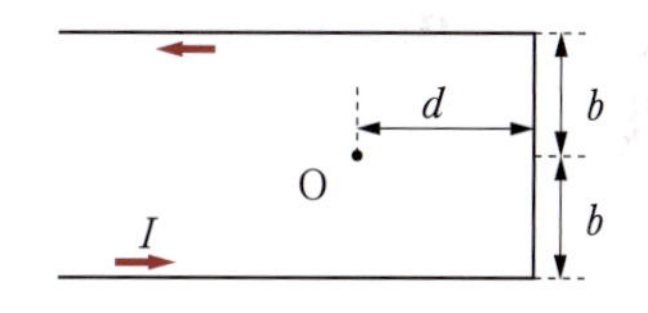

図 3.49　コの字型の導線

3.6　電流 I が z 軸に沿ってある．次ページの図 3.50 にあるように，電流に垂直な面内にある 1 辺が $2a$ の正方形を閉曲線 C とする．閉曲線 C を多数の微小な線分に分け，各部分で磁場の接線成分と線分の長さの積を求め，それを閉曲線全体で総和をとった量を求めよ．⇨ **3.4 節**

［ヒント］　電流 I を囲む経路に沿って磁場の接線成分を積分すると電流 I になる，ということを確かめる例の 1 つである．どんな閉曲線でもアンペールの法則が成り立つことを確かめてもらいたい．

計算するときは，点 $(a, 0)$ と点 (a, a) の間の長さ a の線分について計算し，それを 8 倍すれば正方形全体となることを利用する．点 (a, y) での磁場を $|\boldsymbol{H}| = I/2\pi r$ から求め，その接線成分を $y = 0$ から $y = a$ まで積分すれば，求める和となる．

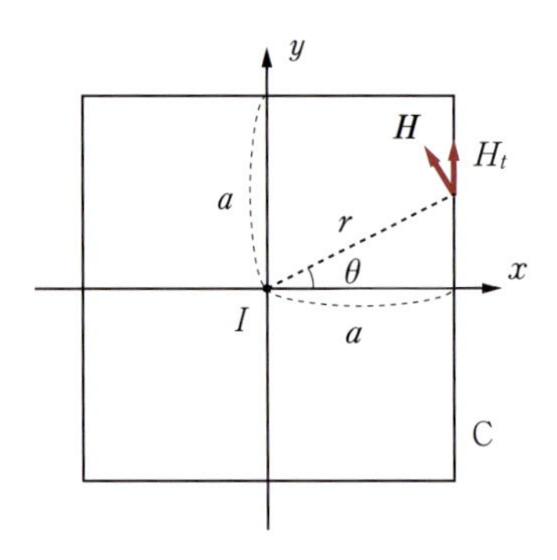

図 3.50　直線電流と正方形の閉曲線 C

3.7　図 3.51 に示すように，円環の形をなすように巻いたコイルをトロイダルコイル（トロイド）とよぶ．全巻き数は N とする．円環の環状部分の半径を r とする．円環の内径を a とするので，外径は $a + 2r$ である．コイルに電流 I を流すとき，中心からの距離が R の位置における磁場をアンペールの法則を用いて求めよ．**⇨ 3.4 節**

［ヒント］　閉曲線は図に点線で示す半径 R の円とする．図では R は $a < R < a + 2r$ としているが，$R < a$ や $R > a + 2r$ の場合も議論すること．

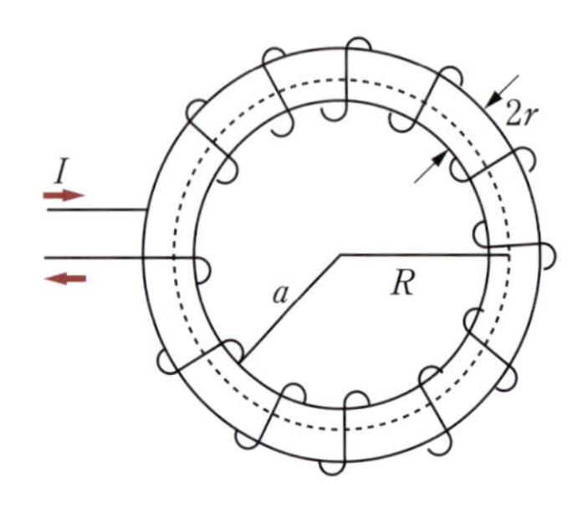

図 3.51　トロイダルコイル

3.8　質量 m，電荷 q をもつ粒子が図 3.52 のように運動する．荷電粒子は速度 v_0 で入射し，電位差 V の極板（間隔 d）を通り抜けて加速され，点 O での速度は v である．$x > 0$ の領域には強さ B の一様な磁束密度がある．磁束密度の向きは紙面に垂直で手前から奥向きである．荷電粒子は点 O を通った後，円軌道を運動し点 P に達した．以下の問に答えよ．**⇨ 3.5 節**

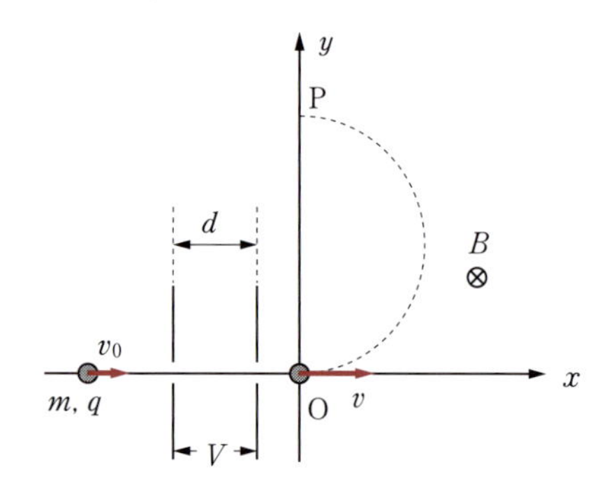

図 3.52　荷電粒子の運動

(1)　v を v_0, m, q, V で表せ．

(2)　極板を通り抜けるのに要する時間 t を m, q, V, d, v_0 で表せ．

(3)　OP の距離 L を v, B, m, q で表せ．

(4)　点 O から点 P まで運動するのに要した時間 T を v, B, m, q で表せ．

(5)　$v_0 = 0$ とする．つまり，荷電粒子は初速度 0 で左の極板にある．比電荷 q/m を V, B, L で表せ．

(6)　荷電粒子を電子とし，前問 (5) と同じ条件で考える．ただし，磁束密度の向きは逆とする．電子の比電荷は 1.76×10^{11} C/kg である．$V = 1$ kV，$B = 0.04$ T とすると，L の値はいくらか．

3.9　図 1.58 に示す同軸ケーブルがある．内側と外側の導体円柱は共通の中心軸をもち，半径がそれぞれ a, b である．ケーブルは十分長いが，その一部の長さ l の部分を考える．内側の導体と外側の導体には，それぞれ大きさが I で逆向きに流れる電流があるとする．内側の電流が流れる方向を正の方向とする．

円柱の中心軸上の点を中心とし，円柱の中心軸に垂直な面内の半径 R の円を閉曲線 C としてアンペールの法則を適用し，導体間の空間における磁場を求めよ．また，内側の導体の内部や外側の導体の外部には磁場がないことを確かめよ．**⇨ 3.4 節**

3.10　図 1.58 に示す同軸ケーブルの長さ l の部分の自己インダクタンスを求めよ．内側と外側の導体円柱は共通の中心をもち，半径がそれぞれ a, b である．ケーブルは十分長いが，その一部の長さ l の部分を考える．内側の導体と外側の導体にはそれぞれ大きさが I で逆向きに流れる電流があるとする．同軸ケーブルでは，導体間には，通常，絶縁物質があるが，ここでは空気があるとする．

磁場については前問で考えている．磁束を定義する面Sがわかりにくいかもしれないが図3.53の赤色の長方形（軸方向の長さは l）を通る磁束を考えればよい．磁束密度の向きは，右ねじルールに従った向きに，内側と外側の円柱面の間を渦状に分布している． ⇨3.7節

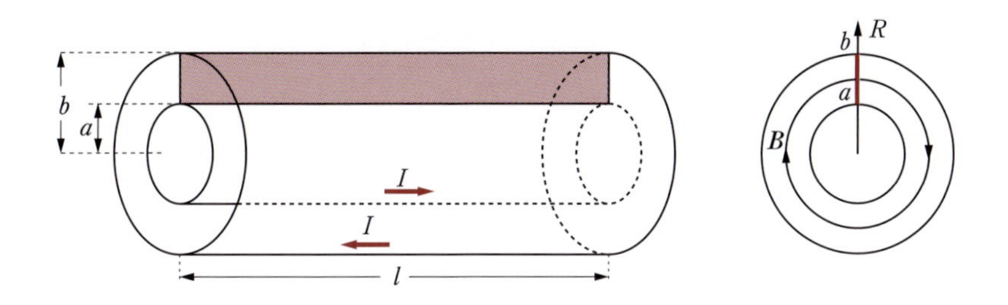

図3.53 同軸ケーブルの自己インダクタンス

モノポール

電気と磁気には非対称な面がある．電気の場合，電荷を担った独立な粒子が存在する．例えば電子がそうである．これに対し磁気では，磁石の両端に磁荷があると表現されるが，磁石を2つに切断し，N極だけ，あるいはS極だけを取り出そうとしても，金太郎飴のごとく，切断面に新たに極が現れ，手元に残るのは2つの両極をもつ磁石だけである．この操作を繰り返すと，もはや磁石とはよぶことができないような微小なものになってしまう．原子は原子核とそれを中心として運動する電子からなり，電子の運動は電荷の運動であるので，それは微小な環状電流と見なせる．その電流が磁気の源であると考えられている．（少し難しくなるが，電子の軌道運動以外に電子や核のスピンとよばれる「自転運動のような」成分の寄与もあるし，量子論的な相互作用も重要である．）

理論的には，磁荷をもつ素粒子の存在は可能である．つまり，N極だけ，あるいは，S極だけの自立した粒子の存在である．これはディラック（P. A. M. Dirac）により1934年に考察され，モノポール（磁気単極子）とよばれている．以後，そのような存在の探索がさまざまな方法でなされている．ある科学者は，モノポールは磁力で鉄鉱石にくっついているだろうから，高温で磁力が失われれば落下してくるはずと考え，製鉄所の溶鉱炉の下に測定器を設置して調査を行った．地球で見つからないならばと，アポロ宇宙船が持ち帰った月の石を分析した科学者もいた．しかし，残念ながら，今までのところ発見されていない．（1982年に1例発見の報告があったが，追試の結果は否定的である．）一方，理論物理学者から，モノポールは触媒として核子崩壊を引き起こすので，エネルギー源として使えるという説（ルバコフ効果）が出されている．

もしモノポールの実在が証明されれば，ノーベル物理学賞級の大発見となる．物質の究極構造の理論や宇宙論にも大きな影響を与えることになる．そして，どうでもよいかもしれないが，本書のような電磁気学の教科書もすべて書き換えが必要になる．それは喜ぶべきことであろう．

第4章
時間変化する電流

学習目標

- 交流について，位相のずれ，消費電力，実効値などを理解する．
- コンデンサー，コイル，抵抗からなる回路を複素数の抵抗で分析する手法を学び，インピーダンス，位相のずれを計算する手法を理解する．
- 回路を微分方程式を用いて扱い，過渡現象，共振回路などを学ぶ．

キーワード

電流（I [A]），電位差（電圧）（V [V]），電気抵抗（R [Ω]），電力（P [W]），インピーダンス（Z [Ω]），位相のずれ（ϕ [rad]），周期（T [s]），周波数（振動数）（f [Hz]），角周波数（ω [rad/s]），電位差の最大値（V_0 [V]），電流の最大値（I_0 [A]），電位差の実効値（V_e [V]），電流の実効値（I_e [A]），電気容量（C [F]），自己インダクタンス（L [H]），複素抵抗，リアクタンス（X [Ω]），時定数（τ [s]），共振と共振周波数

4.1 交流回路と複素抵抗

4.1.1 交流の基本

この章では，時間的に変化する**電流**や**電位差**を考察する．周期的に時間変動する電流を**交流**という．以下では，正弦波の波形をもつ交流を考える．

任意の周期的関数はフーリエ級数で表現できることが知られている．例として，図4.1の矩形波（方形波）は $\omega = 2\pi/T$ として，

$$\begin{aligned} V(t) &= \frac{4V_0}{\pi}\left\{\sin(\omega t) + \frac{1}{3}\sin(3\omega t) + \frac{1}{5}\sin(5\omega t) + \cdots\right\} \\ &= \frac{4V_0}{\pi}\sum_{k=1}^{\infty}\frac{\sin\{(2k-1)\omega t\}}{2k-1} \end{aligned} \tag{4.1}$$

と正弦波の和で表現される．そして，線形回路では各成分の重ね合わせが成立する．したがって，単純な正弦波を考察しておけば，原理的には任意の周期的な波形となる交流を調べることができる．

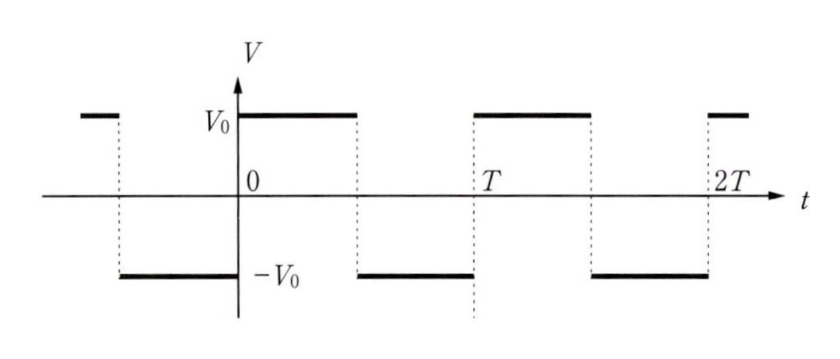

図4.1　矩形波

振動現象では，1秒間に振動するサイクルの数を振動数とよぶが，電気回路では**周波数**とよび f で表す．周波数の単位はHz（ヘルツ）で

ある[†1]．逆に，1サイクルに要する時間を**周期**とよび T で表す．周期の単位は s である．日本の場合，一般家庭へは 50 Hz（東日本）あるいは 60 Hz（西日本）の周波数の交流が供給される．

†1 単位 Hz は秒の逆数 s^{-1} を表す．

$$T = \frac{1}{f} \quad [\mathrm{s}] \quad \text{あるいは} \quad f = \frac{1}{T} \quad [\mathrm{Hz}] \tag{4.2}$$

の関係があることは，周波数と周期の意味から明らかであろう．

以下の式で出てくる

$$\omega = 2\pi f \quad [\mathrm{rad/s}] \tag{4.3}$$

を**角周波数**とよぶ．

周波数 f の交流の電位差（電圧），電流は角周波数 $\omega(=2\pi f)$ を用いて以下の式で表す．

$$V(t) = V_0 \cos(\omega t) \quad [\mathrm{V}], \qquad I(t) = I_0 \cos(\omega t - \phi) \quad [\mathrm{A}] \tag{4.4}$$

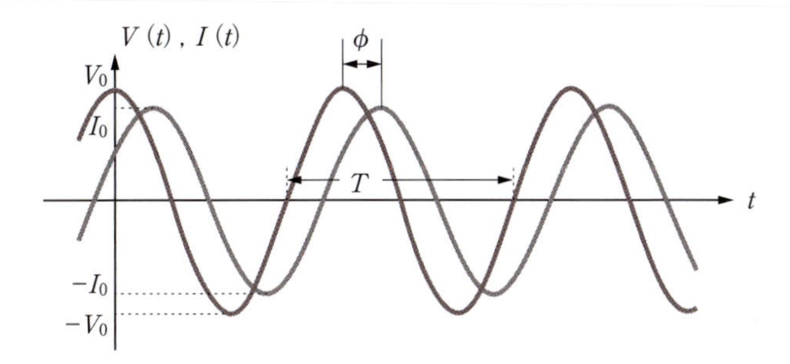

図 4.2 交流（ϕ については本文を参照）

これをグラフで示したのが図 4.2 である．V_0, I_0 は電位差と電流の振幅，つまり，最大値を表し，ϕ は電位差と電流の間の**位相のずれ**である．図 4.2 では簡便のために電位差と電流を同じグラフにしたが，本来は縦軸の単位が違うので，そのつもりで見てもらいたい．また，図に示されている ϕ は，位相のずれのイメージを理解してもらうためのもので，正確には ϕ/ω が図に書き込まれている．

4.1.2 電　力

直流のときに定義されていた電流の仕事率，すなわち**電力**（電流が1秒間に行う仕事，回路により消費される1秒当りのエネルギー）は，同様に（2.20）の $P = VI$ で定義される．しかし，（4.4）をそのまま代入すると，電力が時間的に変動していることになる．これでは不便なので，P を時間的に平均をとった $\langle P \rangle$ を，改めて交流の電力と定義する．周期1回分の時間で平均すれば，それは，

$$\begin{aligned}\langle P \rangle &= \frac{1}{T}\int_0^T P\,dt = \frac{1}{T}\int_0^T V_0 \cos(\omega t)\, I_0 \cos(\omega t - \phi)\,dt \\ &= \frac{1}{2} V_0 I_0 \cos\phi \quad [\mathrm{W}]\end{aligned} \tag{4.5}$$

である．

この式からわかるように，位相のずれ ϕ は重要な要素であることを理解してもらいたい．電位差と電流の位相がずれるに従い，エネルギーを取り出せなくなってしまうのである．例えば $\phi = \pi/2$ ならば電力はゼロである．

（4.5）によると，仮に $\phi = 0$ としても電力が VI ではなく $VI/2$ となり，直流のときと交流のときで電力の計算式が別になり不便である．このため，

$$V_e = \frac{V_0}{\sqrt{2}} \quad [\mathrm{V}], \qquad I_e = \frac{I_0}{\sqrt{2}} \quad [\mathrm{A}] \tag{4.6}$$

と定義し，V_e, I_e をそれぞれ電位差と電流の実効値とよぶことにする．電位差などの表示には通常実効値を用いる[†2]．実効値を用いることにすれば，（4.5）は

$$\langle P \rangle = V_e I_e \cos\phi \quad [\mathrm{W}] \tag{4.7}$$

となり，$\phi = 0$ であれば，電力は直流と同様に，電位差（実効値）と電流（実効値）の積となる．$\cos\phi$ を**力率**とよぶ．交流の電力は V_e と I_e の積に力率を乗じたものである．

†2　日本の場合，一般家庭で電源の電位差（電圧）は 100 V と表示されているが，これは実効値である．この場合，電位差の瞬間的な最大値 V_0 は約 141 V である．

4.1.3　コンデンサーとコイル

交流では，抵抗だけでなく，**コンデンサー**や**コイル**を含む回路を考える[†3]．

†3　直流の場合，コンデンサーは絶縁物であり，コイルは単なる導線である．

電気容量 C のコンデンサーには，$q = CV$ という関係が成り立っていた（(1.128)）．この式を時間で微分すると次の式となる．

$$I = C\frac{dV}{dt} \quad [\mathrm{A}] \tag{4.8}$$

回路図では，コンデンサーは図 4.3 の図記号を使う．この図は抵抗の図 2.3 に対応する．

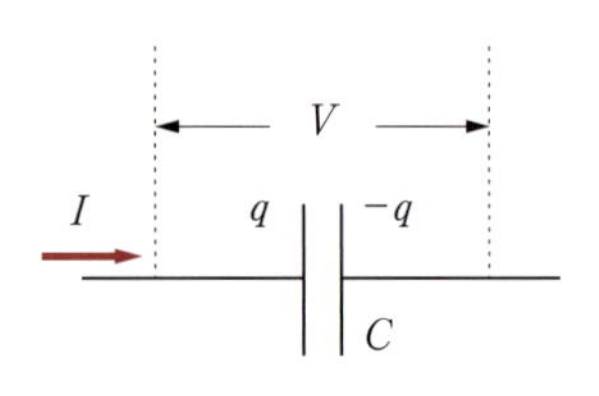

図 4.3　交流とコンデンサー

自己インダクタンス L のコイルには，$\Phi = LI$ という式が成り立っていた（(3.96)）．この式を時間で微分すると

$$\frac{d\Phi}{dt} = L\frac{dI}{dt} \quad \rightarrow \quad -\mathcal{E} = L\frac{dI}{dt} \tag{4.9}$$

となる．ここで式の変形に電磁誘導の法則（(5.1)）を使った[†4]．このとき，左辺の $\mathcal{E}$ はコイルに生じる起電力である．このように，コイルは回路中では起電力の源となるが，回路素子として見なした場合には，コイルに電流を流し続けるために起電力を打ち消すだけの電位差があると考えて，回路中でのコイルに対して

$$V = L\frac{dI}{dt} \quad [\mathrm{V}] \tag{4.10}$$

が，図 4.4 の意味で成り立つとする．回路図では，コイルは図 4.4 の図記号を使い，この図は抵抗の図 2.3 に対応する．

†4　後の第 5 章で出てくる式を先に使うというのは少しよくないのだが，了解いただきたい．

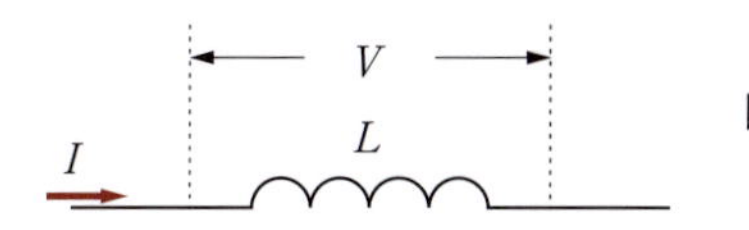

図 4.4 交流とコイル

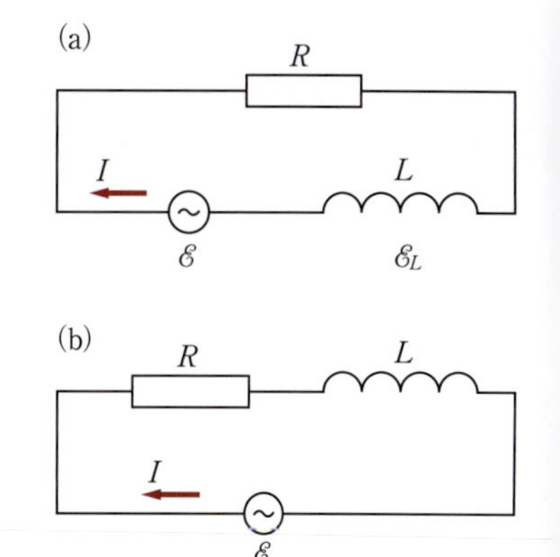

図 4.5 コイルと起電力

(4.9) と (4.10) の符号の関係を少し説明しておく．図 4.5 の電源，コイル，抵抗からなる回路を例として考える．上述のようにコイルは起電力をもつので，図 4.5(a) のように 2 つの電源が直列につながれたと見なすのであれば，オームの法則で起電力が抵抗での電圧降下に等しいのだから

$$\mathscr{E} + \mathscr{E}_L = RI \tag{4.11}$$

と記述できる．ここで，$\mathscr{E}$ は通常の電源の起電力，$\mathscr{E}_L$ はコイルの起電力である．コイルの起電力を (4.9) を使って具体的に書けば

$$\mathscr{E} - L\frac{dI}{dt} = RI \tag{4.12}$$

となる．しかし，コイルは抵抗と同じように電源に接続された回路素子の 1 つと見なしたほうが通常は便利なので，図 4.5(b) のように見て，上の式を変形して

$$\mathscr{E} = RI + L\frac{dI}{dt} \tag{4.13}$$

と表す．これが (4.10) で符号の変わった理由である．

既に抵抗の合成について，第 2 章で直流の解説の際に学んだ．同様にコンデンサー，コイルの合成を以下で考える．これらの式が成り立つ理由は (4.27) のところで述べるので，まずはコンデンサーとコイルの合成式について理解してもらいたい．

コンデンサー $C_1, C_2, \cdots, C_N$ 全体を，1 つのコンデンサーと見なしたときの**合成容量**を C とする．

$$\text{直列}\quad \frac{1}{C} = \frac{1}{C_1} + \frac{1}{C_2} + \cdots + \frac{1}{C_N}, \qquad \text{並列}\quad C = C_1 + C_2 + \cdots + C_N \tag{4.14}$$

コイル $L_1, L_2, \cdots, L_N$ 全体を，1 つのコイルと見なしたときの**合成自己インダクタンス**を L とする．

$$\text{直列}\quad L = L_1 + L_2 + \cdots + L_N, \quad \text{並列}\quad \frac{1}{L} = \frac{1}{L_1} + \frac{1}{L_2} + \cdots + \frac{1}{L_N} \tag{4.15}$$

4.1.4 複素抵抗

交流回路では計算の技法として**複素数**を使うと見通しがよくなる．もちろん，現実世界に複素数の電流や電位差は存在しないので，最後の計算結果では実数部分だけに意味がある．微分を掛け算におきかえられる点が複素数の計算手法の利点である．

複素数

複素数について基礎的な性質を説明する.

$$i = \sqrt{-1} \tag{4.16}$$

を含む数を複素数という[†5].

†5 電気工学のテキストでは, $j = \sqrt{-1}$ とする場合も多い. i は虚数, つまり, imaginary number の頭文字である.

$$i \times i = -1, \qquad \frac{1}{i} = -i \tag{4.17}$$

などの計算規則を利用できれば, それほど難解なものではない. 複素数を z とすると, それは, 実数 x, y を用いて,

$$z = x + iy \tag{4.18}$$

と表現される. 複素数は図 4.6 の複素平面上の点として表現される.

複素数を扱う際は, 次の**オイラーの公式**が有用である.

$$e^{i\theta} = \cos\theta + i\sin\theta \tag{4.19}$$

次の式は, 複素数の**絶対値** r と**偏角** θ を与える. 図 4.6 を参照されたい.

$$\left.\begin{array}{ll} z = x + iy \quad \Leftrightarrow & z = re^{i\theta} \\ r = \sqrt{x^2 + y^2} & \theta = \arctan\dfrac{y}{x} \end{array}\right\} \tag{4.20}$$

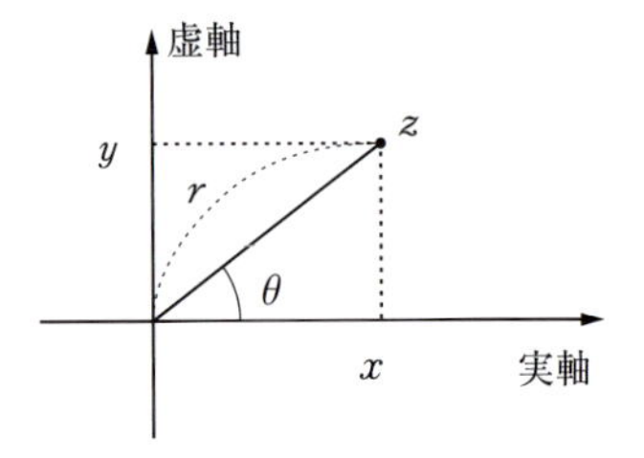

図 4.6　複素平面

後で必要となる実数部分を取り出すという演算 $\Re$ を

$$\Re z = \Re(x + iy) = x \tag{4.21}$$

と定義しておく.

(4.19) のオイラーの公式を利用すると, 交流の電位差, 電流の式 (4.4) が指数関数で表現できる. (4.4) の電位差, 電流は

$$\tilde{V} = V_0 e^{i\omega t} \ \text{[V]}, \qquad \tilde{I} = I_0 e^{i(\omega t - \phi)} \ \text{[A]} \tag{4.22}$$

$$V = \Re\tilde{V} \ \text{[V]}, \qquad I = \Re\tilde{I} \ \text{[A]} \tag{4.23}$$

と表すことができる. この ~ をつけたものが複素数表示の電位差, 電流である[†6].

†6 記号 ~ はチルドあるいはチルダと読む.

表現を (4.4) の三角関数から指数関数に変えると便利な点は, 微分しても積分しても形が変わらないということである. 実際,

$$\frac{d\tilde{V}}{dt} = i\omega\tilde{V}, \qquad \frac{d\tilde{I}}{dt} = i\omega\tilde{I} \tag{4.24}$$

となる. 途中の計算は複素数の量で行い, 最後に (4.23) を使って実数の電流と電位差を求める, というのが計算の方針である.

ここで,

$$\tilde{V} = \tilde{Z}\tilde{I} \ \text{[V]} \tag{4.25}$$

と**複素インピーダンス** $\tilde{Z}$ を導入すれば, (4.20) より

$$\left.\begin{array}{ll} \tilde{Z} = R + iX = Ze^{i\alpha} \quad \Rightarrow & V_0 = ZI_0, \quad \phi = \alpha \\ Z = \sqrt{R^2 + X^2} \ \ [\Omega], & \phi = \arctan\dfrac{X}{R} \ \ \text{[rad]} \end{array}\right\} \tag{4.26}$$

となる. X を**リアクタンス**とよぶ. これからわかるように, 複素イン

ピーダンス $\tilde{Z}$ がわかれば，**インピーダンス** Z と位相のずれ ϕ が得られることになる．

$V_0 = ZI_0$ からわかるように，インピーダンス Z が一般的な意味での交流回路における抵抗の役割を担っている[†7]．インピーダンス Z の単位は抵抗と同じ Ω（オーム）である．

†7 実効値と最大値は $\sqrt{2}$ 倍違うだけだから，実効値で考えても $V_e = ZI_e$ である．

抵抗に関するオームの法則と，(4.8)，(4.10) を用いると以下を得る．

$$\left.\begin{aligned} &\text{抵抗} \quad \tilde{V} = R\tilde{I} \quad [\mathrm{V}] \\ &\text{コンデンサー} \quad \tilde{V} = \frac{-i}{\omega C}\tilde{I} \quad [\mathrm{V}] \\ &\text{コイル} \quad \tilde{V} = i\omega L\tilde{I} \quad [\mathrm{V}] \end{aligned}\right\} \tag{4.27}$$

以上から，交流回路の取り扱いの方針が出てくる．

- 複素数表示の電位差 $\tilde{V}$ と電流 $\tilde{I}$ については，オームの法則の形の関係式（$\tilde{V} = \bigcirc\,\tilde{I}$），つまり，電位差と電流が比例するという関係がすべての回路素子について成立している．
- その比例係数は一般に複素数であり，抵抗は R，コンデンサーは $-i/\omega C$，コイルは $i\omega L$ である[†8]．なお，このことから，(4.14)，(4.15) のコンデンサーとコイルの合成法則を証明できる．インダクタンス L は抵抗と同じように合成され，電気容量 C は抵抗の逆数と同じように合成される．
- 以上の条件の下で，交流回路でも，第 2 章の直流のときの抵抗の合成則やキルヒホッフの法則を適用すると任意の回路が解ける．

†8 コンデンサー，コイルのリアクタンス（の大きさ）は $1/\omega C$，ωL である．

例題 4.1 図 4.7 のように，交流電源にコンデンサーが接続された回路がある．電源の時間変化する電位差が (4.4) の $V(t) = V_0 \cos(\omega t)$ であるとき，$I(t)$ を求めよ．

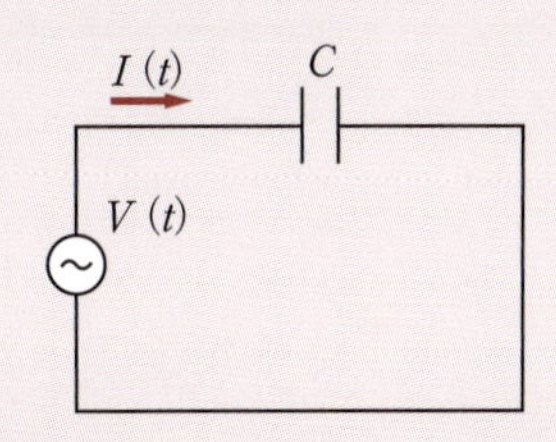

図 4.7 コンデンサーのある回路

解法のポイント (4.27) により，(4.26) から Z, ϕ を求め，それから I_0 を求めて最初の (4.4) に代入すればよい．

解 (4.27) により

$$\tilde{V} = \frac{-i}{\omega C}\tilde{I}$$

である．(4.26) から

$$R = 0, \quad X = -\frac{1}{\omega C} \quad \rightarrow$$

$$Z = \frac{1}{\omega C}, \quad \phi = -\frac{\pi}{2} \quad \rightarrow$$

$$I_0 = \frac{V_0}{Z} = \omega C V_0$$

となる．（ϕ は X/R がマイナス無限大なので，この値である．）よって，電流として

$$I(t) = \omega C V_0 \cos\left(\omega t + \frac{\pi}{2}\right) = -\,\omega C V_0 \sin(\omega t)$$

が得られる．コンデンサーに流れる電流は，電位差に比べて位相が $\pi/2$ 進んでいる． ◆

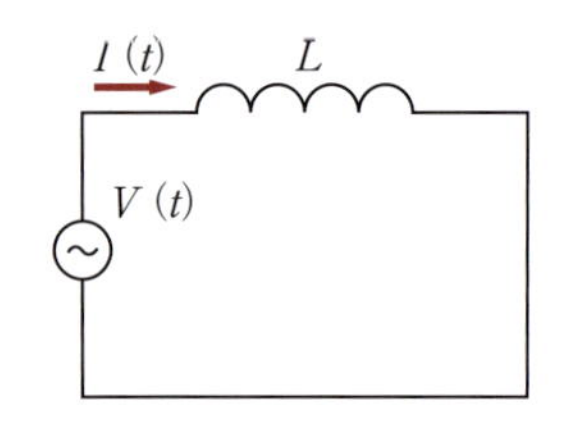

図 4.8　コイルのある回路

類題 4.1　図 4.8 のように，交流電源にコイルが接続された回路がある．電源の時間変化する電位差が（4.4）の $V(t) = V_0 \cos(\omega t)$ であるとき，$I(t)$ を求めよ．

4.1.5　RCL 直列回路

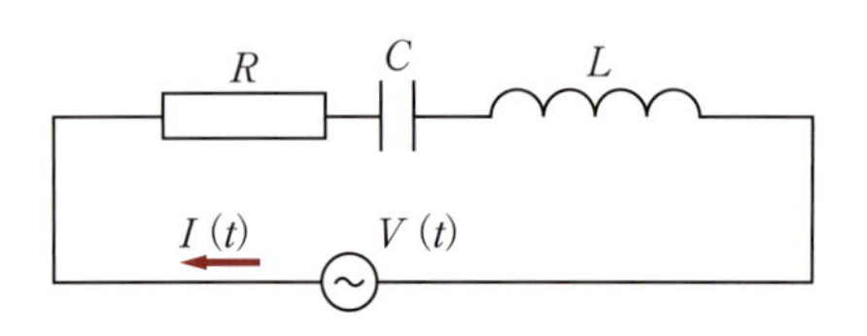

図 4.9　RCL 直列回路

例として，図 4.9 の，抵抗，コンデンサー，コイルを直列につないだ回路を考える．これは（複素数の値の）抵抗が 3 つ直列につながった回路と考えられるので，（2.24）から

$$\tilde{V} = \left(R + \frac{-i}{\omega C} + i\omega L\right)\tilde{I} \quad [\mathrm{V}] \tag{4.28}$$

となり，（4.26）から

$$\tilde{Z} = R + \frac{-i}{\omega C} + i\omega L \quad \rightarrow \quad X = -\frac{1}{\omega C} + \omega L$$

$$Z = \sqrt{R^2 + \left(\omega L - \frac{1}{\omega C}\right)^2} \quad [\Omega], \qquad \phi = \arctan\frac{\omega L - (1/\omega C)}{R} \tag{4.29}$$

を得る．ここで

$$\omega L - \frac{1}{\omega C} = 0 \quad \rightarrow \quad \omega = \frac{1}{\sqrt{LC}} \quad \rightarrow \quad f = \frac{1}{2\pi\sqrt{LC}} \quad [\mathrm{Hz}] \tag{4.30}$$

のとき，Z が極小となり，同時に $\phi = 0$ となる．この周波数 f を**共振周波数**（振動数）とよぶ．さきほど，インピーダンス Z は交流回路における抵抗であると書いたが，（4.29）で Z は ω によるので，インピーダンスは周波数 f によりその値が変化する．共振周波数のとき Z が最小になり，電流や電力が極大になる．（共振周波数のとき，位相のずれも $\phi = 0$ となる．）このことから，回路をさまざまな周波数の電流が流れているとき，共振周波数の条件を満たす信号だけが選択的に流れることになる．

例題 4.2　図 4.10 で，$R = 800\,\Omega$，$L = 60$ mH，$C = 1.0\,\mu\mathrm{F}$ とする．

ここに，角周波数 $\omega = 2\pi f = 5.0\,\mathrm{kHz}$, $V_0 = 20\,\mathrm{V}$ の交流電位差を加えた．流れる電流はいくらか．また，電流と電位差の位相のずれはいくらか．

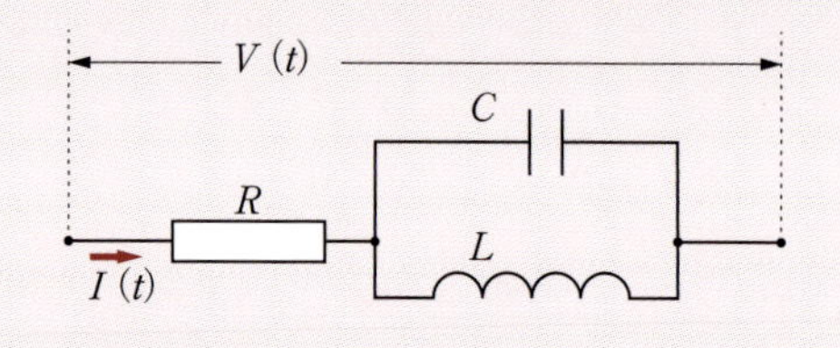

図 4.10　例題 4.2

解法のポイント　複素抵抗で考えれば，3 つの抵抗があることになる．まず，L と C を並列合成の公式でまとめ，さらに R と直列合成する．

解 コイルの抵抗は $i\omega L = i\cdot(5.0\times10^3)\times(60\times10^{-3}) = 300i\,\Omega$，コンデンサーの抵抗は $-i/(\omega C) = -i/(5.0\times10^3)\times(1.0\times10^{-6}) = -200i\,\Omega$ である．これを並列に合成したものを R_{LC} とすると，

$$\frac{1}{R_{LC}} = \frac{1}{300i} + \frac{1}{-200i} \quad \rightarrow$$

$$R_{LC} = \frac{(300i)\times(-200i)}{(300i)+(-200i)} = -600i\,\Omega$$

となる．これと，R を直列合成して，

$$\tilde{Z} = R + R_{LC} = 800 - 600i\,\Omega$$

となる．これから

$$\tilde{V} = (800-600i)\tilde{I} \quad \rightarrow$$

$$Z = \sqrt{800^2+(-600)^2} = 1000\,\Omega,$$

$$\tan\phi = \frac{-600}{800} = -0.75$$

が得られる．電流は $I_0 = V_0/Z = 0.02\,\mathrm{A}$，位相のずれは $\phi = \arctan(-0.75) = -0.644\,\mathrm{rad}$ である． ◆

類題 4.2 例題 4.2 で，コイルを自己インダクタンスが L' のものに取りかえて同じ交流電位差をかけたところ，位相のずれが $\phi = \pi/4$ となった．このときの L' と Z を求めよ．

4.2 回路と時間変化

前の節では，定常な交流電流がある場合に，抵抗の概念を複素数に拡張する方法を説明した．この節では，電位差・電流の時間変化を，直接微分方程式で扱う方法をいくつか解説する．

4.2.1 RC 回路の過渡現象

図 4.11 に示す抵抗とコンデンサー，および，起電力 $\mathcal{E}$ の直流電源が直列につながれた回路を考える．コンデンサーの両極の間の電位差を $V(t)$ と記す．今，スイッチ S は開いており，コンデンサーは帯電していないので電位差はゼロである．

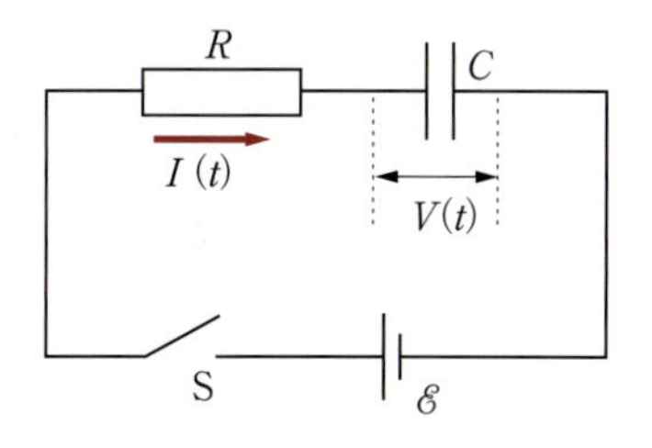

図 4.11 RC 直列回路

ここで，「$t=0$ にスイッチ S を閉じたとき，$V(t)$ の時間変化はどうなるか」という問題を考える．最終的にどうなるかは自明である．電流が流れてコンデンサーは充電され，コンデンサー C の電位差は $V = \mathcal{E}$ となり電流の流れは止まる．そこに至るまでの途中の時間変化の様子を考察する．時刻 t のとき，回路を流れる電流を $I(t)$ と表すと

$$\begin{aligned}\mathcal{E} &= \text{抵抗の電位差} + \text{コンデンサーの電位差}\\ &= RI(t) + V(t) \quad [\mathrm{V}]\end{aligned} \tag{4.31}$$

が成り立つ．一方，コンデンサーについては (4.8) が成り立ち，直列なので抵抗とコンデンサーを流れる電流は共通だから

$$\mathcal{E} = RC\frac{dV}{dt} + V \quad [\mathrm{V}] \tag{4.32}$$

となる．条件から $V(0) = 0$ である．

この微分方程式を解くと

$$V(t) = \mathscr{E}(1 - e^{-t/\tau}) \quad [\mathrm{V}] \tag{4.33}$$

を得る．量 τ は，

$$\tau = RC \quad [\mathrm{s}] \tag{4.34}$$

で定義される時間の単位をもつ量で**時定数**（緩和時間）とよばれ，スイッチを入れた後，コンデンサーが充電されるのに必要な時間の目安を表す．図 4.12 に電位差の時間変化の様子を示す．なお，電流は

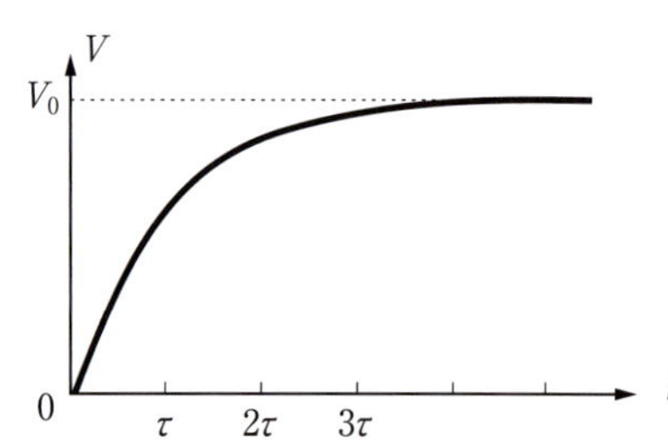

図 4.12　RC 直列回路における電位差の時間変化

$$I = \frac{1}{R}(\mathscr{E} - V) = \frac{\mathscr{E}}{R}e^{-t/\tau} \quad [\mathrm{A}] \tag{4.35}$$

となり，時定数程度の時間でゼロに近づいていく．

(4.32) を解くあらすじを説明する．まず，

$$(4.32) \quad \rightarrow \quad \frac{1}{\mathscr{E} - V}\frac{dV}{dt} = \frac{1}{\tau} \tag{4.36}$$

となる．ここで，両辺を時間で積分する．

$$\int \frac{1}{\mathscr{E} - V}\frac{dV}{dt}dt = \int \frac{1}{\tau}dt \quad \rightarrow \quad -\log(\mathscr{E} - V) = \frac{t}{\tau} + C_0 \tag{4.37}$$

積分定数 C_0 を初期条件 $t = 0$ で $V(0) = 0$ から決めると，$C_0 = -\log \mathscr{E}$ となる．これを代入して式を変形すると (4.33) となる．

例題 4.3　上で扱った RC 直列回路の電流の時間変化をグラフで表せ．横軸を時間 t とし，時定数 τ の位置を明示すること．

解法のポイント　指数関数のグラフは，量の時間変化を把握するために重要なものである．

まず図 4.13 で (a) 指数関数 $y = e^x$ のグラフの形を理解しておこう．それから左右反転させた (b) $y = e^{-x}$ の形や，対数関数は指数関数の逆関数なのだから，x と y を入れかえた (c) 対数関数のグラフなどを把握しておこう．

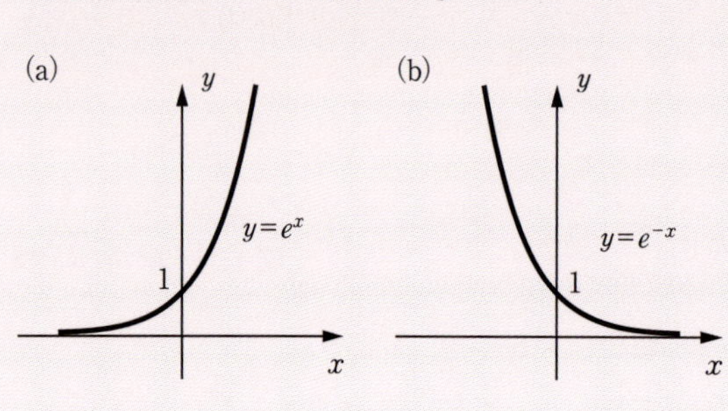

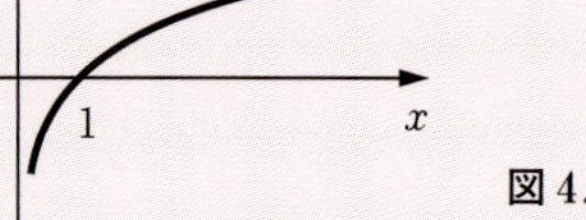

図 4.13　指数関数と対数関数のグラフ

解

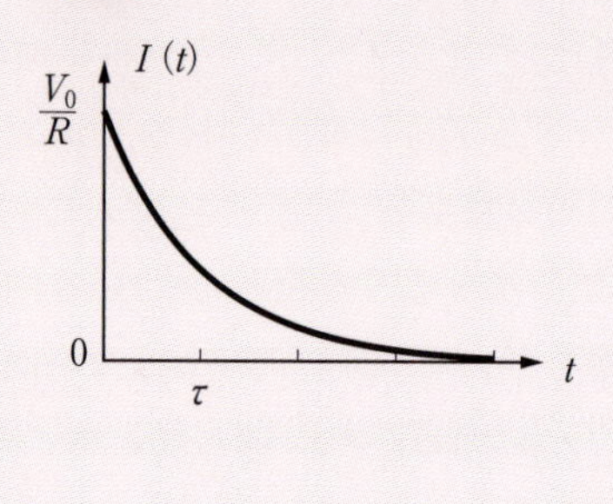

図 4.14　例題 4.3

◆

4.2.2 RCL 回路と共振現象

図 4.9 に示す，抵抗とコンデンサーとコイルが角振動数 ω の交流電源に直列につながれた回路は既に学んだが，今度は微分方程式を用いて分析してみよう[†9]．

†9 比較することで，複素数を使う手法の意義がより理解できる．

電源の起電力を $V_0 \cos \omega t$ とし，時刻 t のときに回路を流れる電流を $I(t)$ と表すと

$$
\begin{aligned}
V_0 \cos \omega t &= \text{抵抗の電位差} + \text{コンデンサーの電位差} + \text{コイルの電位差} \\
&= \quad RI(t) \quad + \quad V_C(t) \quad + \quad V_L(t) \quad [\mathrm{V}]
\end{aligned}
\tag{4.38}
$$

が成り立つ．この式を時間で微分すると

$$
-V_0\omega \sin \omega t = R\frac{dI}{dt} + \frac{dV_C}{dt} + \frac{dV_L}{dt} \tag{4.39}
$$

となる．コンデンサー，コイルについて（4.8），（4.10）が成り立ち，直列なので抵抗，コンデンサーおよびコイルを流れる電流は共通だから

$$
-V_0\omega \sin \omega t = R\frac{dI}{dt} + \frac{1}{C}I + L\frac{d^2I}{dt^2} \tag{4.40}
$$

となる．この式の解は

$$
I(t) = I(\text{一般解}) + \frac{V_0}{\sqrt{[\omega L - (1/\omega C)]^2 + R^2}} \cos(\omega t - \phi) \quad [\mathrm{A}] \tag{4.41}
$$

となる．複素抵抗の方法で得られた結果と同様に，$\omega = 1/\sqrt{LC}$ のときに電流が大きくなることがわかる．右辺の前半の項 I（一般解）は時間 t と共に減衰し，しばらくすれば後半の項だけとなる[†10]．複素抵抗で考えるときは定常な交流が流れていることを前提としているので，このような項はない．しかし，例えば RCL 回路にスイッチがあり，開いているスイッチを閉じた直後の場合は 4.2.1 項の過渡現象と同じような電流が発生し，それが I（一般解）になっているのである．複素抵抗の手法では，そのような状況で，充分に時間が経って定常的になったとした場合の解を求めていると理解してもらいたい．

†10 複素数の抵抗を使う手法のときには，この I（一般解）に該当する項はなかった．

（4.40）を解くあらすじを説明する．まず，

$$
\left.
\begin{aligned}
&(4.40) \quad \rightarrow \quad \frac{d^2I}{dt^2} + 2\gamma\frac{dI}{dt} + \beta^2 I = a \sin(\omega t) \\
&2\gamma = \frac{R}{L}, \quad \beta^2 = \frac{1}{LC}, \quad a = \frac{-V_0\omega}{L}
\end{aligned}
\right\} \tag{4.42}
$$

とする．このような 2 階微分方程式の解は，右辺をゼロとしたときの一般解と，特殊解の和である[†11]．（4.41）の前半の項は一般解の部分であり，

$$
\frac{d^2I}{dt^2} + 2\gamma\frac{dI}{dt} + \beta^2 I = 0 \tag{4.43}
$$

を満たす解を表す．この解は γ, β の大小によりいくつかの形をもつ．わかり

†11 一般解とは（方程式の階数に対応した）積分定数を含む解，特殊解とは，その方程式を満たす 1 つの（任意の）解である．

やすい解の1つとして

$$\beta < \gamma \quad \to \quad I(\text{一般解}) = A_1 e^{-\gamma_1 t} + A_2 e^{-\gamma_2 t} \quad \left(\gamma_{1,2} = \gamma \pm \sqrt{\gamma^2 - \beta^2}\right) \tag{4.44}$$

を挙げておく．係数 A_1, A_2 は初期条件を与えないと決まらない定数である．この式が（4.43）の解になっていることは，直接代入してみれば容易に確認できる．この式が，時間と共に指数関数的に減衰することがわかる．$\beta > \gamma$ のときは異なる関数形となるが，指数関数的な減衰には変わりない．

さて，特殊解のほうを求めてみよう．（4.42）の解として $I = x_1 \cos \omega t + x_2 \sin \omega t$ の形を仮定して，（4.42）に代入する[†12]．すると，両辺で $\cos \omega t$, $\sin \omega t$ の係数を等しいとすることにより

$$-\omega^2 x_1 - 2\omega\gamma x_2 + \beta^2 x_1 = 0, \qquad -\omega^2 x_2 + 2\omega\gamma x_1 + \beta^2 x_2 = a \tag{4.45}$$

†12　特殊解なので，とにかく，(4.42) の解が1つ見つかればよい．
　このIは積分定数（任意定数）を含まない．

となる．これを満たすように x_1, x_2 を決める．そして，2つの項を三角関数の加法定理を用いて

$$I = x_1 \cos \omega t + x_2 \sin \omega t = \sqrt{x_1^2 + x_2^2} \cos(\omega t - \phi), \qquad \tan \phi = \frac{x_2}{x_1} \tag{4.46}$$

とまとめる．その結果が（4.41）の右辺の2項目である．

4.2.3　ケーブルを伝わる信号

2.1節で，導体の中を運動する自由電子というイメージで電流を説明した．（2.16）の結果からわかるが，この自由電子の速度はかなり「遅い」．にも関わらず，アンテナにたどり着いた電波信号が時間の遅れがほとんどなくテレビに伝わって時報を知らせ，壁のスイッチをひねると直ちに天井の電灯がつくのは，信号がケーブルを非常に速い速度で伝わるためである．

電気器具のケーブルは「行き」と「帰り」が必要なため，形状はさまざまであるが，2本の導線からできている．導体が互いに面しているから，これはコンデンサーである．また，電流が流れれば磁場を生じ，それが導線の間を通過するので誘導起電力を生じる．以上から，ケーブルには，電気容量と自己インダクタンスが図4.15(a)に模式的に示すように分布していることになる．ケーブルの単位長さ当りの電気容量と自己インダクタンスを $\overline{C}, \overline{L}$ と記す．ここで，電気抵抗は議論を簡単にするため無視している．まっすぐなケーブルを考え，それを x 軸に沿って置く．ケーブルの電位差と電流は，位置 (x) と時間 (t) によるので $V(x,t), I(x,t)$ と記す．図4.15(a)の下の線がアー

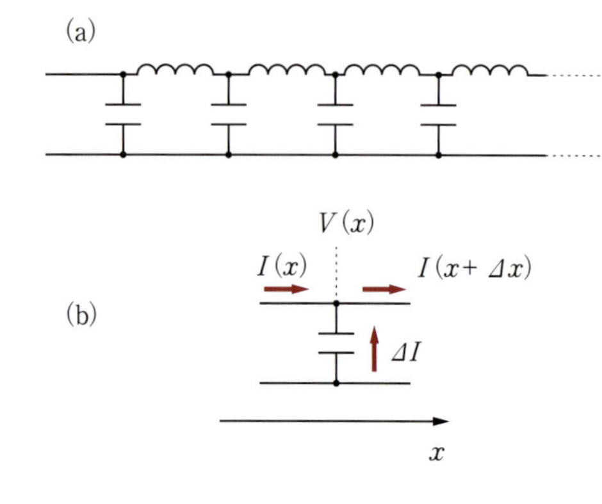

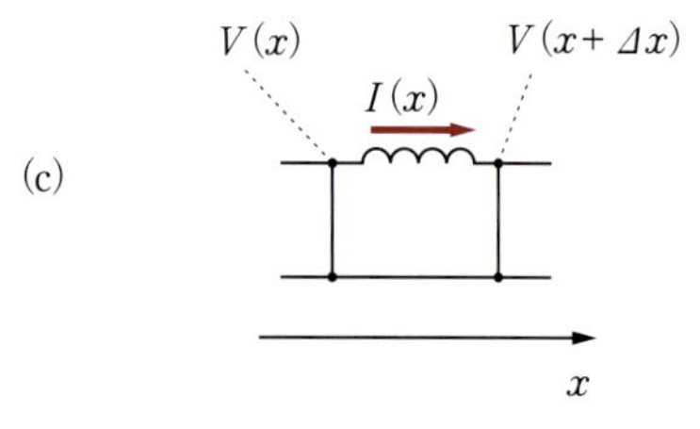

図4.15　ケーブルに沿って分布した電気容量とインダクタンス

スされているとすれば，$V(x,t)$ はそれに対する電位差である．

ケーブルの近接した2点を考えその長さを Δx とすると，その部分の電気容量は $\overline{C}\cdot\Delta x$ であり，(4.8) から（図4.15(b)）

$$I(x+\Delta x,t)-I(x,t)=\Delta I=(\overline{C}\Delta x)\frac{dV(x,t)}{dt} \quad [\mathrm{A}] \qquad (4.47)$$

となる．また，インダクタンスについて同様に考えると，(4.10) から（図4.15(c)）

$$V(x+\Delta x,t)-V(x,t)=\Delta V=(\overline{L}\Delta x)\frac{dI(x,t)}{dt} \quad [\mathrm{V}] \qquad (4.48)$$

となる．この2つの式の両辺を Δx で割って微分に直し（1.5.4項），x 微分と t 微分を区別するため偏微分記号（1.5.4項）を使うと，

$$\frac{\partial I}{\partial x}=\overline{C}\frac{\partial V}{\partial t}, \qquad \frac{\partial V}{\partial x}=\overline{L}\frac{\partial I}{\partial t} \qquad (4.49)$$

となる．一方を t で微分して他方に代入すると，

$$\frac{\partial^2 V}{\partial t^2}=\frac{1}{\overline{C}\overline{L}}\frac{\partial^2 V}{\partial x^2}, \qquad \frac{\partial^2 I}{\partial t^2}=\frac{1}{\overline{C}\overline{L}}\frac{\partial^2 I}{\partial x^2} \qquad (4.50)$$

となり波動方程式を得る（5.6.3項参照）．これから，ケーブルを伝わる波の速度は

$$v=\frac{1}{\sqrt{\overline{C}\overline{L}}} \quad [\mathrm{m/s}] \qquad (4.51)$$

となる．

ケーブルの一例として**同軸ケーブル**を考えると，その電気容量と自己インダクタンスは第1章と第3章の章末問題で扱われており，結果は

$$C=\frac{2\pi\varepsilon_0 l}{\log(b/a)} \quad [\mathrm{F}] \quad \rightarrow \quad \overline{C}=\frac{2\pi\varepsilon_0}{\log(b/a)} \quad [\mathrm{F/m}] \qquad (4.52)$$

$$L=\frac{\mu_0 l}{2\pi}\log\frac{b}{a} \quad [\mathrm{H}] \quad \rightarrow \quad \overline{L}=\frac{\mu_0}{2\pi}\log\frac{b}{a} \quad [\mathrm{H/m}] \qquad (4.53)$$

となる．これを利用すると，

$$v=\frac{1}{\sqrt{\varepsilon_0\mu_0}} \quad [\mathrm{m/s}] \qquad (4.54)$$

となる．実は，$v=c$ であり，信号が光速で伝わることがわかる[†13]（5.6.1参照）．

†13　ここで，用いた C, L は真空中に導体があるときのものである．普通のケーブルでは導体間に絶縁体があり，その物性値を使った値となるので少し速度が遅くなる．

●ま　と　め●

1. $V(t) = V_0 \cos(\omega t), I(t) = I_0 \cos(\omega t - \phi)$ の時間変化をする交流について学んだ．ϕ は位相のずれである．

   電力は $P = V_e I_e \cos\phi$ と表され，この V_e, I_e を実効値とよび，通常この値で交流の電位差や電流を表す．実効値は V_0, I_0 を $\sqrt{2}$ で割ったものである．

2. 交流回路中のコンデンサーを $-i/\omega C$，コイルを $i\omega L$ の複素抵抗をもつ素子と考えると，直流回路と同じ扱いが可能である．この考え方で，回路のインピーダンス Z と位相のずれ ϕ が計算できる．

3. RC 回路でスイッチを入れたり切ったりすると，電流や電位差は時間 t について指数関数的に変動し，その時定数は $\tau = RC$ となる．RL 回路などでも類似の結果が出てくる．

4. ケーブルを伝わる電位差と電流の波の速度は光速 c となる．

章　末　問　題

4.1　図 4.7 および図 4.8 で，コンデンサーあるいはコイルの消費電力は，それぞれいくらとなるか．⇨ 4.1 節

4.2　図 4.9 で $L = 20$ mH とする．共振周波数を $f = 1.0$ MHz とするためにはコンデンサーの電気容量はいくらでなければいけないか．⇨ 4.1 節

4.3　図 4.16 の回路のインピーダンス Z と位相のずれ ϕ を求めよ．共振周波数 $f = 1/2\pi\sqrt{LC}$ のときは，どのような現象が起きるか．⇨ 4.1 節

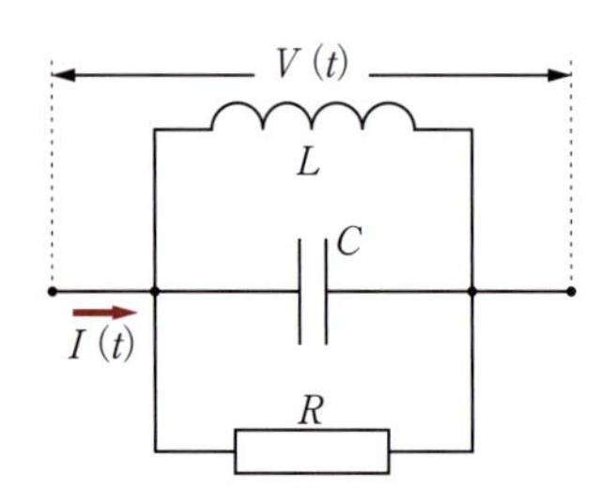

図 4.16　問 4.3

4.4　$R = 50\,\Omega$ の電気抵抗と $L = 159$ mH のコイルが直列に接続されて電源につながれた回路がある．電源が（1）10 V の直流である場合，（2）10 V で周波数 50 Hz の交流である場合について，それぞれ，流れる電流と回路で消費される電力を答えよ．（回路図は図 4.17 を見よ．ただし，この図では，電源は直流電源となっているので交流電源におきかえる．）⇨ 4.1 節

4.5　図 4.10 の RC 直列回路で，$C = 5.0\,\mu$F, $R = 2.0$ kΩ であるとする．以下の問に答えよ．⇨ 4.2 節

（1）この回路の時定数（τ，緩和時間）の値を答えよ．

（2）ここで計算した時定数が，s（秒）の単位となる理由を説明せよ．つまり，F（ファラド）と Ω（オーム）の積が時間の単位となる理由をわかりやすく説明せよ．

4.6　図 4.11 の RC 直列回路で，スイッチを閉じて充分に時間が経ったとする．このとき，コンデンサーには $Q = C\mathcal{E}$ の電荷が充電されているはずである．(4.35) の電流をすべて合計すると，この Q が得られることを確認せよ．⇨ 4.2 節

4.7　図 4.11 の RC 直列回路で，スイッチを閉じて充分に時間が経ったとする．このとき，コンデンサーには $Q = C\mathcal{E}$ の電荷が充電されているはずである．この状態でのコンデンサーの電気的エネルギー（静電エネルギー）((1.135)) は $W = (1/2)C\mathcal{E}^2$ である．この状態で，電源を取り除き，電源の両端の線を短絡する．その時刻を $t = 0$ とする．以下の問に答えよ．⇨ 4.2 節

(1) その後の電位差 $V(t)$ と電流 $I(t)$ の時間変化を式で答え，グラフで表せ．

(2) 電気抵抗で発生したエネルギー（ジュール熱）をすべて合計すると，コンデンサーが最初にもっていた電気的エネルギーに等しくなることを確認せよ．

4.8 図 4.17 に示す抵抗とコイル，および，起電力 $\mathcal{E}$ の直流電源が直列につながれた回路を考える．コイルの両極の間の電位差を V と記す．今，スイッチ S が開いている．$t = 0$ にスイッチ S を閉じたとき，その後の電位差 $V(t)$ と電流 $I(t)$ の時間変化を式で答えよ．⇨ 4.2 節

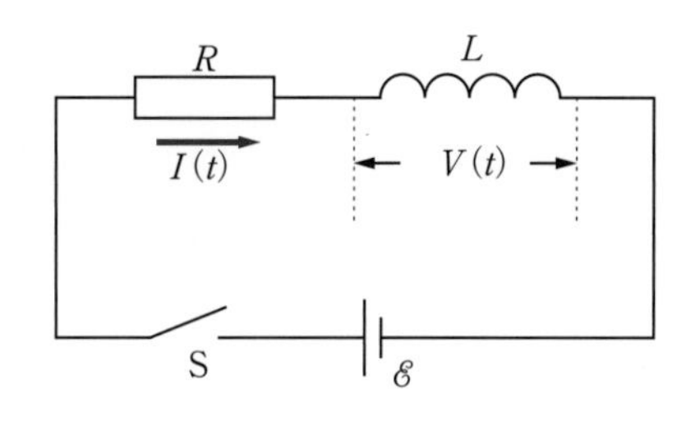

図 4.17　問 4.8

電気の窃盗

あなたはスマホや携帯機器を充電するため，大学などでコンセントにつないでいたことはないだろうか．

刑法という法律がある．その中の刑法 36 章は窃盗および強盗の罪という章である．この章は 235 条の「他人の財物を窃取した者は，窃盗の罪とし，10 年以下の懲役に……」という条から始まる．要するに，物を盗んだら泥棒だよ，という意味であるが，法律というものは厳密に罪を定義していないといけない．ときどき，裁判所を正義の味方と錯覚している方がいるが，裁判所がやっていることは法律の条文と照合したときに，その具体的事案がどのように判断されるか，ということだけである．法律に定義されていなければ罰することはできない．

ICT やバイオ分野など技術の進歩が速いと法律の改定が追いつかず，常識的に見て怪しからんことをやっているのに犯罪にならないということも有り得る．

さて，この刑法 36 章を見ていくと，245 条には「……電気は，財物とみなす．」と書いてある．235 条にあるように「財物」を盗むと泥棒になるのだが，電気はモノと見なせるから，それを盗むと泥棒になることを，245 条で規定していることになる．

明治時代に電力会社から各家庭への送電が始まったとき，電柱から勝手に電線を自宅に引き込んで照明などに使った事例があり，これが「財物を窃取」することである窃盗行為に当たるのかどうか裁判で争われた．科学者が法廷によばれ，裁判官から電気とは何か説明を求められ「電気は振動現象であり，物質ではない」と証言したため無罪判決が出たこともあったらしい．この法廷論争は，最終的には，電気は触れるとピリリと感じるのでその有無が検出できるし，電力メーターなどで管理できるから財物だと判断されたようである．しかし，こういった論争を避けるためか，当初はなかった 245 条を追加して，電気を無断で盗用することが明確に窃盗にあたると定めたらしい．

さて，あなたは，これからどこで充電するのだろうか．お店などで，禁止の掲示があったり，店員さんから注意された場合は止めたほうが無難だといえる．

第5章
時間変化する場

学習目標

- 発電の原理である電磁誘導の現象と法則性を理解する．
- 変圧器に応用される相互誘導を学ぶ．
- 変位電流の概念を理解する．これにより，変動電場が電流と同じ役割をもつことを知る．
- 科学のそれぞれの分野には，必ず，全体を支配する根本的な自然法則が存在する．電磁気現象全体の基礎法則として，マクスウェル方程式があることを理解する．
- 19世紀末の理論的考察により発見された電磁波が，現代社会における基盤的な技術となっている．その姿を学ぶ．

キーワード

磁束（Φ[Wb]），起電力（$\mathscr{E}$[V]），電位差（V[V]），電位（$\mathcal{V}$[V]），電荷（q[C]），電流（I[A]），電場（$\boldsymbol{E}$[V/m]），磁束密度（$\boldsymbol{B}$[T]），磁場（$\boldsymbol{H}$[A/m]），電束密度（$\boldsymbol{D}$[C/m^2]），電荷密度（ρ[C/m^3]），電流密度（$\boldsymbol{j}$[A/m^2]），自己インダクタンス（L[H]），相互インダクタンス（M[H]），巻き数（n, N），力（$\boldsymbol{F}$[N]），場のエネルギー密度（u[J/m^3]），仕事，エネルギー（W[J]），ポインティングベクトル（$\boldsymbol{S}$[W/m^2]），電気定数（ε_0[F/m]），磁気定数（μ_0[H/m]），光速（c[m/s]），マクスウェル方程式，ベクトル解析の記号，電磁波

5.1 電磁誘導

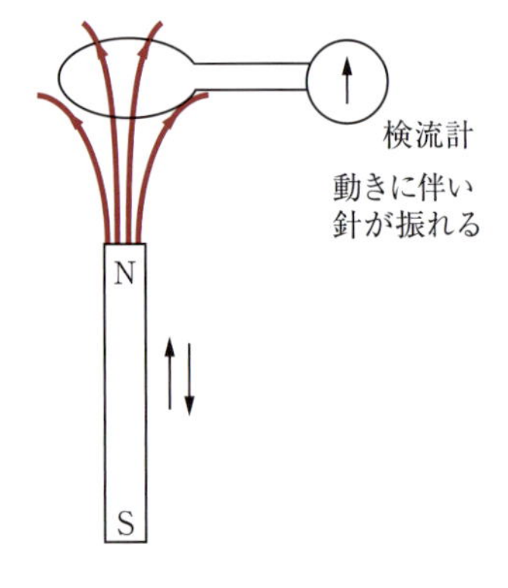

図5.1　電磁誘導現象

第3章までの議論では，時間的に変化しない場を扱ってきた．時間変化を考えると，もはや電気，磁気という区別は本質的になくなり，**電磁場**という概念で統一される．より具体的に述べると，磁気的な場の時間的変化が電気的な場を作り出す現象として**電磁誘導**が，電気的な場の時間的変化が磁気的な場を作り出す現象として**変位電流**が登場する．まず，最初の項目である電磁誘導について議論しよう．

導線で回路を作り，そこに磁石を近づけて動かすと回路に**起電力**が生じる．これは**発電機**にも使われている原理で，電磁誘導とよばれる．目には見えないが，磁石から**磁束線**が出ており，回路を通り抜ける磁束線の総量が時間的に変動するとき，回路に起電力が生じることがファラデーにより示された（図5.1）．この関係，すなわち，**ファラデーの法則**を式で書くと次のようになる．

$$-\mathscr{E} = \frac{d\Phi}{dt} \quad [\mathrm{V}] \tag{5.1}$$

ここで，Φ は回路を通り抜ける**磁束**であり，$\mathscr{E}$ は回路に生じる起電力である．磁束 Φ はある面を通り抜ける磁束線の総量であり，3.1 節で定義されている．$d\Phi/dt$ は，磁束が時間的にどれだけ変化するかを表し，それと起電力 $\mathscr{E}$ が関係することをこの式は表している．磁束 Φ が一定なら，$d\Phi/dt = 0$ であり，起電力も生じない．

符号について説明する．起電力の向きは「**右ねじルール**」（図 3.6）で記述される．磁束密度 $\boldsymbol{B}$ の方向へ進むように，右ねじを回す方向を起電力の正の向きと約束する．図 5.2 の場合，磁束密度は上向きなので，回路を上から見て反時計回りが正の向きである．(5.1) の左辺にマイナスの符号がついているので，次のような関係が成り立っている．

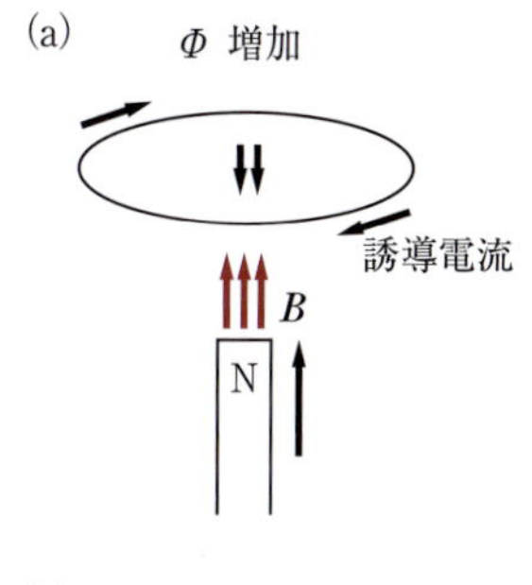

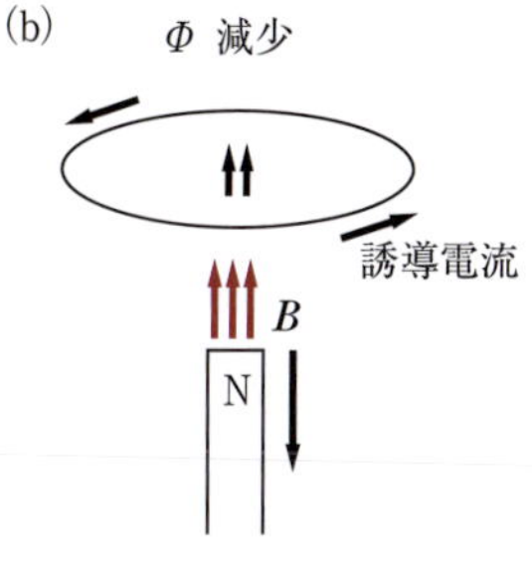

図 5.2 レンツの法則．赤は磁石の作る磁束密度，黒は誘導電流が作る磁束密度．

表 5.1

図 5.2(a)	図 5.2(b)
回路を通る磁束が Φ 増加	回路を通る磁束が Φ 減少
↓	↓
$\dfrac{d\Phi}{dt} > 0$	$\dfrac{d\Phi}{dt} < 0$
↓	↓
時計回り（負の向き）の誘導電流	反時計回り（正の向き）の誘導電流
↓	↓
誘導電流が作る磁束密度は下向き	誘導電流が作る磁束密度は上向き

回路に起電力が生じると電流（誘導電流）が流れ，その電流はさらに磁束密度を生じる．上の表の結果から見ると，(5.1) の左辺のマイナス符号は，「磁束密度の変動を打ち消す方向に起電力が生じる」ことを表している．もちろん，この誘導電流が生み出す磁束密度が，磁束密度の変化をすべて打ち消すわけでないが，変化に対してブレーキをかけるように作用するのである．このことを**レンツの法則**とよぶ．

さて，ファラデーの法則をもう少し詳しく議論していこう．まず，回路とよんでいるものを閉曲線 C で表す．この閉曲線に沿って起電力 $\mathscr{E}$ が生じるのだが，この電磁誘導による起電力の意味を理解しないといけない．図 5.3(a) のように回路に電源があり，そこで起電力 $\mathscr{E}$ が生じているという通常の場合と同じなのであるが，電磁誘導の場合は図 5.3 (b) のように，特定の位置ではなく，回路全体にわたって起電力が生じる．

したがって，このときの起電力は 1.5 節で議論したような形で**電位** $\mathscr{V}$ と結びつけることはできない．図 5.3(c) の点 A で考えると，電位であれば $\mathscr{V}_{\mathrm{A}} - \mathscr{V}_{\mathrm{A}} = 0$ となるはずであるが，実際には閉曲線を 1 周すると電位の差が生じるのである．このときは，電位差を 1.5 節の (1.98), (1.99) で扱ったように電場から定義しなくてはいけない．図 5.3(c) のように，閉曲線 C 上の近接した 2 点 A, B を考えると，この 2 点の間の

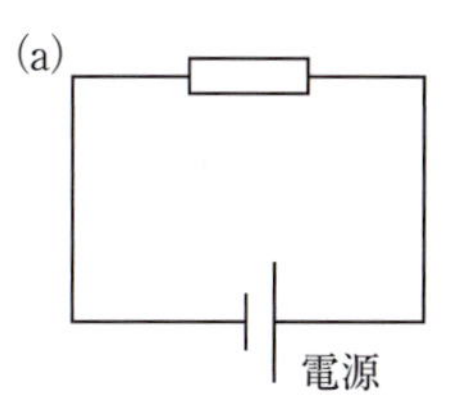

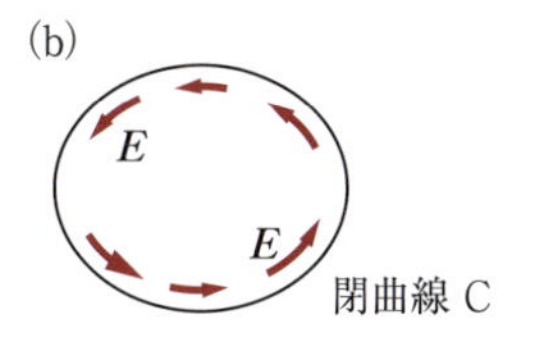

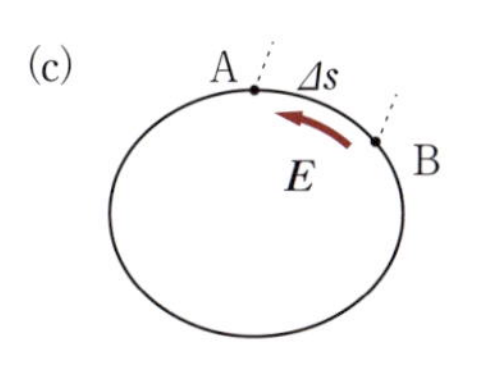

図 5.3 閉回路の起電力．(a) 通常の直流電源，(b)，(c) 電磁誘導での起電力．

電位差は $\mathscr{V}_{\mathrm{B}} - \mathscr{V}_{\mathrm{A}}$ であるが，この2点A, Bの間での電場を $\boldsymbol{E}$ とすると，

$$\mathscr{V}_{\mathrm{B}} - \mathscr{V}_{\mathrm{A}} = E_t \Delta s \quad [\mathrm{V}] \tag{5.2}$$

と表すことができる．ここで，E_t は電場ベクトル $\boldsymbol{E}$ の閉曲線Cに沿った方向の成分（接線成分）である．この右辺を閉曲線Cに沿って全部合計したものが，(5.1) の右辺の $\mathscr{E}$ であるので，

$$\mathscr{E} = \sum_{\mathrm{C}} E_t \Delta s \quad [\mathrm{V}] \tag{5.3}$$

あるいは積分で書けば，以下のようになる．

$$\mathscr{E} = \int_{\mathrm{C}} E_t \, ds \quad [\mathrm{V}] \tag{5.4}$$

この式を書くときの電場 $\boldsymbol{E}$ は，もちろん，第1章で学んだ電荷が作る電場と全く同一のものであるが，第1章の場合と異なり，電位 $\mathscr{V}$ と関係づけることはできない[†1]．第1章ではある点の電位は一意に決まったが，ここではそうなっていないのである．1.5節の (1.100)，(1.101) 辺りで静電場は渦なしであると述べたが，ここで扱っている時間変化のある場合にはそうなっていない．

†1　本書では扱っていないが，スカラーポテンシャルである電位と対となるベクトルポテンシャルという量と，この電場は関係づけられる．

前に，磁束 Φ は回路を通り抜ける磁束線の総量と述べたが，今，回路を閉曲線Cで表した．このとき，磁束 Φ は閉曲線Cを縁とする面S（Cがなす面S）を通り抜ける磁束線の総量と定義される[†2]．図形として考えれば，閉曲線Cに対してそれを縁とする面Sは無数に考えられる．であるから，法則としては，どのように面Sをとってもよいという意味を含んでいる．図5.4に簡単な例を示すが，面Sの形が異なっても，それを通り抜ける磁束の量は同じと考えられる．磁束 Φ の数式としての表現は，3.1節の (3.4)，(3.5) を参照してもらいたい．この数学的な表現では，磁束密度ベクトル $\boldsymbol{B}$ の法線成分を用いたが，そのような定義なので，図5.4の面 $\mathrm{S}_1, \mathrm{S}_2, \mathrm{S}_3$ を通る磁束が同じ量になるのである．

†2　「閉曲線Cを通り抜ける」と定義すると，一般の場合，曖昧さが生じる．（門のあたりでうろうろしている人を門を通り抜けたとよべるだろうか．）面Sを作っておき，それに「穴」があいたかあかないかで判断すれば，「通り抜ける」ということに曖昧さはない．

以上から，ファラデーの法則の最終的な形を記述する．任意の閉曲線Cとそれを縁とする面Sに対して，次の関係が成り立つ．

$$-\mathscr{E} = \frac{d\Phi}{dt} \quad [\mathrm{V}], \qquad \mathscr{E} = \sum_{\mathrm{C}} E_t \Delta s \quad [\mathrm{V}], \qquad \Phi = \sum_{\mathrm{S}} B_n \Delta S \quad [\mathrm{Wb}] \tag{5.5}$$

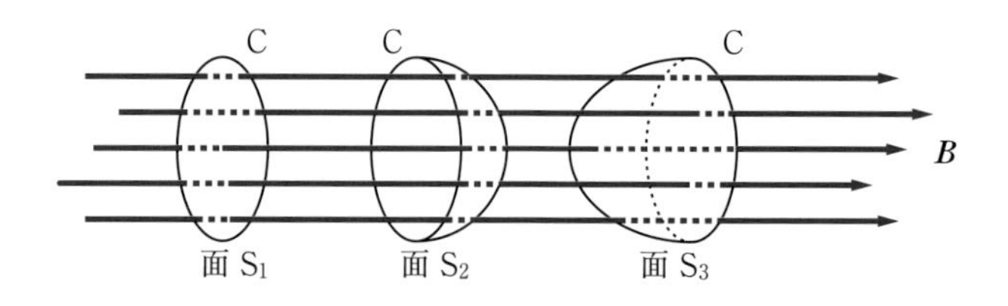

図5.4　ある閉曲線Cについて，それを縁とするいろいろな面を通る磁束．

積分で表現すると，以下となる．

$$-\int_{\mathrm{C}} E_t\, ds = \int_{\mathrm{S}} \frac{dB_n}{dt}\, dS \quad [\mathrm{V}] \tag{5.6}$$

以上で電磁誘導について一通り説明したが，今考えた状況は回路（閉曲線C）が固定されており，それに対して磁束密度が時間的に変動するというものであった．この逆はどうであろうか．つまり，磁束密度が固定されていて，回路が動く場合である．この場合でも同様にファラデーの法則が成り立つ．

例題 5.1 図 5.5 のように，1 辺が a の正方形をなす導線が一定の速度 v で運動している．図の点線 X と Y で囲まれた領域の内部には，紙面に垂直で裏から表向きの一様な磁束密度 B_0 がある．点線 X と Y の外側には磁束密度はない．正方形の右の辺が点線 X に接触した時刻を $t=0$ とするとき，導線に生じる起電力の時間変化を答えよ．

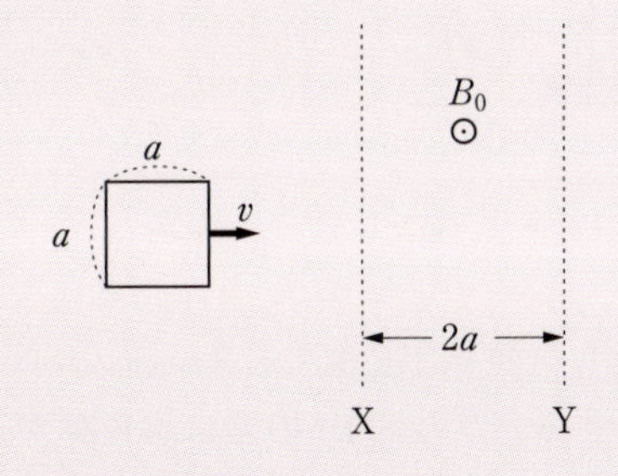

図 5.5 例題 5.1

解法のポイント 起電力の向きはレンツの法則に基づき考えるとよい．正方形が磁束密度のある領域に侵入するときには，それを通り抜ける裏から表向きの磁束が増えるので，それを打ち消すように，表から裏向きの磁束線が発生する方向に起電力が生じる．ここで，図 5.2 の右ねじルールを思い出すこと．正方形が磁束密度のある領域から抜け出すときはその逆である．

解

- $0 \leqq t < a/v$　　この間，正方形は磁束密度のある領域に侵入していくので，通り抜ける磁束が増える．時刻 t で，正方形の磁束密度に侵入した面積は $a\times(vt)$ なので，磁束の量は $\Phi = B_0avt$ となる．よって，(5.5) から

$$\mathcal{E} = -\frac{d\Phi}{dt} = -B_0av \quad [\mathrm{V}]$$

となる．起電力は大きさが B_0av で，向きは時計回りである．

- $a/v \leqq t < 2a/v$　　この間，正方形は磁束密度のある領域中にあり，磁束は $\Phi = B_0a^2$ で一定である．このため起電力はゼロである．
- $2a/v \leqq t < 3a/v$　　この間，正方形は磁束密度のある領域から少しずつ出ていくので，通り抜ける磁束が減少する．正方形の右の辺が，点線 Y に接触したときの時刻 $t_0 = 2a/v$ を基準にするとわかりやすい．時刻 t で，正方形の磁束密度内の面積は $a\times(a-v(t-t_0))$，なので，磁束の量は $\Phi = B_0a(a-v(t-t_0))$ となる．よって，

$$\mathcal{E} = -\frac{d\Phi}{dt} = B_0av \quad [\mathrm{V}]$$

となる．起電力は大きさが B_0av で，向きは反時計回りである．

- $3a/v \leqq t$　　正方形全体が，磁束密度のある領域を出てしまった．$\Phi = 0$ で起電力はゼロである．

以上の時間変化をグラフで表すと図 5.6 のようになる．図の V_0 は，以上の計算から $V_0 = B_0av$ を表している．

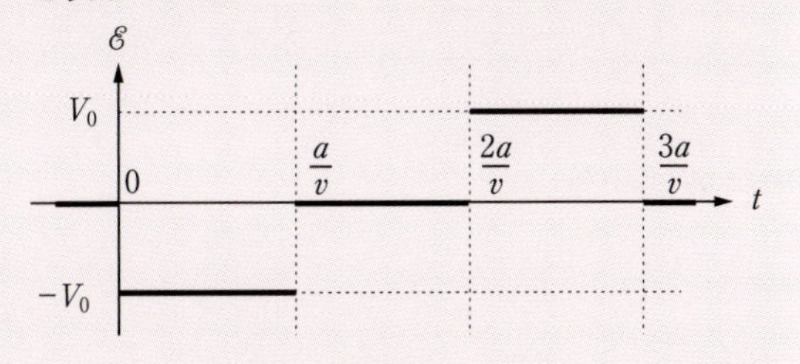

図 5.6 例題 5.1 のグラフ

◆

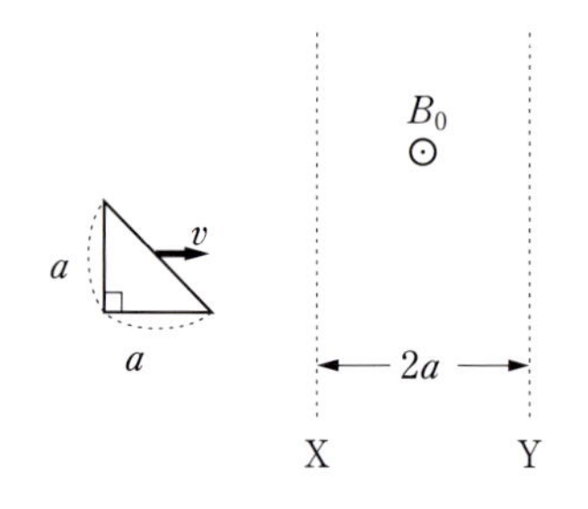

図 5.7　類題 5.1

類題 5.1　図 5.7 のように，1 辺が a の二等辺直角三角形をなす導線が一定の速度 v で運動している．図の点線 X と Y で囲まれた領域の内部には，紙面に垂直で裏から表向きの一様な磁束密度 B_0 がある．点線 X と Y の外側には磁束密度はない．三角形の右の頂点が点線 X に接触した時刻を $t=0$ とするとき，導線に生じる起電力の時間変化を答えよ．

次に，回路が動く場合の一般化として，回路自体が時間的に変形するという場合を考えてみよう．図 5.8 のように，コの字型の導線があり，それに触れながら速さ v で動く導体棒があるとしよう．導線や導体棒のある面に，垂直に一様な磁束密度 $\boldsymbol{B}$（大きさ B）がある状況を考える．このとき，コの字型の導線と導体棒がなす長方形を回路と考えると，導体棒の移動と共に回路が囲む面積が変化すると考えることができる．

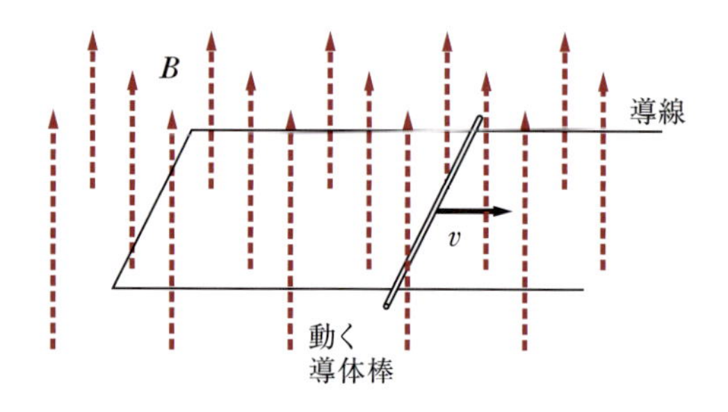

図 5.8　電磁誘導，コの字型の導線と動く導体棒 (1).

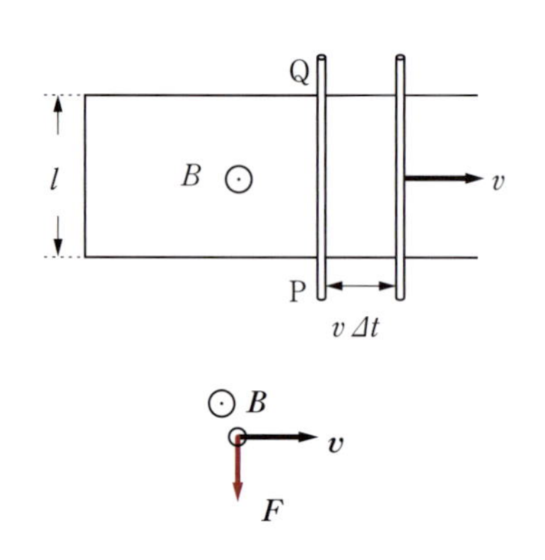

図 5.9　電磁誘導，コの字型の導線と動く導体棒 (2).

磁束密度 $\boldsymbol{B}$ に垂直な面で表した図 5.9 で考えよう．図に示すように，導線の平行部分の距離を l とすると，時間 Δt の間に導体棒が $v\Delta t$ だけ動くので，磁束の時間変化は

$$\Delta\Phi = Blv\Delta t \quad [\mathrm{Wb}] \tag{5.7}$$

となる．この導体棒の中に電荷 q があったとする．この電荷は速さ v で動いているので，図 5.9 の下の図のように考えると，導体棒に沿って Q から P の方向に力がはたらくことになる．(3.2 節を見よ．) この力の大きさ F は

$$F = qvB \quad [\mathrm{N}] \tag{5.8}$$

である．この力を，電荷に対して Q から P の方向を向く電場 E があったと見なすと，$F = qE$ なので

$$E = vB = \frac{\Delta\Phi}{\Delta t}\frac{1}{l} \quad \to \quad El = \frac{\Delta\Phi}{\Delta t} \tag{5.9}$$

となる．(なお，導体棒はある大きさの抵抗をもつとする．)

上の (5.9) の意味を考えよう．El は導体棒に沿って生じた電位差と考えることができる．今の図 5.8 では，磁束は上向きなので，右ねじルールに従うと反時計回りが正の方向である．磁束密度によって生じた

力を起電力によるものとして考え，符号まで含めて書き直し，時間間隔 Δt をゼロに近づけると（5.9）は

$$-\mathcal{E} = \frac{\Delta\Phi}{\Delta t} = \frac{d\Phi}{dt} \quad [\mathrm{V}] \tag{5.10}$$

となり，ファラデーの法則と同一の式を得る．このようにして，電磁誘導現象は，荷電粒子にはたらく力の法則と矛盾なく理解できることがわかった．

例題 5.2 飛行機が 1000 km/h で飛んでいる．主翼の端から端までの長さが 80 m であるとする．地磁気がこの飛行機の飛ぶ面に垂直であると仮定し，その大きさが 5.0×10^{-5} T としよう．このとき，どの程度の大きさの電位差が翼の両端の間に生じると推定できるか．

解法のポイント 飛行機であるが，この電磁誘導を考察するには，長さが 80 m の金属棒が磁束密度ベクトルに垂直に飛んでいると考える．上で説明した結果を見れば，単位時間当りに「切る」磁束が $\Delta\Phi$ となるので，それから推定することができる．

飛行機は，可燃性の燃料を積んでいるが，この程度の電位差では火災につながるようなことは起きないので安心してもらいたい．

解 飛行機が Δt だけの時間，速度 v で飛ぶと，$l = 80$ m として $l(v\Delta t)$ の面積（長方形の面積）の範囲にある磁束線を切ることになる．速度を換算すると $v = 1000 \times 10^3/(60 \times 60) = 2.8 \times 10^2$ m/s である．よって

$$\frac{\Delta\Phi}{\Delta t} = \frac{Blv\Delta t}{\Delta t} = Blv$$
$$= (5.0 \times 10^{-5}) \times 80 \times (2.8 \times 10^2) = 1.1 \text{ V}$$

となる． ◆

5.2 自己誘導，相互誘導

5.2.1 自己誘導

3.7 節では，**自己インダクタンス** L という量を定義した．（3.96）で，コイルを流れる電流 I とコイルを通り抜ける磁束 Φ の関係を $\Phi = LI$ と与えた．この両辺を時間で微分し，ファラデーの法則（(5.1)）を使うことにより，

$$-\mathcal{E} = L\frac{dI}{dt} \quad [\mathrm{V}] \tag{5.11}$$

を得る．これは，コイルを流れる電流の大きさを変化させようとすると，必ずそれを妨げる起電力が生じることを意味する．これを**自己誘導**という．

5.2.2 相互誘導

次に，2 つのコイルがある場合を考える．コイル 1 に電流 I_1 を流したときに，コイル 2 を通り抜ける磁束を Φ_2 とすると

$$\Phi_2 = M_{21}I_1 \quad [\mathrm{Wb}] \tag{5.12}$$

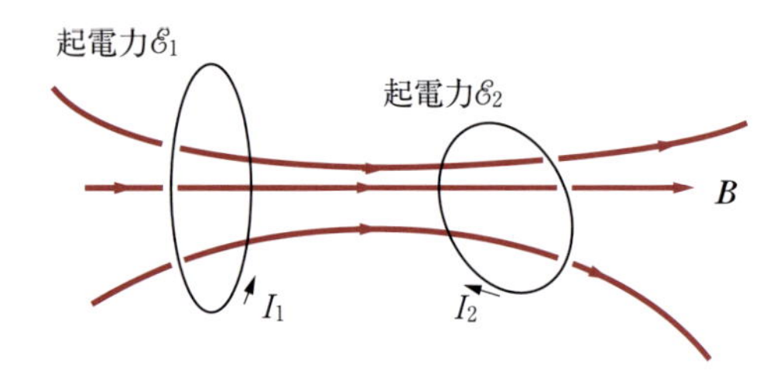

図 5.10　相互誘導

という関係式が成り立ち，逆に，コイル 2 に電流 I_2 を流したときにコイル 1 を通り抜ける磁束を Φ_1 とすると

$$\Phi_1 = M_{12} I_2 \quad [\mathrm{Wb}] \tag{5.13}$$

という関係式が成り立つ．この 2 つの係数は，

$$M_{21} = M_{12} \quad [\mathrm{H}] \tag{5.14}$$

と値が等しくなることが証明できる．このことをインダクタンスの相反定理とよぶ．式で示すと，$M = M_{21} = M_{12}$ となる．この M を**相互インダクタンス**とよぶ．相互インダクタンスの単位は自己インダクタンスと同じ H（ヘンリー）である．

このように 2 つのコイルがあるときに，磁束密度が時間的に変化すれば，そのコイルにも起電力が生じる．これを**相互誘導**という．図 5.10 のように，第 1 のコイルを流れる電流を I_1 として，第 2 のコイルに生じる起電力を $\mathscr{E}_2$ とすると

$$-\mathscr{E}_2 = M\frac{dI_1}{dt} \quad [\mathrm{V}] \tag{5.15}$$

という関係が成り立つ．第 1 と第 2 のコイルの役割を変えても，

$$-\mathscr{E}_1 = M\frac{dI_2}{dt} \quad [\mathrm{V}] \tag{5.16}$$

と，同じような関係式が成り立つ．

例題 5.3　2 つのコイルがあり，コイル 1 に流れる電流 I_1 を図 5.11 に示すように変化させた．すると，$t < 6\,\mathrm{ms}$ の間に，コイル 2 に起電力 $\mathscr{E} = -2.0\,\mathrm{V}$ が発生した．

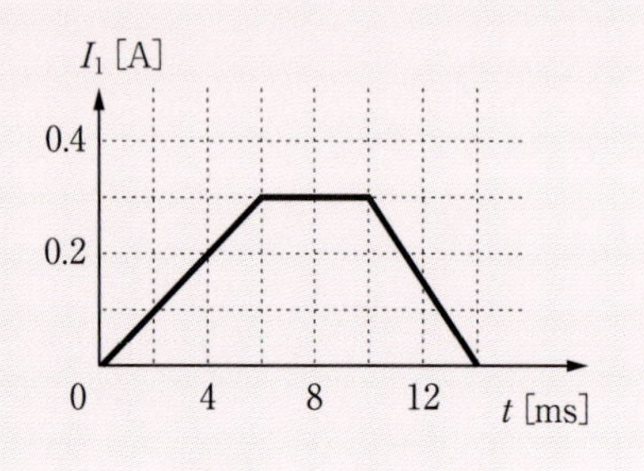

図 5.11　例題 5.3

(1) この 2 つのコイルの間の相互インダクタンスはいくらか．
(2) $t > 6\,\mathrm{ms}$ でのコイル 2 の起電力はいくらか．

解法のポイント　(5.15)，(5.16) の活用である．グラフを単位も含めてきちんと読み取ること．

解　(1) $t = 0 \sim 6\,\mathrm{ms}$ の間は

$$\frac{dI_1}{dt} = \frac{0.3}{6.0\times10^{-3}} = 50\ \mathrm{A/s}$$

なので，

$$M = \frac{-\mathscr{E}_2}{dI_1/dt} = \frac{2.0}{50} = 4.0\times10^{-2}\ \mathrm{H}$$

となる．

(2) 相互インダクタンスが決まったので，$t > 6\,\mathrm{ms}$ での起電力は以下となる．なお，$t > 14\,\mathrm{ms}$ では，もちろん $\mathscr{E} = 0\,\mathrm{V}$ である．

$t = 6\sim10\,\mathrm{ms}$: $\dfrac{dI_1}{dt} = 0 \ \rightarrow\ \mathscr{E}_2 = 0\,\mathrm{V}$

$t = 10\sim14\,\mathrm{ms}$: $\dfrac{dI_1}{dt} = -750\ \mathrm{A/s} \ \rightarrow$

$\mathscr{E}_2 = 3.0\,\mathrm{V}$

◆

5.2.3 変圧器

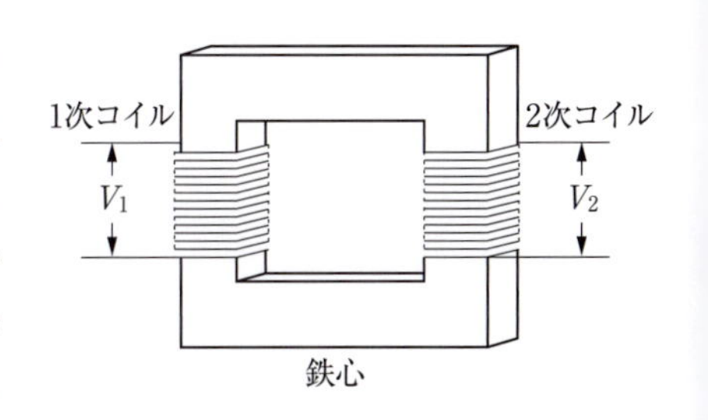

図 5.12 変圧器

発電所で発電された電力は，高い電位差（電圧）で送電線により各地へ送られる．大きな電位差とするのはジュール熱（(2.19)）による損失を少なくするためである．発電所から 2.75×10^5 V あるいはそれ以上の電位差で送り出された電力は，超高圧変電所で 1.54×10^5 V に，1 次変電所で 6.6×10^4 V に，中間変電所で 2.2×10^4 V となり，さらに配電用変電所で 6600 V まで電位差を下げられて街中まで届く．この変圧の各段階において，鉄道事業者，工場，大型建物などへ，その規模に応じた電位差で配電される．6600 V で届いた電力は電柱の上などに設置された柱上変圧器により，100 V あるいは 200 V になって一般家庭へと配電されるのである．

このように，電位差の変換は重要なものであるが，図 5.12 で示すのが交流の電位差の変換のために使われる**変圧器**のモデルである．2 つのコイルがあるという意味では，前項で扱った相互誘導と同じ種類の現象である．コイルをつなぐ鉄心は磁束の漏れを抑えるためのものであり，実用的にはほぼすべての磁束を 1 次側から 2 次側に伝えることができる．実際には，渦電流（次の項目参照）の発生を抑えるために，鉄心は絶縁した薄い鉄板を多数重ねて構成される．

磁束の漏れがないとき，1 次コイル，2 次コイルの電位差を V_1, V_2，巻き数を N_1, N_2 とすると

$$V_1 : V_2 = N_1 : N_2 \tag{5.17}$$

が成り立つ．磁束の漏れがないと仮定したので，それぞれの 1 巻きの導線の輪を通る抜ける磁束はすべて同一である．そして，その時間変化の大きさも同じなので，導線 1 巻き当りの起電力も同じである．したがって，それぞれのコイルの電位差は巻き数に比例することになる．

例題 5.4 1 次コイルの巻き数が 500，2 次コイルの巻き数が 40 の変圧器がある．

(1) 1 次側に 100 V の電位差の交流を加えた場合，2 次コイルの電位差はいくらか．

(2) 2 次側に 1.0 kΩ の抵抗をつないだ．1 次側，2 次側に流れる電流はいくらか．熱損失がないと仮定する．

解法のポイント このような問では，第 4 章で学んだように実効値が使われると考える．また，熱損失がなければ，1 次側から供給されるエネルギーは 2 次側の出力に等しいので，電力が同じであると考える．

解 (1) (5.17) より

$$100 : V_2 = 500 : 40 \quad \rightarrow \quad V_2 = \frac{100 \times 40}{500} = 8.0\ \mathrm{V}$$

である．

(2) 2 次側の電流は，オームの法則から

$$I = \frac{V_2}{R} = \frac{8.0}{1.0 \times 10^3} = 8.0\ \mathrm{mA}$$

であり，電力が等しいとすると

$$V_1 I_1 = V_2 I_2 \quad \rightarrow$$

$$I_1 = \frac{8.0 \times (8.0 \times 10^{-3})}{100} = 0.64\ \mathrm{mA}$$

となる． ◆

類題 5.2　1 次側と 2 次側の巻き数の比が 1：5 の変圧器がある．この変圧器では熱損失がないと仮定する．1 次側に 100 V の電位差の交流を加え，2 次側に 5.0 kΩ の抵抗をもつ電熱線を接続した．このとき，電熱線から生じる熱量は 1 分当り何 J か．

5.2.4 渦 電 流

金属の付近で磁束密度の源（磁石や電磁石）を動かすと，金属内に電磁誘導による起電力が生じて誘導電流が流れる．これを**渦電流**とよぶ．渦電流の発生するパターンは，5.1 節で述べたレンツの法則に従う．

図 5.13(a) では金属板の付近で磁石を左から右に動かしている．これを上から見たのが図 5.13(b) である．このとき，

図 5.13(b) の左：磁石が遠ざかり，磁束が減少するので，時計回りの誘導電流が下向きの磁束を発生させる

図 5.13(b) の右：磁石が近づき，磁束が増加するので，反時計回りの誘導電流が上向きの磁束を発生させる

ことになる．

(a)

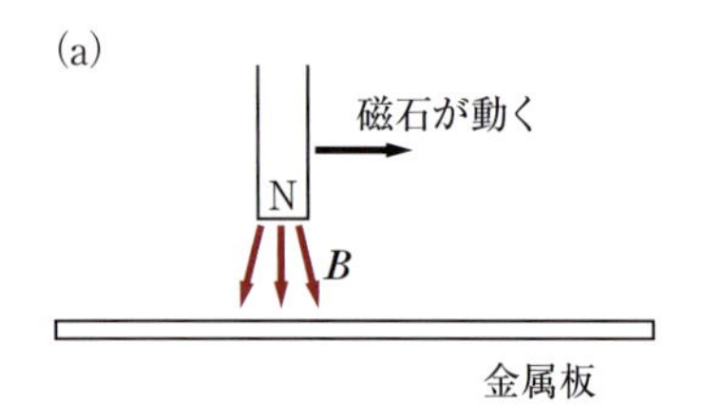

(b)

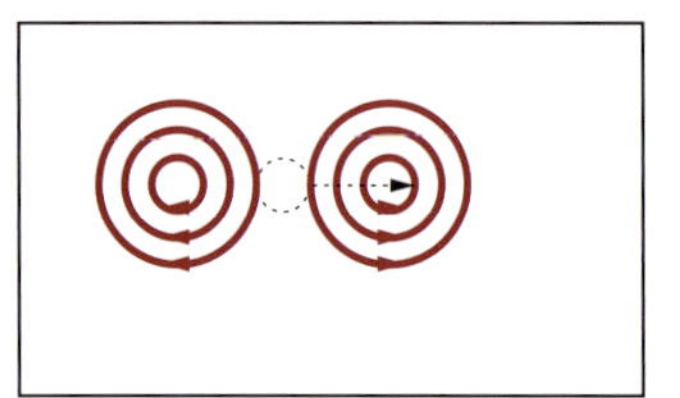

図 5.13　渦電流

このことを磁石にはたらく力という観点で考えると，図 5.13(b) では磁石の左に S 極，右に N 極が渦電流により生じていると見えるので，磁石の動きにブレーキをかける方向に力がはたらく．

渦電流はいろいろな応用がなされているが，上で解説した制動力としてはたらく力は車両などで補助ブレーキとして使われている．また，渦電流から発生するジュール熱を使って，ガスなどのような炎を使わない調理装置である電磁調理器（IH 調理器）に利用されている．このとき，鍋やフライパンの底面に起こる渦電流が加熱源となるので，鍋などの材質には制限があり，土鍋などは不向きである．

5.3 磁場のエネルギー

5.3.1 コイルが蓄えるエネルギー

5.2.1 項で（5.11）という関係式を得た．今，電流の流れていないコイルに電流を流し始めた．コイルに電流 I を流すためには，(5.11) で示す起電力 $\mathcal{E}$ に逆らって仕事をしないといけない．そのために，起電力 $\mathcal{E}$ を打ち消す大きさの V の電位差を与えて電流を流す．微小な時間 Δt の間の仕事は，電流のする仕事率の（2.20）を使うと

$$VI\Delta t = L\frac{dI}{dt}I\Delta t \quad [\mathrm{J}] \tag{5.18}$$

である．初めゼロであった電流が $t = T$ に I になるまでに必要な仕事 W は，

$$W = \sum VI\Delta t = \int_0^T L\frac{dI}{dt}I\,dt = \int_0^T L\frac{d}{dt}\left(\frac{I^2}{2}\right)dt = \frac{1}{2}LI^2 \quad [\mathrm{J}] \tag{5.19}$$

となる．これだけのエネルギーがコイルに蓄えられていることになる．

5.3.2 磁場のエネルギー密度

ところで，このエネルギーは「どこに」蓄えられているのであろうか．具体的な事例として，第3章で性質を調べた**ソレノイド**を使ってみよう．単位長さ当りの巻き数 n，断面積 S，長さ l の空芯ソレノイドの場合で考えると（3.37）から $I = B/\mu_0 n$ であり，（3.98）から $L = \mu_0 n^2 Sl$ であった．上の（5.19）にこれらを代入すると，

$$W = \frac{1}{2}\mu_0 n^2 Sl \times \left(\frac{B}{\mu_0 n}\right)^2 = \frac{1}{2\mu_0}B^2 \times Sl \quad [\mathrm{J}] \tag{5.20}$$

となる．この後ろの因子 Sl はソレノイド内部の磁束密度のある空間の体積なので，電場の場合の（1.139）と同じように

$$\text{単位体積当りの磁場のエネルギー} = \frac{1}{2\mu_0}|\boldsymbol{B}|^2 = \frac{1}{2}\boldsymbol{H}\cdot\boldsymbol{B} \quad [\mathrm{J/m^3}] \tag{5.21}$$

と考えることができる．これを**磁場のエネルギー密度**とよぶ[†3]．一般に空間に磁束密度があるとき，そのエネルギーは

$$\sum\frac{1}{2\mu_0}|\boldsymbol{B}|^2\Delta V \quad [\mathrm{J/m^3}] \tag{5.22}$$

と表される．分割を無限小にした極限では，この式は $\int_V (1/2\mu_0)B^2\,dV$ と体積積分で表される．

†3 磁気的な場のエネルギー密度という意味である．

5.4 変位電流

5.1節の最初で，電磁誘導と逆の関係にあたる現象として，電気的な場の時間的変化が磁気的な場を作り出す現象である**変位電流**を紹介した．それをこの節で学ぶ．その糸口として，時間変化する電流を考えよう．

電流は，連続的に導線を移動する電荷に関係する現象と通常は考えている．第2章で扱った直流電流では常にそうであった．では，第4章で扱った時間的に変化する電流の場合を考えよう．

図5.14の交流電源に接続された，2つのコンデンサーと電球を考える．この電球は導線でつながるという意味では，電源に直接つながっていない．しかし，交流の電源の極性が周期的にプラスとマイナスの間で

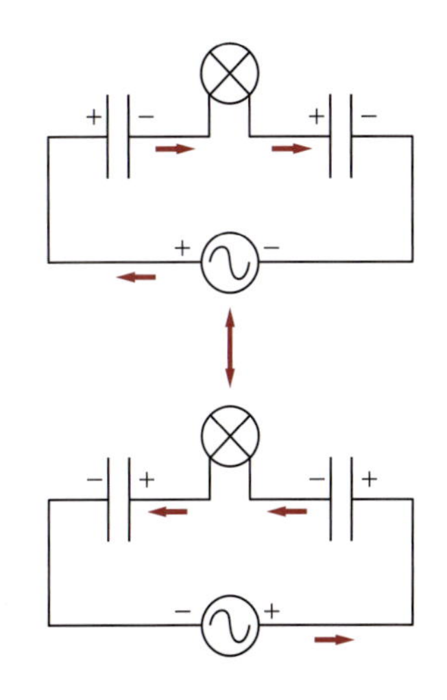

図5.14 交流電源に接続されたコンデンサーと電球（⊗の図記号）

変化するので，それにより，コンデンサーの極板に現れる電荷もプラスとマイナスの間で変化し，電球のあるところで常時電荷の移動が起きている，つまり電流が流れている．この図 5.14 では電球が光るので，コンデンサーのある個所も含めて電流が流れて回路を形作っていると理解される．

ここで，3.4 節で学んだ，電流と磁場の間の関係を与える基礎法則であるアンペールの法則を思い出してみよう．この法則は，閉曲線 C とそれを境界とする面 S に関して式（(3.43)）を書き下している．このとき，図 5.4 の箇所で議論した面 S の任意性と同じことが起きる．同じ閉曲線 C でもそれを縁とする面 S はいろいろ考えられ，図 5.15 はその一例を示している．(3.43) の右辺では，面 S を通り抜ける電流の量を求めるのだが，図 5.15(a) では右辺はゼロとなり，図 5.15(b) では右辺はゼロとならない．これでは，法則を適用する際に結果がいろいろ出てくることになり困った事態となる．もし，電流が連続であれば，閉曲線 C に対してどのような面 S を考えてもそれを通り抜ける電流は同じだが，図 5.15 のように電流が不連続な場合は，面 S のとり方で答えが変わってしまうのである．

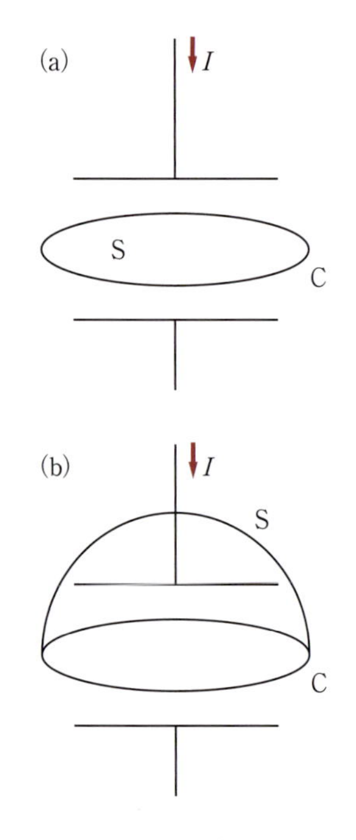

図 5.15　同じ閉曲線 C と，それを縁とする面 S

以上のような事例を考えると，電流は導線を移動する電荷の流れであるという今までの考えを改良する必要があるように見える．上の事例を気をつけて見てみると，コンデンサーの極板の間には何もないのではなく，時間的に変化する電場があることに気づく．だから図 5.16 のように，この変動電場も電流の一種と考え，真の電流とこの新しい電流全体で連続的な電流を構成することにしよう．ここで登場した変動電場に関係する電流は変位電流（電束電流）とよばれ，マクスウェルにより提案された．これにより，電流の連続性が復活し，どんな面 S でも答えが同じになる．

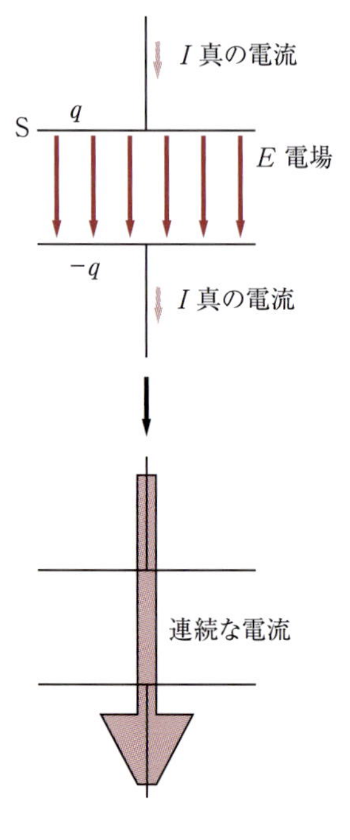

図 5.16　真の電流と変位電流

図 5.16 で考えると，リレー競走にたとえていえば，上の導線を伝わってきた真の電流が上の極板で変位電流にバトンを渡し，その変位電流が下の極板まで伝わって，そこでまた，真の電流にバトンを渡すのである．電流の連続性を回復するのが目的だから，この変位電流の大きさは真の電流の大きさと同じとなるべきである．

真の電流は電荷 q の移動と関係づけられるので，(2.3) を用いて

$$I = \frac{dq}{dt} \quad [\mathrm{A}] \tag{5.23}$$

である．1.8 節の平行平板コンデンサー（図 1.48）で考えると，(1.129) で $E = q/\varepsilon_0 S$ から

$$q = \varepsilon_0 SE \quad [\mathrm{C}] \tag{5.24}$$

なので，

$$I = \varepsilon_0 \frac{dE}{dt} S = \frac{dD}{dt} S \quad [\mathrm{A}] \tag{5.25}$$

と変形できる．S は，時間的に変動している電場の存在する領域の断面積である．ここで，1.3 節で導入した電束密度 $\boldsymbol{D}$ で式を書きかえた．この式から

単位断面積当り $\dfrac{d\boldsymbol{D}}{dt}$ の「電流」がある

と考えるとよい．これが変位電流である[†4]．

†4 変位電流は別の議論でも導くことができる．それは電荷の保存則を要請することである．章末問題 5.7 の式を数学的に導くためには，変位電流の項が必要である．

この変位電流の正確な定義は，今まで何度か出てきた一般化の手法をとると

$$I\,(\text{変位電流}) = \sum \frac{dD_n}{dt} \Delta S \quad [\mathrm{A}] \tag{5.26}$$

となる．ここで，右辺の和は変位電流が通る面 S の分割和である．面を通り抜ける成分なので法線成分 D_n が式に現れる．積分で表現すると，

$$I\,(\text{変位電流}) = \int_{\mathrm{S}} \frac{dD_n}{dt} dS \quad [\mathrm{A}] \tag{5.27}$$

となる．

この変位電流も本物の電流と同様にアンペールの法則で磁場の源になるので，(3.43) のアンペールの法則に変位電流を取り入れる．この改良版のアンペールの法則は，**アンペール－マクスウェルの法則**とよばれる．以下の式は (3.43) と同じように，C は任意の閉曲線で，S はそれを縁とする面である．

アンペール－マクスウェルの法則：和記号による表現

$$\sum_{\substack{\text{閉曲線Cに}\\\text{沿って}}} H_t \Delta s = \sum_{\text{曲面Sを通り抜ける}} I + \sum_{\text{曲面Sを通り抜ける}} \frac{dD_n}{dt} \Delta S \tag{5.28}$$

あるいは，

アンペール－マクスウェルの法則：積分による表現

$$\oint_{\mathrm{C}} H_t\, ds = \int_{\mathrm{S}} j_n\, dS + \int_{\mathrm{S}} \frac{dD_n}{dt} dS \tag{5.29}$$

である．左辺は閉曲線 C についての線積分，右辺は C のなす曲面 S についての面積分である．

例題 5.5 次ページの図 5.17(a) のように，相対した半径 a の 2 枚の導体円板を極板とする平行平板コンデンサーがあり，時間的に変動する電流 $I(t)$ が流れている．この極板の間に生じる磁場を求めよ．円板の中心の位置からはかった距離を R とする．また，極板の端での電場のゆがみはないものとする．

解法のポイント 変位電流を含めたアンペールの法則を使う．法則の使い方は 3.4 節を参考にしてもらいたい．閉曲線 C としては図 5.17(b) に点線で示した半径 R の円を使う．$R < a$ と $a < R$ の場合に分けて考える．

結局，連続な直線電流が下から上まで流れているとすれば，通常の直線電流の場合と同様になる

わけで，この意味で，本物の電流も変位電流も同等なのである．ただし，極板の間だけは面積 πa^2 の「太さ」の電流と考えることになる．

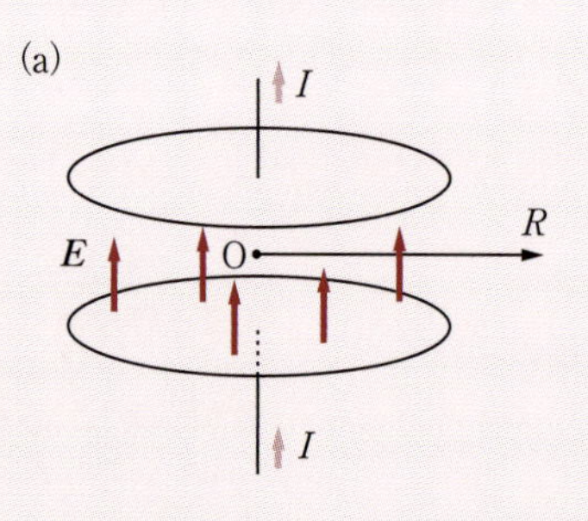

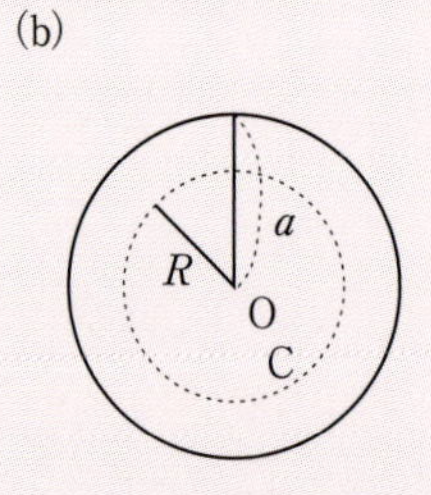

図 5.17　平行円板の間の変位電流と磁場

解　2 枚の円形極板の間では，単位面積当り，$\varepsilon_0(dE/dt)$ の変位電流が流れている．変位電流の合計は $I(t)$ に等しいのだから，単位面積当り $I/\pi a^2$ の変位電流がある．

閉曲線 C としては図 5.17(b) に示す点線の半径 R の円を考える．磁場ベクトルはこの円に接するように渦を巻いており，閉曲線 C に沿って $H = H_t$ である．ここで H は磁場の強さである．アンペール - マクスウェルの法則の左辺は

$$\sum_{\mathrm{C}} H_t \Delta s = H(2\pi R)$$

となる．アンペール - マクスウェルの法則の右辺は，半径 R の円の中を通り抜ける変位電流を合計する．

$R \leqq a$ のとき

$$\sum_{\mathrm{S}} \varepsilon_0 \frac{dE}{dt} \Delta S = \sum_{\mathrm{S}} \frac{I}{\pi a^2} \Delta S = \frac{I}{\pi a^2} \pi R^2 = \frac{R^2}{a^2} I$$

$R > a$ のとき

$$\sum_{\mathrm{S}} \varepsilon_0 \frac{dE}{dt} \Delta S = \sum_{\mathrm{S}} \frac{I}{\pi a^2} \Delta S = \frac{I}{\pi a^2} \pi a^2 = I$$

となる．左辺と右辺を等しいとおくので，結果は以下である．

$$H = \begin{cases} \dfrac{R}{2\pi a^2} I \quad [\mathrm{A/m}] \quad (R \leqq a) \\[2ex] \dfrac{I}{2\pi R} \quad [\mathrm{A/m}] \quad (a < R) \end{cases}$$

◆

類題 5.3　例題 5.5 において，コンデンサーに流入する電流が $I(t) = I_0 \cos \omega t$ である場合，極板の間の電場の強さを求めよ．ただし，$t = 0$ で極板は帯電していなかったものとする．

5.5　マクスウェル方程式

5.5.1　マクスウェル方程式の積分形

これまでの議論で，電磁気学の基礎的法則がすべて出そろった．これらは 1860 年代にマクスウェル（James Clerk Maxwell）により整備された形にまとめられたので，次の 4 つの法則の組を**マクスウェル方程式**とよぶ．マクスウェルの名を冠しているからといって，彼が一人で考えたのではない．マクスウェルがやったことは，当時既にあった多数の電磁気に関する法則を整理統合し，基礎方程式系として適切な形にまとめたことである．その過程で，マクスウェルは変位電流の必要性に気づきそれを方程式系に組み込んだ．これにより，電磁気学の基礎の整備がで

きあがった．また，その結果，電気と磁気は別々のものではなく表裏一体であることが示され，それによって電磁場という考え方が導かれた．さらに，次の節で扱うように，マクスウェルは彼の方程式系を数学的に解くことにより，**電磁波**が存在することを発見した．

以下の4つの式は既に説明がなされたものばかりなので，和記号による表現だけを示す．積分による表現は，それぞれの法則を論じた箇所を参照されたい．

最初の2つは電場と磁場のガウスの法則である[†5]．

$$\left.\begin{array}{l}\text{電場のガウスの法則（(1.62) 参照）}\\ \underbrace{\sum D_n \Delta S}_{\text{面Sの分割和}} = \underbrace{\sum q}_{\text{面S内部の電荷の和}} \\ \text{磁場のガウスの法則（(3.6) 参照）}\\ \underbrace{\sum B_n \Delta S}_{\text{面Sの分割和}} = 0\end{array}\right\} \quad (5.30)$$

†5 空間内の任意の閉曲面Sについて成り立つ．場のベクトルの法線方向は面から外向きを正とする．

次の2つはアンペールの法則とファラデーの法則である[†6]．

$$\left.\begin{array}{l}\text{アンペール－マクスウェルの法則（(5.28) 参照）}\\ \underbrace{\sum H_t \Delta s}_{\text{曲線Cの分割和}} = \underbrace{\sum I}_{\text{面Sを通り抜ける電流の和}} + \underbrace{\sum \frac{dD_n}{dt}\Delta S}_{\text{面Sの分割和}} \\ \text{ファラデーの法則（(5.5) 参照）}\\ -\underbrace{\sum E_t \Delta s}_{\text{曲線Cの分割和}} = \underbrace{\sum \frac{dB_n}{dt}\Delta S}_{\text{面Sの分割和}}\end{array}\right\} \quad (5.31)$$

†6 空間内の任意の閉曲線Cと，それを縁とする曲面Sについて成り立つ．面の法線方向は，閉曲線の接線方向を定義した向きに回す右ネジの進む向きを正とする．

これらはマクスウェル方程式の積分形とよばれる．この式に現れる場はすべて座標と時間の関数である．例えば $\boldsymbol{E}$ は，正確には $\boldsymbol{E}(\boldsymbol{r}, t)$ である．真空中での場の間にある関係式も，再度まとめておく．

$$\boldsymbol{D} = \varepsilon_0 \boldsymbol{E}, \qquad \boldsymbol{H} = \frac{1}{\mu_0}\boldsymbol{B} \quad (5.32)$$

5.5.2 マクスウェル方程式の微分形

今まで学んできたように，法則の物理的意味を理解するためには積分形は適切であった．しかし，詳しい計算をする場合にはこの形式は不向きな場合もあり，これらを等価な微分形とよばれる形式に変換して操作する．マクスウェル方程式の微分形は微分方程式なので，数学的操作には便利である．

$$\left.\begin{array}{rl}\text{電場のガウスの法則} & \mathrm{div}\boldsymbol{D} = \rho \\ \text{磁場のガウスの法則} & \mathrm{div}\boldsymbol{B} = 0 \\ \text{アンペール－マクスウェルの法則} & \mathrm{rot}\boldsymbol{H} = \boldsymbol{j} + \dfrac{\partial \boldsymbol{D}}{\partial t} \\ \text{ファラデーの法則} & -\mathrm{rot}\boldsymbol{E} = \dfrac{\partial \boldsymbol{B}}{\partial t}\end{array}\right\} \quad (5.33)$$

ここで ρ は（1.11）の**電荷密度**，$\boldsymbol{j}$ は（2.13）の**電流密度**で，これらは

場と同様，座標と時刻の関数である．div，rot などの記号については下記の説明を参照されたい．また積分形との関係については，5.5.4 項に説明してある．

ベクトル解析の記号

以下で一般のスカラー場を F，ベクトル場を $\boldsymbol{A}$ で表す．あるスカラー量 F が座標 x, y, z によって決まる値をもつとき，スカラー場という．したがって $F = F(x, y, z)$ と表すことができるので，これをスカラー関数とよんでもよい．ベクトル場も同様である．以下で使われる $\boldsymbol{\nabla}$ は，**ナブラ**と読むベクトルの微分演算子である．

$$\boldsymbol{\nabla} = \left(\frac{\partial}{\partial x}, \frac{\partial}{\partial y}, \frac{\partial}{\partial z}\right) \tag{5.34}$$

（1）**勾配**（gradient）：スカラー場からベクトル場を作る．

$$\mathrm{grad}F = \boldsymbol{\nabla}F = \left(\frac{\partial F}{\partial x}, \frac{\partial F}{\partial y}, \frac{\partial F}{\partial z}\right) \tag{5.35}$$

（2）**発散**（divergence）：ベクトル場からスカラー場を作る．

$$\mathrm{div}\boldsymbol{A} = \boldsymbol{\nabla}\cdot\boldsymbol{A} = \frac{\partial A_x}{\partial x} + \frac{\partial A_y}{\partial y} + \frac{\partial A_z}{\partial z} \tag{5.36}$$

（3）**回転**（rotation）：ベクトル場からベクトル場を作る．

$$\mathrm{rot}\boldsymbol{A} = \boldsymbol{\nabla}\times\boldsymbol{A} = \left(\frac{\partial A_z}{\partial y} - \frac{\partial A_y}{\partial z}, \frac{\partial A_x}{\partial z} - \frac{\partial A_z}{\partial x}, \frac{\partial A_y}{\partial x} - \frac{\partial A_x}{\partial y}\right) \tag{5.37}$$

（4）**公式**：

$$\mathrm{rot}\ \mathrm{grad}F = 0 \tag{5.38}$$

$$\mathrm{div}\ \mathrm{rot}\boldsymbol{A} = 0 \tag{5.39}$$

$$\mathrm{div}\ \mathrm{grad}F = \Delta F \tag{5.40}$$

$$\mathrm{rot}\ \mathrm{rot}\boldsymbol{A} = \mathrm{grad}\ \mathrm{div}\boldsymbol{A} - \Delta\boldsymbol{A} \tag{5.41}$$

$$\Delta = \frac{\partial^2}{\partial x^2} + \frac{\partial^2}{\partial y^2} + \frac{\partial^2}{\partial z^2} \quad \textbf{ラプラス演算子} \tag{5.42}$$

5.5.3　場のエネルギー密度と運動量

（1.139）と（5.21）から，**電磁場のエネルギー密度** u は

$$u = \frac{1}{2}\boldsymbol{E}\cdot\boldsymbol{D} + \frac{1}{2}\boldsymbol{H}\cdot\boldsymbol{B} \quad [\mathrm{J/m^3}] \tag{5.43}$$

となる．エネルギー密度は単位体積当りのエネルギーの量なので，u の単位は $\mathrm{J/m^3}$ である．

力学で粒子がエネルギーと運動量をもつことを学んだが，電磁場についても同じように電磁場のもつ運動量を考えることができる．マクスウェル方程式から

$$\frac{\partial u}{\partial t} + \boldsymbol{E}\cdot\boldsymbol{j} + \mathrm{div}\boldsymbol{S} = 0 \tag{5.44}$$

を証明することができる（章末問題5.8）．(5.44) の第2項はジュール熱によるエネルギー散逸項であり，ベクトル $\boldsymbol{S}$ が電磁場の運動量密度を表している．ここで，$\boldsymbol{S}$ は

$$\boldsymbol{S} = \boldsymbol{E} \times \boldsymbol{H} \quad [\mathrm{W/m^2}] \tag{5.45}$$

と定義されるベクトルで，**ポインティング・ベクトル**とよばれる．ポインティング・ベクトルはある単位面積に単位時間当り流入するエネルギーの量なので，$\boldsymbol{S}$ の単位は $\mathrm{W/m^2}$ である．

5.5.4 積分形から微分形へ*

マクスウェル方程式の積分形から微分形を導く数学的方法を説明する．マクスウェル方程式の積分形は，任意の閉曲面や任意の閉曲線について成り立つものである．そこで，以下のように微小な面や曲線を考え，それに積分形を適用してみると微分形が出てくる．数学的に必要なパターンは2つなので，それを順次説明する．

まず，(5.30) の電場と磁場のガウスの法則である．前者を取り上げる．電場のガウスの法則を適用する面として，図5.18で示した直方体の面を閉曲面Sとする．そして，直方体の左下の頂点の座標を (x, y, z)，辺の長さを $\Delta x, \Delta y, \Delta z$ とする．すると電場のガウスの法則の左辺は，直方体の6つの面の寄与を加えればよい．$\sum D_n \Delta S$ は各面の D_n と ΔS を乗じて加える．D_n は図5.18を参照し，ΔS は面である長方形の面積となる．すると，

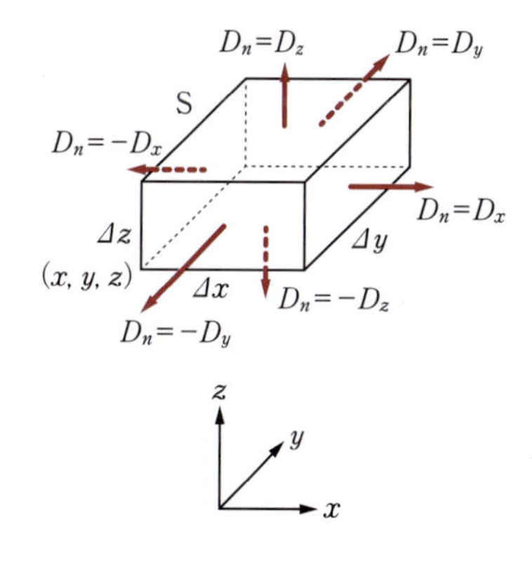

図5.18 ガウスの法則を適用する微小な直方体

$$\begin{aligned}\sum D_n \Delta S = & -D_x(x, y', z')\Delta y \Delta z + D_x(x+\Delta x, y', z')\Delta y \Delta z \\ & -D_y(x', y, z')\Delta x \Delta z + D_y(x', y+\Delta y, z')\Delta y \Delta z \\ & -D_z(x', y', z)\Delta x \Delta y + D_z(x', y', z+\Delta z)\Delta x \Delta y\end{aligned} \tag{5.46}$$

となる．

ここで，1行目は x 方向の面（図5.18の左と右），2行目は y 方向の面（図5.18の前と後），3行目は z 方向の面（図5.18の下と上）である．(5.46) では D_n を計算している座標を明示している．(5.46) の中で x', y', z' は長方形の面の中のどこかの位置を表す座標である．例えば図5.18の左の面であるならば，そこでの D_x を求める場合，x 座標ははっきり x と決まっているが，y, z 座標は長方形の $y \sim y+\Delta y$，$z \sim z+\Delta z$ のどこかである．このようなときに $y < y' < y+\Delta y$，$z < z' < z+\Delta z$ という意味でダッシュのついた座標を使った．さて，ここでガウスの法則の両辺を，直方体の体積 $\Delta x \Delta y \Delta z$ で割る．そして，$\Delta x, \Delta y, \Delta z$ をゼロに近づける極限を考える．このとき，x', y', z' はダッシュをとってよい．すると

$$\frac{D_x(x+\Delta x,y,z)-D_x(x,y,z)}{\Delta x}+\frac{D_y(x,y+\Delta y,z)-D_y(x,y,z)}{\Delta y}$$
$$+\frac{D_z(x,y,z+\Delta z)-D_z(x,y,z)}{\Delta z}=\frac{\sum q}{\Delta x\Delta y\Delta z} \tag{5.47}$$

となる．この式の右辺は，（微小な）直方体の中にある電荷量をその体積で割ったものなので，(1.11)，(1.12) で導入された電荷密度 $\rho(x,y,z)$ となる．また左辺の 3 つの項は，それぞれ微分で表現される（1.5.4 項の微分，1.5.4 項の偏微分を参照）．

結局，$\Delta x, \Delta y, \Delta z$ をゼロに近づける極限を行って，次の式となる．

$$\frac{\partial D_x}{\partial x}+\frac{\partial D_y}{\partial y}+\frac{\partial D_z}{\partial z}=\rho \tag{5.48}$$

これを記号 div（(5.36)）を使って書いたものが，(5.33) の第 1 式である．第 2 式も同様に導くことができる．

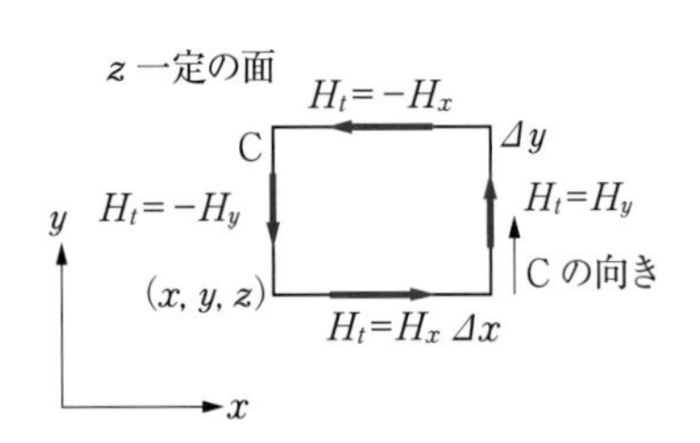

図 5.19　アンペールの法則を適用する微小な長方形

次に，(5.31) である．最初の式で変位電流の項を除いたアンペールの法則 $\sum H_t\Delta s=\sum I$ を例として説明する．ここでアンペールの法則を適用する閉曲線として，図 5.19 の長方形を閉曲線 C とする．この長方形は z が一定の面にあり，左下の頂点の座標を (x,y,z)，辺の長さを $\Delta x, \Delta y$ とする．するとアンペールの法則の左辺は，長方形の 4 つの辺の寄与を加えればよい．$\sum H_t\Delta s$ は各面の H_t と Δs を乗じて加える．H_t は図 5.19 を参照し，Δs は長方形の辺の長さとなる．先のガウスの法則の議論と同じ意味で x', y', z' の座標を用いて，

$$-H_y(x,y',z)\Delta y+H_x(x',y,z)\Delta x$$
$$+H_y(x+\Delta x,y',z)\Delta y-H_x(x',y+\Delta y,z)\Delta x \tag{5.49}$$

となる．アンペールの法則の右辺はこの長方形 C を通り抜ける電流なので，z 方向の電流である．このため電流を I_z と記す．アンペールの法則の両辺を，長方形の面積 $\Delta x\Delta y$ で割る．そして，$\Delta x, \Delta y$ をゼロに近づける極限を考える．このとき，x', y' はダッシュをとってよい．すると，

$$\frac{H_y(x+\Delta x,y,z)-H_y(x,y,z)}{\Delta x}-\frac{H_x(x,y+\Delta y,z)-H_x(x,y,z)}{\Delta y}$$
$$=\frac{\sum I_z}{\Delta x\Delta y} \tag{5.50}$$

が得られる．この式の右辺は，（微小な）長方形を通り抜ける電流をその面積で割ったものなので，(2.11) で導入された電流密度の z 成分 $j_z(x,y,z)$ となる．また左辺の 2 つの項は，それぞれ微分で表現される（1.5.4 項の微分，1.5.4 項の偏微分を参照）．

結局，$\Delta x, \Delta y$ をゼロに近づける極限で次の式となる．

$$\frac{\partial H_y}{\partial x} - \frac{\partial H_x}{\partial y} = j_z \tag{5.51}$$

上では z が一定な長方形を考えたが，同様に x が一定な長方形，y が一定な長方形を考えて同様の議論をすることができる．そうしてできる 3 つの式をそれぞれベクトルの 3 つの成分として考え記号 rot（(5.37)）を使ってまとめたものが，(5.33) の第 3 式の変位電流 $(\partial \boldsymbol{D}/\partial t)$ を除いた式である．変位電流の項は電流密度 $\boldsymbol{j}$ と同じように扱える．第 4 式も同様に導くことができる．

5.6 電 磁 波

5.6.1 電磁波の性質

マクスウェル方程式により電磁気現象の基礎方程式が確立した．この方程式系の重要な帰結は，**電磁波**の存在である．マクスウェルはこれらの方程式から真空中の電磁場について，以下の帰結を 1860 年代に数学的な考察から導いた．

- 電場と磁場が波動として空間を伝わる解が存在する[†7]．図 5.20 はそれを模式的に表したものである．この図では，電磁波は x 軸方向に進行している．表示されている電場ベクトルと磁場ベクトルは座標 $(x, 0, 0)$ でのものである．

†7 5.6 節では電場と磁場を使って議論しているが，電場と磁束密度でも同様に議論できる．

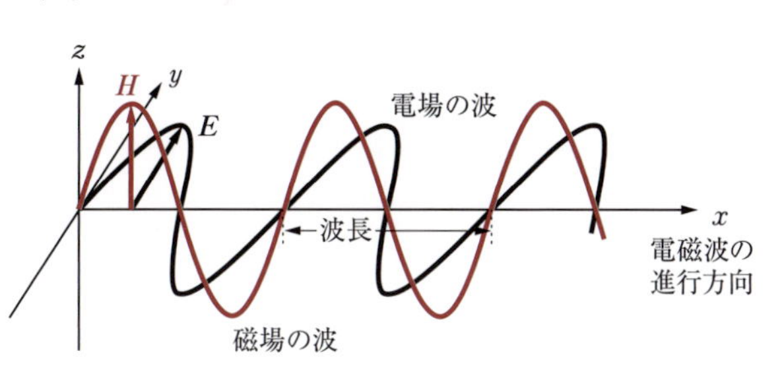

図 5.20 電磁波

- この波は横波である．つまり，進行方向に対して電場および磁場ベクトルは垂直である（図 5.20）．
- 電場と磁場の方向は直交している．したがって，図 5.20 から (5.45) のポインティング・ベクトル $\boldsymbol{S}$ は電磁波の進行方向を向いている．
- 方程式の解によれば，その波の速度 c は

$$c = \frac{1}{\sqrt{\varepsilon_0 \mu_0}} \quad [\mathrm{m/s}] \tag{5.52}$$

である．その値はほぼ 3.0×10^8 m/s となる．

マクスウェルは（5.33）の方程式を数学的に操作し，真空中（$\rho = 0$, $\boldsymbol{j} = 0$）では[†8]

$$\left.\begin{aligned}\frac{\partial^2 \boldsymbol{E}}{\partial t^2} &= \frac{1}{\varepsilon_0 \mu_0}\left(\frac{\partial^2 \boldsymbol{E}}{\partial x^2} + \frac{\partial^2 \boldsymbol{E}}{\partial y^2} + \frac{\partial^2 \boldsymbol{E}}{\partial z^2}\right) \\ \frac{\partial^2 \boldsymbol{H}}{\partial t^2} &= \frac{1}{\varepsilon_0 \mu_0}\left(\frac{\partial^2 \boldsymbol{H}}{\partial x^2} + \frac{\partial^2 \boldsymbol{H}}{\partial y^2} + \frac{\partial^2 \boldsymbol{H}}{\partial z^2}\right)\end{aligned}\right\} \tag{5.53}$$

となることを導いた．これは波動方程式（(5.63)）であり，その係数から（5.52）の電磁波の速度も決めることができた．

（5.52）の波動の速度 c の値は光速に等しい．電気定数（真空の誘電率）ε_0 の値は電気的な力の測定から，磁気定数（真空の透磁率）μ_0 の値は磁気的な力の測定から決まる．別のものと思われていた電気現象と磁気現象に関係する 2 つの数値を代入すると光速が得られることは驚異であった．こうして，電気と磁気は別々の概念ではなく統合されるべき概念であり，また光の正体は電磁波であるとなった．

1888 年に，ヘルツ（Heinrich Rudolph Hertz）が実験的に電磁波の存在を確認したことによって，マクスウェルの理論による考察の正しさが検証された．これにより，19 世紀における統一理論，つまり，電気と磁気は電磁場という 1 つのものの 2 つの横顔であるという認識が完成したのである．

以上は 19 世紀の末にわかったことであるが，現在では，光が電磁波であることは疑念の余地のないことなので，光速の値は測定するべきものではなく，長さの単位 m（メートル）を決める値であって $c = 2.99792458 \times 10^8$ m/s と定められている．そして，電流の単位 A を決めるために，磁気定数（真空の透磁率）は $\mu_0 = 4\pi \times 10^{-7}$ H/m であり，(5.52) から電気定数（真空の誘電率）は $\varepsilon_0 = 10^7/4\pi c^2$ と決められてしまう．

5.6.2　電磁波の分類

電磁波はその波長 λ から図 5.21 のように分類されるが，その区別は便宜的なところもあり，境界の値がすべて厳密に定まっているわけではない．振動数 f に直すときには $c = f\lambda$ を使う．可視光とは，我々の目に見える波長帯域の電磁波のことであり，この広大な電磁波のスペクトルの中の，波長がおよそ 380〜770 nm の領域の電磁波である[†9]．

可視光は波長の長いものが赤，短いものが紫である．その目に見える領域よりすぐ外側にある電磁波は，可視光より波長の長いものを赤の外側という意味で**赤外線**（IR 光），可視光より波長の短いものを紫の外側という意味で**紫外線**（UV 光）とよぶ．さらに波長の短い電磁波は X

†8　全く空っぽな空間では電磁波は発生しようがない．$\rho = 0$, $\boldsymbol{j} = 0$ とおいたのは，電磁波が伝播する途中の空間での解を求めるためであって，電波の発生源や受信機の付近では $\rho \neq 0$, $\boldsymbol{j} \neq 0$ である．

†9　個体差もあり，ひとつの目安の数値と考えてもらいたい．

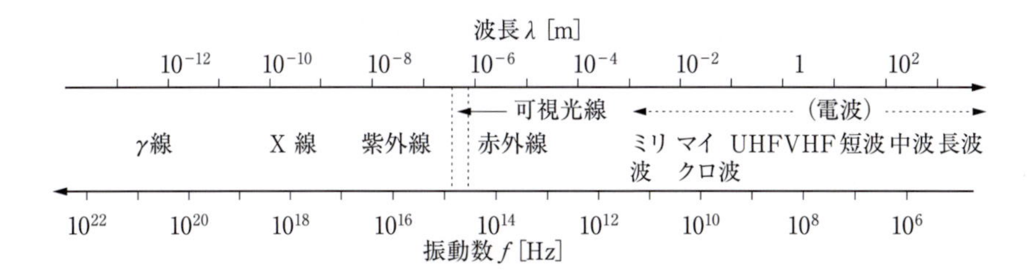

図 5.21 電磁波の分類

線，γ 線とよばれる．このような波長の短い電磁波は，エネルギーが大きくなり物質に対する作用が強くなって生物には有害である．赤外線より波長の長い電磁波は一般に**電波**とよばれ，各種の通信などさまざまな用途に使われている．

5.6.3 平 面 波

図 5.20 に見るように，電磁波は横波である．例えば電場ベクトルに着目して考えれば，それは特定の振動の方向（図 5.20 の場合なら y 軸方向）をもっている．このような方向性を**偏り**（偏波）とよび，特に光の場合に**偏光**とよぶ．

波動方程式の解として，進行方向に垂直な平面上で電場や磁場が一定であるものを**平面波**とよぶ．図 5.20 が表しているものは，x 方向に進む電磁波の $y=z=0$ の位置での電場や磁場である．平面波では，進行方向である x 軸に垂直な任意の平面（波面という）を考えた場合に，図 5.22 に示すように，その波面上で電場や磁場が一定である．このことを数学的に述べれば，電場や磁場は x と t だけの関数 $\boldsymbol{E}(x,t)$，$\boldsymbol{H}(x,t)$ であるということである．以下では，この平面波を仮定する．

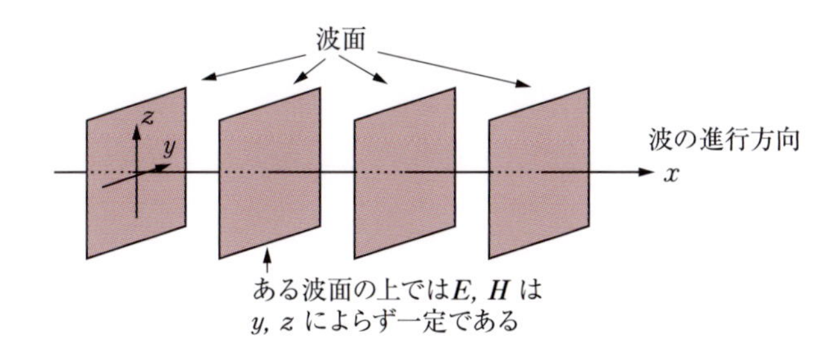

図 5.22 平面波

電磁波の進行方向を図 5.22 のように x 軸方向とすると，方程式の解の一例として†10

$$\left.\begin{array}{ll}(1) & \boldsymbol{E}=(0, E_0\sin(kx-\omega t), 0)\ [\mathrm{V/m}], \quad \boldsymbol{H}=(0,0,H_0\sin(kx-\omega t))\ [\mathrm{A/m}] \\ (2) & \boldsymbol{E}=(0,0,E_0\sin(kx-\omega t))\ [\mathrm{V/m}], \quad \boldsymbol{H}=(0,-H_0\sin(kx-\omega t),0)\ [\mathrm{A/m}]\end{array}\right\} \quad (5.54)$$

†10 煩雑になるのを避けるため，位相は単純にとっている．

という 2 つの波が考えられる．電場や磁場のベクトルの方向が一定なので，これを直線偏光とよぶ．ここで，$c = \lambda/T = \omega/k$ であり，$k = 2\pi/\lambda$, $\omega = 2\pi/T$ である．方程式を解く過程の式を使うと

$$E_0 = \mu_0 c H_0 = \sqrt{\frac{\mu_0}{\varepsilon_0}} H_0 \quad [\mathrm{V/m}] \tag{5.55}$$

が成り立つので，(5.43) の電磁場のエネルギー密度 u は，この電磁波に対して時間平均をとると

$$\langle u \rangle = \frac{1}{2}\varepsilon_0 E_0^2 = \frac{1}{2}\mu_0 H_0^2 \quad [\mathrm{J/m^3}] \tag{5.56}$$

となる．また (5.45) のポインティング・ベクトルは光の進行方向（x 軸）を向いているが，その大きさ S の時間平均をとると

$$\langle S \rangle = \frac{1}{2} E_0 H_0 \quad [\mathrm{W/m^2}] \tag{5.57}$$

となるので

$$c\langle u \rangle = \langle S \rangle \tag{5.58}$$

という関係が成り立っている．電磁波のエネルギーが光速で入射してくるのだから，u と $\boldsymbol{S}$ の意味を考えればこうならないといけない．

あるいは，(5.54) の 2 つの波を混合したものも解である．例えば

$$\left.\begin{aligned} \boldsymbol{E} &= \frac{1}{\sqrt{2}}(0, E_0 \cos(kx - \omega t),\ \pm E_0 \sin(kx - \omega t)) \quad [\mathrm{V/m}] \\ \boldsymbol{H} &= \frac{1}{\sqrt{2}}(0, \mp H_0 \sin(kx - \omega t),\ H_0 \cos(kx - \omega t)) \quad [\mathrm{A/m}] \end{aligned}\right\} \tag{5.59}$$

という解は，場のベクトルの方向が時間的に回転するので円偏光とよばれる．円偏光も 2 種類あり，式の符号（複号同順）で区別されている．$\sqrt{2}$ で割ったのは，$|\boldsymbol{E}|$ の大きさを直線偏光の場合とそろえるためである．ここでは式で書かないが，楕円偏光とよばれるものもある．

自然界の光は 2 種類の偏光の混合である．特定の方向の偏光を吸収する偏光サングラスにより戸外での眩しさを低減させたり，偏光フィルターを使うことにより反射光を抑制した写真撮影を行うことができる．

波動方程式

波とはあるパターンが空間を伝播していく現象である．その形を表す関数を $f(x)$ とすると，時間 t と座標 x の関数である量 u が波であれば

$$u(x, t) = f(x - vt) \tag{5.60}$$

と表される†11．ここで v は波の速度である．

†11　この u は水面の波なら水面の変位，空気中の音の波なら密度や圧力，電磁波ならば電場や磁束密度を表す記号である．

この u が満たす微分方程式は，

$$\frac{\partial u}{\partial t} + v\frac{\partial u}{\partial x} = 0 \tag{5.61}$$

あるいは，

$$\frac{\partial^2 u}{\partial t^2} = v^2 \frac{\partial^2 u}{\partial x^2} \tag{5.62}$$

である．これらの方程式を**波動方程式**とよぶ．物理学の法則は微分方程式で表される．そして，その方程式を操作していった結果，上のような方程式を得れば，波動現象が存在することが理論的にわかる．しかも，方程式の係数に波の速度 v が出ているので，速度 v の理論的な表現も得られることになる．

上では波動方程式を空間座標 x だけで書いたが，3 次元空間の場合は

$$\frac{\partial^2 u}{\partial t^2} = v^2\left(\frac{\partial^2 u}{\partial x^2} + \frac{\partial^2 u}{\partial y^2} + \frac{\partial^2 u}{\partial z^2}\right) = v^2 \Delta u \tag{5.63}$$

となる．右辺に現れた記号は，(5.42) のラプラス演算子である．

●ま　と　め●

1. 磁束密度が時間的に変化すると，電磁誘導により起電力が $-\mathcal{E} = d\Phi/dt$ に従って生じる（ファラデーの法則）．起電力の生じる向きは，それによって生じる磁束密度が外部磁束密度の変動を打ち消す方向である．
2. 複数のコイルがあったときに発生する磁束密度が時間変化すると，他のコイルに起電力が誘導される．コイルの結合の大きさを表す量として，相互インダクタンス M が導入される．
3. 電流の流れているコイルのもつエネルギーは $(1/2)LI^2$ である．磁束密度のある空間には単位体積当り $(1/2\,\mu_0)B^2$ のエネルギーがある．
4. 電流の連続性を保持するために，時間的に変動する電場も電流として作用すると考え，変位電流を単位面積当り $\partial \boldsymbol{D}/\partial t$ とし，これも真の電流と同様に磁場の源とする．
5. 電磁気現象の基礎方程式として，4 つの式からなるマクスウェル方程式がある．数学的には積分形の表現と微分形の表現がある．
6. マクスウェル方程式の帰結として電磁波が導かれる．電磁波は図 5.17 のように波長により分類され，光もある波長領域の電磁波である．

章　末　問　題

5.1　z 軸方向に一様な大きさ B の磁束密度がある．図 5.23 にあるように，半径 r の円形の導線が xy 平面上にあり，中心は原点にある．この導線が x 軸の周りに，時刻 $t=0$ から角速度 ω で回転を始めた．（回転方向は x 軸の正方向から見て反時計回り．）時刻 $t>0$ での導線に生じる起電力の大きさと向きを答えよ．⇨5.1 節

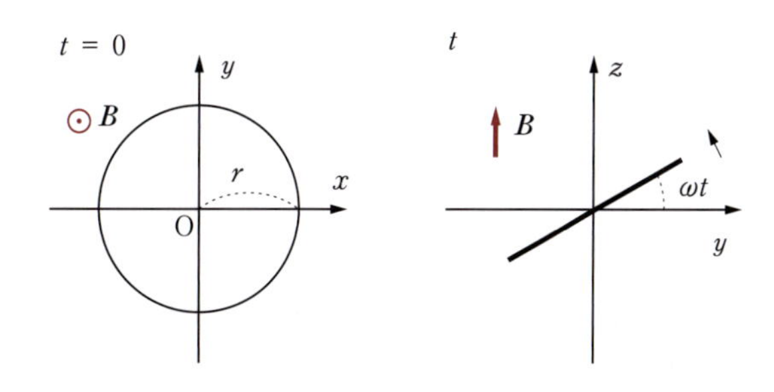

図 5.23　回転する円形の導線

5.2　空間に一様な大きさ B の磁束密度がある．そこに，長さ l の導体棒 CD を置いた．この磁束密度に垂直な平面内で，点 C の位置を固定して棒が角速度 ω で回転する． ⇨5.1 節

(1) 棒 CD 間に生じる起電力 $\mathcal{E}$ の大きさを答えよ．

(2) この現象を，磁束密度が地磁気によるものとして適用してみよう．日本での地磁気の強さはおよそ $B = 46000\,\mathrm{nT}$ である．棒の長さを $l = 50\,\mathrm{cm}$ とし，1 秒間に 10 回転させるとしたとき，起電力の値を答えよ．

5.3　図 5.24 のように，コの字型の導線が水平面に対して角度 θ で置かれている．導線の平行部分の間隔は l である．空間には鉛直上向きの一様な大きさ B の磁束密度がある．このコの字型の導線の上に図のように質量 M の金属棒が置かれており，棒と導線の平行部分は垂直である．この棒は電気抵抗をもち，長さ l の部分の電気抵抗は R である．導線と棒の間の摩擦はなく，棒は一定の速さ v で下に滑りおりている．重力加速度の大きさを g とする． ⇨5.1 節

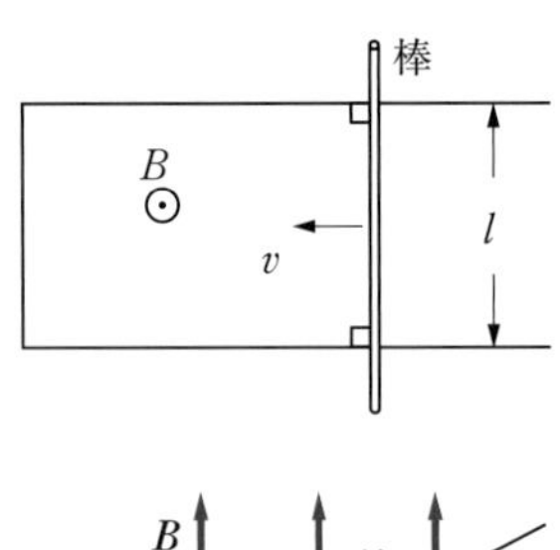

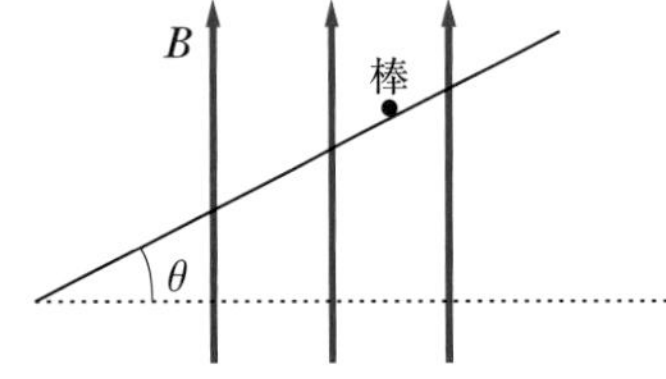

図 5.24　斜めの導線上を滑りおりる金属棒．上は鉛直上方から，下は横方向から見た図．

(1) このとき，磁束密度の大きさ B を v, R, l, M, g, θ で表せ．

［ヒント］「一定の速度」で動いていることがポイントである．力学の原理により等速度運動をしている場合，力のベクトル和はゼロになっている．

(2) 棒の部分で発生するジュール熱と，棒の重力のポテンシャルエネルギー（位置エネルギー）の減少が等しいことを示せ．【注】この意味で，この仕掛けは重力のエネルギーを磁束密度を使って電気エネルギーに変換しているといえる．

5.4　半径 a の円形の導線をコイル 1，断面積が S で単位長さ当り巻き数 n の長いソレノイドをコイル 2 とする．両者を中心軸が一致するように置いた．S は十分小さい（$S \ll a^2$）とする．(5.12)，(5.13) の M_{21}, M_{12} を計算し両者が一致することを示せ． ⇨5.2 節

［ヒント］　この問の趣旨は，相反定理を具体的に確認してみようというものである．コイル 2 に流れる電流が作る Φ_1 の計算は容易であるが，コイル 1 に流れる電流が作る Φ_2 を計算するためには，第 3 章で (3.37) を導くときに使った計算手法を活用せよ．

5.5　コイル 1，コイル 2 があり，それぞれに電流 I_1, I_2 が流れている．それぞれのコイルの自己インダクタンスを L_1, L_2，両者の間の相互インダクタンスを M とする．M が正となるように電流の向きは定義されている． ⇨5.3 節

(1) この系の磁気的なエネルギー W を求めよ．

(2) 自己インダクタンス L_1, L_2 と相互インダクタンス M の間に，$L_1L_2 \geqq M^2$ の関係があることを導け．

5.6　例題 5.5 で扱った，相対した半径 a の 2 枚の導体円板を極板とする平行平板コンデンサーの結果から考えると，極板の上下で磁場の強さが不連続になっている．極板の外側（$a < R$）では直線電流の作る磁場なので $H = I/2\pi R$，極板の内側（$R \leqq a$）では $H = RI/2\pi a^2$ である．これは流入した電流の持ち込んだ電荷が極板全体に分布するため，極板の中心から極板のふちに向かう電流があり，それに関係づけることができる．アンペール－マクスウェルの法則を使って，その関係を明らかにせよ． ⇨5.4 節

5.7　マクスウェル方程式の微分形を用いて以下を導け．

$$\frac{\partial \rho}{\partial t} + \mathrm{div}\,\boldsymbol{j} = 0$$

この式は連続の方程式とよばれ，電荷が保存することを意味している．⇨5.5節

5.8　マクスウェル方程式の微分形を用いて (5.44) を導け．⇨5.5節

［ヒント］(5.44) に現れる項の計算では $\mathrm{div}\,(\boldsymbol{E}\times\boldsymbol{H}) = \mathrm{rot}\,\boldsymbol{E}\cdot\boldsymbol{H} - \boldsymbol{E}\cdot\mathrm{rot}\,\boldsymbol{H}$ が必要となるので，これを具体的に計算して導いておく．それから (5.43) を時間で微分する．

5.9　マクスウェル方程式の微分形を用いて以下の手順で電磁波について，5.6.1項に示す4つの性質を導け．ここでは，z 軸方向に進む平面波を考えることにする．このため，$\boldsymbol{E}$ と $\boldsymbol{H}$ は z と t のみの関数である (x, y は変数として含まない)．⇨5.5節，5.6節

(1) 真空中で考えるので $\rho = 0$, $\boldsymbol{j} = 0$ とする．(5.33) を場の成分 $E_x, E_y, E_z, H_x, H_y, H_z$ だけで書き表せ．書き表した4つの式を上から順に，それぞれ①，②，③，④とよぶ．

(2) ①と②から，電磁波が横波であることを示せ．つまり，$\boldsymbol{E}$ と $\boldsymbol{H}$ は波の進行方向の成分をもたないことを説明せよ．

【注】ここで，無限遠方まで一定の大きさの場が存在するとすれば，空間のエネルギーが無限大となるので，そのような解は物理的に除外されることに注意せよ．

(3) ③と④から，電場と磁場の方向は直交していることを示せ．例えば，$\boldsymbol{E}$ が x 軸方向である ($E_y = 0$) とすると，$\boldsymbol{H}$ が y 軸方向 ($H_x = 0$) であることを示せ．

(4) (3) の結果を使い，解の1つとして E_x と H_y のみがゼロでない場の成分とせよ．③と④から (5.62) の形の波動方程式が導かれることを示せ．このことにより，電場と磁場が波として空間を伝わることが示された．

(5) (4) の結果の式から，電磁波の速度が

$$c = \frac{1}{\sqrt{\varepsilon_0\mu_0}}$$

であることを示せ．

5.10　太陽はあらゆる方向に電磁波（光はその一部）でエネルギーを放出している．地球の位置で太陽からの方向に対して垂直に置いた $1\,\mathrm{m}^2$ の面積に，1秒当りに入射するエネルギーを太陽定数とよび，その値は $1.37\,\mathrm{kW/m^2}$ である．

地球付近での太陽からの電磁波のエネルギー密度，その電場の強さを推定せよ．太陽からの電磁波を単純な1成分と見なして，(5.54)～(5.58) の関係を使って推定せよ．⇨5.6節

電波と地球外知的生命体探査

地球人類以外の文明をもった世界をどうやって探索するかということは，極めて興味深い課題である．ここで1つの指標として，電波を利用することが考えられる．人類は1888年のヘルツの実験以来，人工的な電波を使い始め，現代では多種多様な目的に使用されている．これを宇宙から見ていると，強度が減衰するので観測できるかどうかということを度外視すれば，ここ100年くらい，自然現象とは見えない規則性をもった電波信号が地球の周辺に急に現れたように観測されるであろう．

SETIとは地球外知的生命体探査（Search for Extra-Terrestrial Intelligence）の略称であるが，SETIの中でも，この電波を観測することを目的としたプロジェクトが最も有名である．文明をもつ世界があれば，意味のある電波が出ていると考えられるので，電波信号の雑音の山の中から，有意な，規則性のある信号を探すのである．なかでも面白いのは，プエルトリコのアレシボ天文台で観測された宇宙電波を解析するプロジェクトである．データ量が多いので，大量の計算機のパワーが必要なため，世界中のパソコンを使って解析を進めるSETI@homeが推進されている．このプロジェクトでは，希望するボランティアの所有するパソコンに解析ソフトをインストールし，天文台から分配された電波データの一部の解析を行う．そのパソコンはユーザが寝ている間などに計算処理を続け，発見があればセンターに報告するのである．もちろん，あなたも，このプロジェクトに参加できる．

このような受動的なSETIではなく，積極的なSETIもある．例えば，地球から，十分な強度のある絞った電波ビームで，文明のありそうな場所にシグナルを送信するのである．シグナルは異なる文明でも解読できるように，宇宙全体で共通性をもつ，素数の性質などを利用して作製されている．

このような積極的なSETIに対しては批判もある．他の文明の道徳や倫理が不明である以上，危険性もあるというのだ．SF映画に出てくるような凶悪宇宙人を地球によび寄せることになるかもしれない．例えば，ブラックホールの研究などで有名なイギリスの物理学者ホーキング博士は，「人類より優れた技術をもつ敵意のある知的生命体に遭遇する可能性もある．慎重に行動すべきだ」と警告している．

問 題 略 解

紙数の都合により，本書では略解のみを掲載する．詳しい解答を知りたい読者は，裳華房ホームページ（http://www.shokabo.co.jp/）にアップロードしたので，適宜参照されたい．

第 1 章

類題 1.1 左向き，6.3×10^2 N.

類題 1.2 $-8.0\,\mu$C

類題 1.3 2.9×10^3 V/m

類題 1.4 点 O 大きさ $2kq/a^2$，向き x 軸の負の方向．点 A 大きさ $kq/\sqrt{2}a^2$，向き x 軸の負の方向．

類題 1.5 $\boldsymbol{E} = (kq/4a^2, kq/a^2)$，$|\boldsymbol{E}| = (\sqrt{17}/4)(kq/a^2)$.

類題 1.6 (1) $S = (1/2)a^2$ より電束 $= (1/2)\varepsilon_0 E_0 a^2$.

(2) 三角形 ABC は $x + y + z = a$，これより $\boldsymbol{n} = (1/\sqrt{3})(1, 1, 1)$，$E_n = E_0/\sqrt{3}$ となる．$S = (\sqrt{3}/2)a^2$ より電束 $= (1/2)\varepsilon_0 E_0 a^2$.

類題 1.7 $r \geqq a$ では $E = Q/4\pi\varepsilon_0 r^2$，$r < a$ では $E = 0$.

類題 1.8 $a \leqq r \leqq b$ では $E = Q/4\pi\varepsilon_0 r^2$，$r < a$, $r > b$ では $E = 0$.

類題 1.9 $R \geqq a$ では $E = (q/l)/2\pi\varepsilon_0 R$，$R < a$ では $E = 0$.

類題 1.10 (1) $E = (4/5)\sqrt{2} = 1.13$ V/m で，向きは図 1.37 の左上方向（x 軸の負の方向と 45° の角度をなす向き）.

(2) $V = 12 - (4/5)\sqrt{2} \times 2\sqrt{2} = 8.8$ V

類題 1.11 $r \geqq a$ では $V = Q/4\pi\varepsilon_0 r$，$r < a$ では $V = Q/4\pi\varepsilon_0 a$.

類題 1.12 $R \geqq a$ では $V = [(q/l)/2\pi\varepsilon_0] \log(a/R)$，$R < a$ では $V = 0$.

類題 1.13 例題と同様である．面 S_2 では右辺は 0 となる．面 S_3 では右辺は σA となる．

類題 1.14 $C = \varepsilon S/d = 5.0 \times 10^{-10}$ F, $q = CV = 1.0 \times 10^{-9}$ C, $W = (1/2)CV^2 = 1.0 \times 10^{-9}$ J.

1.1 (1) $\boldsymbol{F}_{21} = (kq_1q_2/a^2, 0)$，$\boldsymbol{F}_{31} = ((1/\sqrt{2})(kq_1q_3/a^2), (1/\sqrt{2})(kq_1q_3/a^2))$，$\boldsymbol{F}_{41} = (0, kq_1q_4/a^2)$.

(2) はたらく力は$([(2 + \sqrt{2})/2](kq^2/a^2), [(2 + \sqrt{2})/2](kq^2/a^2))$である．大きさは$(1 + \sqrt{2})(kq^2/a^2)$，向きは右上（$q_3$ から q_1 向きの方向）.

(3) はたらく力は (2) と同様に求める．大きさは$(\sqrt{2} - 1)(kq^2/a^2)$，向きは右上（q_3 から q_1 向きの方向）.

(4) はたらく力は (2) と同様に求める．大きさは $\sqrt{3}(kq^2/a^2)$，向きはやや右下（$(\sqrt{2} + 1, -\sqrt{2} + 1)$ の方向）.

1.2 Q の位置 $((19/9)a, 0)$，$Q/q = -97\sqrt{97}/729$.

1.3 電場の大きさは以下の通りとなる．図 1 で Q に隣接する 3 頂点では kQ/a^2，図 1 で Q と正方形の対角線をなす 3 頂点では $kQ/2a^2$，図 1 で Q と立方体の対角線をなす 1 頂点では $kQ/3a^2$ である．

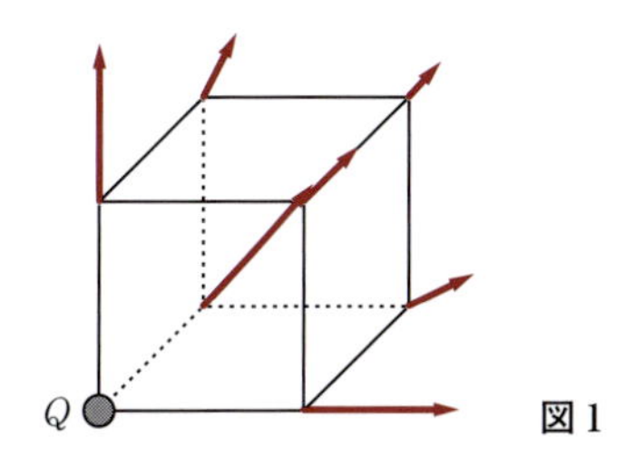

図 1

1.4 (1) 内のとき q，外のとき 0. (2) q

1.5　図 1.57 の位置で $\boldsymbol{E} = kq/r^2$, $r = \sqrt{z^2 + a^2}$, $\cos\theta = a/r$ である．よって法線成分は $E_n = |\boldsymbol{E}|\cos\theta = qa/4\pi\varepsilon_0 r^3$であり，図 1.57 の幅 $\varDelta z$ の部分（円形のリボン状の部分）の面積は $\varDelta S = 2\pi a\varDelta z$ であるので，以下のようになる．

$$\text{電束} = \sum\varepsilon_0 E_n \varDelta S = \sum\frac{qa^2}{2r^3}\varDelta z = \int_{-\infty}^{\infty}\frac{qa^2}{2(\sqrt{z^2+z^2})^3}dz = \left[\frac{qa^2 z}{2a^2\sqrt{z^2+z^2}}\right]_{-\infty}^{\infty} = q$$

1.6　$a \leqq R \leqq b$ のとき $E = (q/l)/2\pi\varepsilon_0 R$，他の R では $E = 0$.

1.7　微分計算を行えばよい．例えば次のような計算を行う．

$$\frac{\partial}{\partial x}\frac{1}{r} = \frac{\partial}{\partial x}\frac{1}{\sqrt{x^2+y^2+z^2}} = \frac{-x}{(\sqrt{x^2+y^2+z^2})^3} = \frac{-x}{r^3}$$

1.8　(1) OA の垂直 2 等分面（$(a/2, 0, 0)$ を通り，yz 面に平行な面）上の点全体．

(2) x 軸の正の方向．

(3) $(4a/3, 0, 0)$ を中心とし半径が $2a/3$ の球面．

1.9

$$V = \begin{cases} 0 \quad (R < a) \\ \dfrac{(q/l)}{2\pi\varepsilon_0}\log\dfrac{a}{R} \quad (a \leqq R \leqq b) \\ \dfrac{(q/l)}{2\pi\varepsilon_0}\log\dfrac{a}{b} \quad (b < R) \end{cases}$$

1.10　(1) $W = Q(\mathcal{V}_A - \mathcal{V}_B) = 2kqQ\{(1/a) - (1/\sqrt{a^2+b^2})\}$

(2) 大きさ $F = kqQ/(a^2 + x^2) \times 2 \times (x/\sqrt{a^2+x^2}) = 2kqQx/(\sqrt{a^2+x^2})^3$，向きは x 軸の正の方向．

(3) $W = \displaystyle\int_0^b \frac{2kqQx}{(\sqrt{a^2+x^2})^3}dx = 2kqQ\left[\frac{-1}{\sqrt{a^2+x^2}}\right]_0^b = 2kqQ\left(-\frac{1}{\sqrt{a^2+b^2}} + \frac{1}{a}\right)$

1.11　$C = 2\pi\varepsilon_0 l\,[1/\log(b/a)]$

1.12　電場のエネルギー密度から $\varDelta W$ を求めると，$\varDelta W = (1/2)\varepsilon_0 E^2 \times S\varDelta d$ となる．これから力 F は $F = q^2/2\varepsilon_0 S$ となる．ここで，本文でも出てきた関係 $q = \varepsilon_0 ES$ を使った．

第 2 章

類題 2.1　(1) $R = 1.0 \times 10^{-2}\,\Omega$　(2) $R = 1.4 \times 10^{-2}\,\Omega$

類題 2.2　$V = 20\,\mathrm{V}$，$R = 5.0 \times 10^3\,\Omega$

類題 2.3

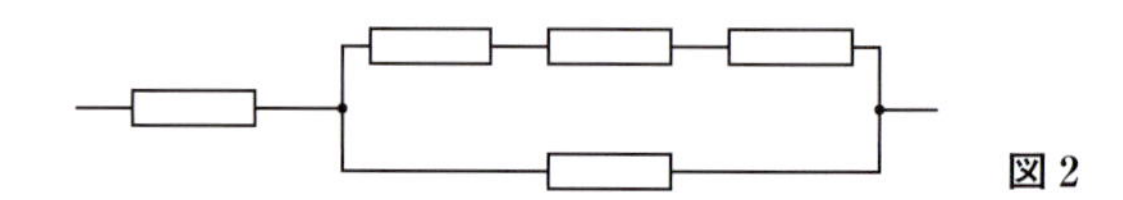

図 2

2.1　$(4/\pi)l$

2.2　(2.22) の $P = V^2/R$ より，電気器具の抵抗 R が同じ値であれば，100 V と 200 V では消費電力が 4 倍となり，例えばドライヤーなどの熱器具であれば，利用者のやけどや器具の焼損が起こりうる．

2.3　(1) 略．(2) $I = 0.3\,\mathrm{A}$

2.4　直列の場合．図 2.8(a) で考える．それぞれの電気抵抗 R_1, R_2, R_3 の両端の電位差を V_1, V_2, V_3 とおく．すると，$V = V_1 + V_2 + V_3$ および $V_1 = R_1 I, V_2 = R_2 I, V_3 = R_3 I$ が成り立つ．これから，$V = (R_1 + R_2 + R_3)I$ が得られる．

並列の場合．図 2.8(b) で考える．それぞれの電気抵抗 R_1, R_2, R_3 を通る電流を I_1, I_2, I_3 とおく．すると，$I = I_1 + I_2 + I_3$ および $V = R_1 I_1, V = R_2 I_2, V = R_3 I_3$ が成り立つ．これから $I = (V/R_1) + (V/R_2) + (V/R_3)$ が得られる．

2.5　$I = 0.4\mathrm{A}$

2.6 (1) $R + 4rR/(r + R)$ (2) $4R(R + 2r)/(3R + 4r)$

2.7 略.

2.8 (1) $I = (-R_3I_B + R_2I_C)/(R_1 + R_2 + R_3)$

(2) $V_{AB} = [(R_1R_3 + R_2R_3)I_B + R_2R_3I_C]/(R_1 + R_2 + R_3)$, $V_{AC} = [R_2R_3I_B + (R_1R_2 + R_2R_3)I_C]/(R_1 + R_2 + R_3)$

(3) $V_{AB} = r_1(I_B + I_C) + r_2I_B$, $V_{AC} = r_1(I_B + I_C) + r_3I_C$

(4) $r_1 = R_2R_3/(R_1 + R_2 + R_3)$, $r_2 = R_1R_3/(R_1 + R_2 + R_3)$, $r_3 = R_1R_2/(R_1 + R_2 + R_3)$

第 3 章

類題 3.1 点 A：$B = 9.3 \times 10^{-9}$ T，向きは紙面表から裏向き，点 C：$B = 6.0 \times 10^{-9}$ T，向きは紙面裏から表向き，点 D：$B = 2.5 \times 10^{-8}$ T，向きは紙面裏から表向き．

類題 3.2 $\boldsymbol{B}_P = (0, \mu_0I(-z)/2\pi R^2, \mu_0Iy/2\pi R^2)$ となる．$R = \sqrt{y^2 + z^2}$，B_p は x 座標にはよらない．

類題 3.3 $\boldsymbol{B}_P = (\mu_0I/2\pi R^2)\boldsymbol{n} \times \boldsymbol{R}$，ここで外積を利用した．

類題 3.4 (1) $B = (\mu_0I/2a) + (\mu_0I'/2\pi b) = 1.78 \times 10^{-7}$ T となる．向きは紙面裏から表向き．

(2) $(\mu_0I/2a) + (\mu_0I'/2\pi b) = 0$ となる．$I' = -94$ mA なので電流の向きは図 3.26 と逆である．

類題 3.5 $B = \mu_0nI = 4.7 \times 10^{-5}$ T

類題 3.6 上辺と下辺で相殺するので，$\sum H_t\varDelta s = 0$ となる．右辺がゼロなので電流はない．

類題 3.7 E, B どちらも m/q に比例するので 2 倍となる．

類題 3.8 (1) 点 O で $W_O = (1/2)mu^2$，点 P で $W_P = (1/2)m(u^2 + (at)^2)$ である．これの差が，求める仕事である．$at = 2u$ なので，$W = W_P - W_O = 2mu^2$.

(2) $W = qV = 2mu^2$（上の (1) と同じになる.）

(3) $W = 0$

類題 3.9 (1.128) より $q = CV$，点電荷の電位の (1.104) より $V = (1/4\pi\varepsilon_0)(q/r)$ である．これから C の単位と $\varepsilon_0 r$ の単位が等しいことがわかる．C の単位が F，r の単位が m なので，ε_0 の単位は F/m である．

(3.96) より $\Phi = LI$，直線電流の作る磁束密度 (3.1) より $B = \mu_0I/2\pi R$ である．面積 S を使って，$\Phi = BS$ と表すと，L の単位と μ_0S/R の単位が等しいことがわかる．L の単位が H，S/R の単位が m なので，μ_0 の単位は H/m である．

類題 3.10 $L = \mu_r\mu_0n^2Sl = 2.6 \times 10^{-1}$ H

3.1 電流 I_1, I_2 を含む平面上で，電流 I_1 からの距離が $I_1d/(I_1 + I_2)$，電流 I_2 からの距離が $I_2d/(I_1 + I_2)$ の位置の直線.

3.2 (1) 0 (2) 0 (3) O → F の向き，$B = (\sqrt{2}/\pi)(\mu_0I/d)$.

3.3 上の辺，下の辺にはたらく力は相殺して 0 となる．右辺にはたらく力は左向き，左辺にはたらく力は右向き．その合計は $(\mu_0I_1I_2/2\pi)[c/a - c/(a + b)]$ で右向き．

3.4 (3.29)～(3.31) を利用する．

$$B = 4 \times \frac{\mu_0I}{4\pi}\int_{-a}^{a}\frac{a}{(\sqrt{z^2 + a^2})^3}\,dz = \frac{\mu_0I}{\pi}\left[\frac{z}{a\sqrt{z^2 + a^2}}\right]_{-a}^{a} = \frac{\sqrt{2}\mu_0I}{\pi a}$$

向きは紙面に垂直で表から裏向き．

3.5 (3.29)～(3.31) を利用する．

$$B = 2 \times \frac{\mu_0I}{4\pi}\int_{-\infty}^{d}\frac{b}{(\sqrt{z^2 + b^2})^3}\,dz + \frac{\mu_0I}{4\pi}\int_{-b}^{b}\frac{d}{(\sqrt{z^2 + d^2})^3}dz = \frac{\mu_0I}{2\pi}\left(\frac{b + d}{\sqrt{d^2 + b^2}} + 1\right)$$

向きは紙面に垂直で裏から表向き．

3.6 $H_t = H\cos\theta$ である．正方形の 8 分の 1 を計算する．ここで，$r = \sqrt{a^2 + y^2}$ である．

$$\sum H_t\varDelta s = \int_0^a \frac{I}{2\pi r} \times \frac{a}{r}\,dy = \frac{Ia}{2\pi}\int_0^a \frac{1}{a^2 + y^2}\,dy = \frac{Ia}{2\pi}\left[\frac{1}{a}\tan^{-1}\frac{y}{a}\right]_0^a = \frac{I}{8}$$

正方形全体では $\sum H_t\varDelta s = I$ となる．

3.7　$a \leqq R \leqq (a+2r)$ で $H = NI/2\pi R$ であり，他の R では $H = 0$．

3.8　(1) $v = \sqrt{v_0^2 + (2qV/m)}$ (2) $t = (md/qV)(\sqrt{v_0^2+(2qV/m)} - v_0)$ (3) $L = 2mv/qB$ (4) $T = \pi m/qB$ (5) $q/m = 8V^2/L^2B^2$ (6) $L = 5.4 \times 10^{-3}\,\mathrm{m}$

3.9　$a \leqq R \leqq b$ で $H = I/2\pi R$ であり，他の R では $H = 0$.

3.10　$\Phi = l\int_a^b \frac{\mu_0 I}{2\pi R}\,dR = \frac{l\mu_0 I}{2\pi}\log\frac{b}{a}$ より，$L = \frac{l\mu_0}{2\pi}\log\frac{b}{a}$ となる．

第 4 章

類題 4.1　(4.24) から $\tilde{V} = i\omega L\tilde{I}$ なので，$R = 0,\ X = \omega L$ より，$Z = \omega L,\ \phi = \pi/2$ である．よって，$I(t) = (V_0/\omega L)\sin\omega t$．電流は電位差に比べて位相が $\pi/2$ 遅れている．

類題 4.2　例題で $\phi = \pi/4$ とするため，$R_{LC} = 800i\,\Omega$ としたい．$1/800i = 1/i\omega L' + 1/(-200i)$ より，$L' = 3.2 \times 10^{-2}\,\mathrm{H}, Z = 1.1 \times 10^3\,\Omega$.

4.1　$\phi = \pm\pi/2$ なので，$\langle P\rangle = 0$.

4.2　$f = 1/2\pi\sqrt{LC}$ より，$C = 1/L(2\pi f)^2 = 1.27 \times 10^{-12}\,\mathrm{F}$.

4.3　$Z = 1/\sqrt{(1/R)^2 + [(1/\omega L) - \omega C]^2}$，$\phi = \arctan R\,[(1/\omega L) - \omega C]$ である．共振周波数 f では，Z は極大となり $\phi = 0$ である．

4.4　(1) $I = 0.2\,\mathrm{A},\ P = 2.0\,\mathrm{W}$
(2) このときは $Z = 50\sqrt{2},\ \phi = \pi/4$ である．$I = 0.14\,\mathrm{A},\ P = 1.0\,\mathrm{W}$.

4.5　(1) $\tau = RC = 1.0 \times 10^{-2}\,\mathrm{s}$
(2)（説明の一例）$q = CV$ と $V = RI$ の関係式から説明する．単位を[　]で表すと，これらの式は[C] = [F]・[V]，[V] = [Ω]・[A]となる．これから[Ω]・[F] = ([V]/[A])・([C]/[V]) = [s]となる．

4.6　$\int_0^\infty I(t)\,dt = \left[\frac{\mathcal{E}}{R}(-\tau)e^{-t/\tau}\right]_0^\infty = \frac{\mathcal{E}}{R}\tau = C\mathcal{E}$

4.7　微分方程式 $0 = \tau(dV/dt) + V$ を，$V(0) = \mathcal{E}$ の初期条件で解くことになる．解は $V(t) = \mathcal{E}e^{-t/\tau}$ であり，電流は $I(t) = (1/R)V(t)$ となる．

$$W = \int_0^\infty RI^2 dt = \frac{\mathcal{E}^2}{R}\int_0^\infty e^{-2t/\tau}\,dt = \frac{\mathcal{E}^2}{R}\,\frac{\tau}{2} = \frac{1}{2}C\mathcal{E}^2$$

4.8　この回路に対する微分方程式は $\mathcal{E} = RI(t) + V(t)$，$V(t) = L(dI/dt)$ である．これを初期条件 $I(0) = 0$ で解く．$\tau = L/R$ とする．解は $I = (\mathcal{E}/R)(1 - e^{-t/\tau})$ であり，電位差は $V = \mathcal{E}e^{-t/\tau}$ となる．

第 5 章

類題 5.1　例題と同じように，時間を区切って考えればよい．
$0 < t < a/v : S = (1/2)(vt)^2,\ V = -B_0v^2t$
$a/v < t < 2a/v : S = (1/2)a^2,\ V = 0$
$2a/v < t < 3a/v : S = (1/2)[a^2 - (vt')^2],\ V = B_0v^2t',\ (t' = t - (2a/v))$
$3a/v < t : V = 0$

類題 5.2　$V_2 = 500\,\mathrm{V}$ より，2 次側の消費電力は 50 W となる．1 分間では $3.0 \times 10^3\,\mathrm{J}$.

類題 5.3　$q = (1/\omega)I_0\sin\omega t$ より，$E = I_0\sin\omega t/\varepsilon_0 S\omega$.

5.1　磁束密度の通り抜ける面積は $S = \pi r^2\cos\omega t$ である．$\mathcal{E} = -d\Phi/dt = \pi r^2\omega B\sin\omega t$ で，起電力の向きは反時計回り．

5.2　(1) Δt の時間の間に「切る」磁束の量は，$\Delta\Phi = B \times (1/2)l^2\omega\Delta t$ である．起電力の大きさは $(1/2)Bl^2\omega$.
(2) 数値を代入する．$3.6 \times 10^{-4}\,\mathrm{V}$.

5.3　(1) 力のつり合いより $lIB/Mg = \tan\theta$ となる．動く棒の長さ l の部分の起電力を $\mathscr{E}$ とすると，$I = \mathscr{E}/R$ であり，$\mathscr{E} = Bvl\cos\theta$ である．これらの式から B を求める．$B = (1/l)\sqrt{MgR\tan\theta/v\cos\theta}$.
(2) ジュール熱でのエネルギーは，単位時間当り $RI^2 = R(Bvl\cos\theta/R)^2 = Mgv\sin\theta$ である．ここで (1) で得られた B の式を代入した．単位時間に棒が落下することによる重力のポテンシャルエネルギー（位置エネルギー）の変化は，$W = Mgv\sin\theta$ である．両者は等しい．

5.4　ソレノイド内部の磁束密度は一様なので $\Phi_1 = M_{12}I_2$ であるから，$\Phi_1 = (\mu_0 nI_2)S$ より $M_{12} = \mu_0 Sn$ である．$\Phi_2 = M_{21}I_1$ の Φ_2 を求めるには，ソレノイドが十分細いとして円形電流の中心軸上にできる磁束密度に断面積 S を乗じて求める．ソレノイドを第3章のビオ－サバールの法則の節の場合と同様に考えると，$\Phi_2 = \sum_{k=-\infty}^{\infty} B_k S$ から計算することができ，第3章の計算と同様の方法で和を求めると $M_{21} = \mu_0 Sn$ となる．

5.5　(1) $W = (1/2)L_1I_1^2 + MI_1I_2 + (1/2)L_2I_2^2$
(2) 上の式を平方完成して変形すると，$W = (L_1/2)(I_1 + (M/L_1)I_2)^2 + (1/2)[(-M^2 + L_1L_2)/L_1]\,I_2^2$ となる．電流の値によらず，常に $W \geqq 0$ となるためには $-M^2 + L_1L_2 \geqq 0$ が必要である．この式から関係式が導かれる．

5.6　流入した電流の持ち込んだ電荷が，極板に一様に広がると考える．中心の電流から R 離れた位置での電流の総量は，$I[(\pi a^2 - \pi R^2)/\pi a^2]$ である．電流は中心から円板の縁に向かって放射状に流れるので，R の位置での面電流密度は $j = (I/2\pi a)[1 - (R^2/a^2)]$ である．例題 3.5 と同様に考えると，極板の上下の磁場の差がこの j となる．つまり

$$H(\text{極板の外}) - H(\text{極板の内}) = j \quad\rightarrow\quad \frac{I}{2\pi R} - \frac{IR}{2\pi a^2} = \frac{I}{2\pi R}\left(1 - \frac{R^2}{a^2}\right)$$

である．

5.7　マクスウェル方程式（微分形）の第1式の両辺を時間で微分し，

$$\operatorname{div}\boldsymbol{D} = \rho \quad\rightarrow\quad \frac{\partial}{\partial t}(\operatorname{div}\boldsymbol{D}) = \frac{\partial\rho}{\partial t}$$

第3式の両辺の div をとると

$$\operatorname{rot}\boldsymbol{H} = \boldsymbol{j} + \frac{\partial\boldsymbol{D}}{\partial t} \quad\rightarrow\quad \operatorname{div}(\operatorname{rot}\boldsymbol{H}) = \operatorname{div}\boldsymbol{j} + \operatorname{div}\left(\frac{\partial\boldsymbol{D}}{\partial t}\right)$$

となる．この式の左辺は，ベクトル解析の公式により 0 となる．この2つの式を組み合わせると，証明すべき式が導かれる．

5.8　(5.43) の両辺を時間で微分する．

$$\frac{\partial u}{\partial t} = \boldsymbol{E}\cdot\frac{\partial\boldsymbol{D}}{\partial t} + \boldsymbol{H}\cdot\frac{\partial\boldsymbol{B}}{\partial t}$$

この右辺にマクスウェル方程式（微分形）の第3,4式を代入すると

$$\frac{\partial u}{\partial t} = \boldsymbol{E}\cdot(\operatorname{rot}\boldsymbol{H} - \boldsymbol{j}) + \boldsymbol{H}\cdot(-\operatorname{rot}\boldsymbol{E})$$

となる．よって

$$\frac{\partial u}{\partial t} = \boldsymbol{E}\cdot\boldsymbol{j} + (-\boldsymbol{E}\cdot\operatorname{rot}\boldsymbol{H} + \boldsymbol{H}\cdot\operatorname{rot}\boldsymbol{E}) = 0$$

となる．この第3項を

$$\operatorname{div}\boldsymbol{S} = \operatorname{div}(\boldsymbol{E}\times\boldsymbol{H}) = -\boldsymbol{E}\cdot\operatorname{rot}\boldsymbol{H} + \boldsymbol{H}\cdot\operatorname{rot}\boldsymbol{E}$$

を用いておきかえたものが，証明すべき式である．最後の $\operatorname{div}\boldsymbol{S}$ は，具体的に成分を代入して微分すれば導くことができる．

$$\operatorname{div}\boldsymbol{S} = \frac{\partial}{\partial x}(E_yH_z - E_zH_y) + \cdots = \frac{\partial E_y}{\partial x}H_z + E_y\frac{\partial H_z}{\partial x} - \frac{\partial E_z}{\partial x}H_y - E_z\frac{\partial H_y}{\partial x} + \cdots$$

と計算していけばよい．

5.9　(1) 指定された条件により，y あるいは z で微分した項はすべて 0 とする．

$$\frac{\partial E_z}{\partial z} = 0 \quad\cdots\quad ①$$

$$\frac{\partial H_z}{\partial z} = 0 \quad \cdots \quad ②$$

$$\left(-\frac{\partial H_y}{\partial z}, \frac{\partial H_x}{\partial z}, 0\right) = \varepsilon_0 \left(\frac{\partial E_x}{\partial t}, \frac{\partial E_y}{\partial t}, \frac{\partial E_z}{\partial t}\right) \quad \cdots \quad ③$$

$$-\left(-\frac{\partial E_y}{\partial z}, \frac{\partial E_x}{\partial z}, 0\right) = \mu_0 \left(\frac{\partial H_x}{\partial t}, \frac{\partial H_y}{\partial t}, \frac{\partial H_z}{\partial t}\right) \quad \cdots \quad ④$$

(2) ①と②から $E_z = 0$, $H_z = 0$ となる．（問題文の【注】を参照せよ．）進行方向は z 軸方向なので横波となる．この手順の結果，残っている意味のある式は③，④のみである．以下は，$E_z = 0$, $H_z = 0$ とした③，④を考える．

(3) ③，④から，例えば E_y とすると，$H_x = 0$ が出てくる．この結果，$\boldsymbol{E}$ と $\boldsymbol{H}$ は直交している．

(4) ③，④で $E_y = 0$, $H_x = 0$ とすると，残るのは以下である．

$$-\frac{\partial H_y}{\partial z} = \varepsilon_0 \frac{\partial E_x}{\partial t}, \qquad \frac{\partial E_x}{\partial z} = \mu_0 \frac{\partial H_y}{\partial t}$$

この2つの式を組み合わせると，以下となる．

$$\frac{\partial^2 E_x}{\partial z^2} = \varepsilon_0 \mu_0 \frac{\partial^2 E_x}{\partial t^2}, \qquad \frac{\partial^2 H_y}{\partial z^2} = \varepsilon_0 \mu_0 \frac{\partial^2 H_y}{\partial t^2}$$

これは波動方程式である．

(5) (4) の結果から，電磁波の速度は $c^2 = 1/\varepsilon_0 \mu_0$ となる．

5.10　c を光速として，太陽定数の定義から $uc = 1.37\,\mathrm{kJ}$ である．$u = 4.6 \times 10^{-6}\,\mathrm{J/m^3}$，電場の強さは $E_0 = 1.0 \times 10^3\,\mathrm{V/m}$.

索　引

著者略歴

加藤　潔（かとう　きよし）

1975年　東京大学 理学部 物理学科　卒業
1980年　東京大学 大学院 理学系研究科 博士課程　単位取得退学
1981年　理学博士（東京大学）
1981年　東京大学宇宙線研究所 研究員
1982年　工学院大学 工学部 共通課程 助手
1995年　工学院大学 工学部 共通課程 教授
2011年　工学院大学 基礎・教養教育部門 教授
研究分野　素粒子物理学
研究テーマ　素粒子の標準模型，輻射補正，ループ積分

主な著書

理工系物理学講義（培風館）
Excel環境におけるVisualBasicプログラミング（共立出版）
理工系コンピュータリテラシー — MS-Office2013対応 —（共著，共立出版）
ほか

工学系の基礎物理学シリーズ　電磁気学

2016年11月25日　第1版1刷発行

検印省略

定価はカバーに表示してあります．

著作者　加藤　潔
発行者　吉野和浩
発行所　東京都千代田区四番町8－1
電話　03-3262-9166（代）
郵便番号　102-0081
株式会社　裳華房
印刷所　株式会社　真興社
製本所　株式会社　松岳社

社団法人
自然科学書協会会員

ISBN 978-4-7853-2251-9